职业教育计算机类专业新形态系列教材

前端设计与开发

主　编◎李保安　夏文新　李世正

副主编◎罗刘敏　崔兰超　杨万里

参　编◎郑　未　李　凯　朱萌博　刘　玮

电子工业出版社

Publishing House of Electronics Industry

北京·BEIJING

内 容 简 介

本书可以作为指导初学者学习网页设计和网站开发的入门书籍。本书以实际应用为出发点，通过合理的结构和大量来源于实际工作的精彩实例，介绍了读者在网页设计和网站开发过程中可能遇到的问题及其解决方案。本书共有 9 个模块，分别是 Web 基础知识、HTML5 语言基础、HTML5 中新增的标签及属性、CSS 基础、盒子模型及应用、HTML5 的表单及应用、网页多媒体元素及应用、JavaScript 基础和综合实战。

本书按照网页设计和网站开发相关内容进行谋篇布局，通俗易懂、操作步骤详细、图文并茂，既可以作为大中专院校师生、公司人员、政府工作人员和管理人员的学习用书，也可以作为网页设计和网站开发爱好者的参考用书。

图书在版编目（CIP）数据

前端设计与开发 / 李保安，夏文新，李世正主编.

北京 ：电子工业出版社，2024. 6. -- ISBN 978-7-121
-48331-8

Ⅰ. TP393.092.2

中国国家版本馆 CIP 数据核字第 20246HL169 号

责任编辑：李书乐

印　　刷：北京七彩京通数码快印有限公司
装　　订：北京七彩京通数码快印有限公司
出版发行：电子工业出版社
　　　　　北京市海淀区万寿路 173 信箱　　　邮编：100036
开　　本：787×1092　　1/16　　印张：18.75　　字数：492 千字
版　　次：2024 年 6 月第 1 版
印　　次：2024 年 6 月第 1 次印刷
定　　价：60.00 元

凡所购买电子工业出版社图书有缺损问题，请向购买书店调换。若书店售缺，请与本社发行部联系，联系及邮购电话：（010）88254888，88258888。

质量投诉请发邮件至 zlts@phei.com.cn，盗版侵权举报请发邮件至 dbqq@phei.com.cn。

本书咨询联系方式：（010）88254571，lishl@phei.com.cn。

前　言

　　党的二十大报告指出，教育是国之大计、党之大计。培养什么人、怎样培养人、为谁培养人是教育的根本问题。育人的根本在于立德。全面贯彻党的教育方针，落实立德树人根本任务，培养德智体美劳全面发展的社会主义建设者和接班人。

　　盛世中华，要实现强国梦想，教育是先导。教育是百年大计，是最大的民生工程，承载着人民对美好生活的向往。教育是国之大计、党之大计，承载着国家和民族的未来。时值开启第二个百年新征程，为全面贯彻党的教育方针，为党育人、为国育才，网页设计和网站开发技术教育不能缺席。

　　随着宽带的普及，上网变得越来越方便，以前只有专业公司才能提供的 Web 服务，现在许多普通的宽带用户也能实现。您是否也有种冲动，想自己制作网站，为自己在网上安个家？也许您会觉得网页制作很难，然而如果使用 HTML5+CSS+JavaScript 相关技术，即使是制作一个功能强大的网站，也是一件非常容易的事情。

　　本书以由浅入深、循序渐进的方式展开讲解，以合理的结构和经典的案例对最基本和实用的功能进行详细的介绍，具有极高的实用价值。通过对本书的学习，读者可以掌握网页设计和网站开发技术的基本知识与应用技巧。

一、本书特点

● 循序渐进，由浅入深

　　本书首先介绍 Web 基础知识和 HTML5 语言基础，然后介绍 HTML5+CSS+JavaScript 等网页设计和网站开发知识，最后介绍两个具体的网站开发实战。

● 案例丰富，简单易懂

　　本书从帮助读者快速熟悉与提升网页设计和网站开发技术应用技巧的角度出发，尽量结合实际应用给出详尽的操作步骤与技巧提示，力求将最常见的方法与技巧全面、细致地介绍给读者，以便读者理解和掌握。

● 技能与思政教育紧密结合

　　本书在讲解网页设计和网站开发技术专业知识的同时，紧密结合思政教育主旋律，从专业知识的角度触类旁通地引导学生提升相关思政素养。

● 项目式教学，实操性强

　　本书采用项目式教学，把网页设计和网站开发技术应用知识分解并融入一个一个实践操作的训练项目，增强了本书的实用性。

二、本书内容

本书共有 9 个模块，分别是 Web 基础知识、HTML5 语言基础、HTML5 中新增的标签及属性、CSS 基础、盒子模型及应用、HTML5 的表单及应用、网页多媒体元素及应用、JavaScript 基础和综合实战。

三、适用读者

本书内容全面、讲解充分、图文并茂，融入了编者的实际操作心得，既可以作为大中专院校师生、公司人员、政府工作人员和管理人员的学习用书，也可以作为网页设计和网站开发爱好者的参考用书。

四、致谢

本书提供了极为丰富的学习配套资源，请对此有需要的读者登录华信教育资源网免费注册后进行下载。

本书由李保安、夏文新、李世正担任主编，由罗刘敏、崔兰超、杨万里担任副主编，参与本书编写工作的人员还有郑未、李凯、朱萌博、刘玮，以及河北军创家园文化发展有限公司。在本书的编写过程中，国信蓝桥教育科技股份有限公司和河南打造前程科技有限公司的工程师团队进行了案例优选，在此对他们的付出表示衷心的感谢。

由于编者水平有限，书中难免存在疏漏和不足之处，敬请广大读者批评指正。

编者

2024 年 4 月

目 录

模块 1　Web 基础知识

知识目标

1. 了解网页、网站，以及网页的基本构成元素。
2. 理解网页设计的基本原则、色彩搭配及要点。
3. 了解 HTML5。
4. 了解常用的几种开发工具，掌握 VS Code 的安装。
5. 掌握网站的制作流程。
6. 掌握站点的创建方法。
7. 掌握网页文件的创建与保存。
8. 掌握网站的运行方法。

能力目标

能够安装 VS Code 开发工具，能够在 VS Code 中创建"寻找家乡记忆"（Memories of home）网站，能够创建和保存网页文件，能够运行程序。

任务 1.1　"寻找家乡记忆"网站制作准备

任务描述

家乡是梦想出发的地方，是当代游子寄托乡愁、找寻鼓舞力量的地方。家乡的一声乡音、一弯明月、美景、名人古迹等无不承载着在外学子的乡缘情怀。通过整理素材，了解家乡的文化历史，厚植乡缘情怀；通过制作网页，将家乡文化和宣传相结合，以专业系家乡情缘。

任务分析

在创建"寻找家乡记忆"网站之前，首先要对网页、网站的概念及网页的基本构成元素有所了解，然后选择一款合适的网页开发工具制作网站，最后建立站点并根据需要创建目录、整理素材。

相关知识

网页和网站是两个相关但不同的概念，网站就是网页的集合。也就是说，网站的设计者先把整个网站的结构规划好，再依据规划好的结构制作出不同的网页，并让网页间彼此相连，这种完整的结构就称为"网站"。

1.1.1　认识网页

要想了解网站的构成，需要先认识网页。那么，什么是网页呢？通过浏览器在互联网上看到的每个画面都是网页。网页是互联网展示信息的一种形式，它是由 HTML 或其他语言编写的、通过浏览器编译后供用户获取信息的页面，又被称为"Web 页"，其中可以包含文字、图像、表格、动画和链接等各种元素。

进入网站看到的第一个网页称为该网站的首页（Home Page）。首页是网站的门面，它的功能通常是负责网站导航及介绍最新消息。浏览者进入首页后就可以马上看到最新的消息，并快速找到感兴趣的主题，然后通过链接跳转到其他的网页，观看更详细的内容。

什么是静态网页和动态网页？很多人可能会把包含动画元素的页面理解为动态网页，把不包含动画元素的页面理解为静态网页。很显然，这样的理解是不正确的。

静态网页与动态网页是相对应的。静态网页的文件后缀名都是以".htm"".html"".shtml"".xml"等形式出现的，而动态网页的文件后缀名则是以".asp"".jsp"".php"".perl"".cgi"等形式出现的。

静态网页的内容是固定的。当用户浏览网页的内容时，服务器仅仅是将已有的静态 HTML 文档传送给浏览器供用户阅读。如果网站维护者要更新网页的内容，就必须手动更新所有的 HTML 文档。因此，静态网页的缺点就是不易维护，为了不断地更新网页的内容，就必须不断地修改 HTML 文档的内容。随着网站内容和信息量的日益扩增，网页维护的工作量无疑是非常巨大的。

在 HTML 格式的网页上也可以出现各种动态的效果，如 GIF 格式的动画、Animate 动画、滚动字母等，但这些动态的效果只是视觉上的。

静态网页具有以下特点：

（1）静态网页的内容相对稳定，因此容易被搜索引擎检索。

（2）静态网页没有数据库的支持，在网站制作和维护方面的工作量较大，因此当网站的信息量很大时，完全依靠静态网页的制作方式比较困难。

（3）静态网页的交互性较差，在功能方面有较大的限制。

动态网页是指服务器根据用户的不同请求动态生成不同的页面内容，而不是像静态网页那样提前写好固定的 HTML 文档。动态网页一般与数据库有关，可以根据数据库中的数据动态生成页面内容。常见的动态网页技术有 ASP、JSP、PHP 等。相比静态网页，动态网页的优点是可以根据用户的不同需求提供不同的服务，同时方便维护和更新。

动态网页具有以下特点：

（1）动态网页以数据库技术为基础，可以大大减少网站维护的工作量。

（2）可以实现更多功能，如用户注册、用户登录、在线调查、用户管理、订单管理等。

（3）动态网页实际上并不是独立存在于服务器上的网页文件，只有当用户请求时，服务器才返回一个完整的网页。

1.1.2　网页与网站

网站（Website）是指在 Internet 上根据一定的规则，使用 HTML 语言等制作的用于展示特定内容的相关网页的集合。一个小型网站可能只包含几个网页，而一个大型网站则可能包含成千上万个网页，如新浪网就包括新闻、财经、科技、体育、娱乐等多个板块，每个板块都包括多个网页。

网站都有一个连接到网络的唯一编码，即 IP 地址。IP 地址由 32 位二进制数组成，通常把它分为 4 组，每组为 8 位二进制数，每组之间用英文点号隔开，如 202.14.5.7。由于 IP 地址非常不便于记忆，因此通常用一串字母来代替，如 www.sin*.com，这就是域名。域名也必须是唯一的，由固定的网络域名管理组织在全世界范围内进行统一管理。

网页和网站有以下几点区别。

1．独立性

网页是一个独立的页面，它既可以是一个单独的 HTML 文档，也可以通过其他技术嵌入网站。而网站则是一个整体，它通常由多个相关联的网页组成，并且这些网页之间可以相互链接。

2．内容

网页是指网站中的一个页面，它是由 HTML、CSS、JavaScript 等语言编写而成的，用于展示网站的内容和功能。网页的内容通常比较简单，它可以是一篇文章、一张图片、一个音频文件或视频文件等。而网站则通常包含更多的信息和内容，如企业信息、产品信息、服务信息等。

3．功能

网页的功能通常比较简单，如展示信息、播放视频或音频等。而网站则是由多个网页组成的一个集合体，它包含网页、图片、视频、音频等资源，以及后台数据库、服务器等技术支持，是一个完整的互联网应用程序。

1.1.3　网页的基本构成元素

网页包含许多元素，内容丰富，其基本构成元素包括文本、图像、多媒体、链接等。

1．文本

文本是网页最基本的构成元素。由于文本所表达的内容比较清楚、直接，并且占用的网页版面较小、表达的信息量较大，因此网页大多采用文本来表达内容或实现链接。

网页的设计者和制作者可以通过设置字体、字号、颜色、底纹等属性来改变文本的视觉效果。

2．图像

图像可以用来丰富网页的内容，提高用户体验。通过插入图片，可以让网页更加生动、直观，让用户更容易理解网页的内容。同时，图片也可以用来美化网页，让网页看起来更加吸引人。在网页设计中，图片也是一个非常重要的元素，可以用来吸引用户，让用户更愿意停留。

在网页中可以使用 GIF、JPG、BMP、TIFF 和 PNG 等格式的图像文件。例如，颜色渐变的图像使用 JPG 格式，以单一颜色为主的图像使用 GIF 格式。

3．多媒体

多媒体就是指各种各样的信息载体在计算机中的应用，是一种声音、图像、动画和视频影像成分的交互组合。

网页中的多媒体主要指采用音频和视频功能的软件与硬件技术，包括数字音响、全动态图像、超媒体链接等，这些技术主要用于实现对声音、图像的编辑与处理，即在网页上提供音频和视频的下载及播放功能，其中包括音乐与影片文件的播放。

4．链接

链接是指从一个网页指向一个目标的连接关系，这个目标既可以是另一个网页，也可以是相同网页中的不同位置，还可以是一张图片、一个电子邮件地址、一个文件，甚至是一个应用程序。

按照链接路径的不同，网页中的链接一般分为内部链接、锚点链接和外部链接。按照使用对象的不同，网页中的链接可以分为文本链接、图像链接、E-mail 链接、锚点链接、多媒体文件链接、空链接等。

1.1.4 网站的制作流程

在制作网站之前应该有一个整体的规划和目标。在规划好网站的大概结构后，就可以着手设计网页了。因此，前期策划对网站的运作至关重要。在规划一个网站时，可以根据如图 1-1 所示的网站制作流程图进行制作。

1．分析客户需求

制作网站必须要有明确的目标，也就是要明白制作这个网站的目的是什么、这个网站要表现的主题是什么。只有在与客户沟通好以上问题后，才能着手开始下一步的工作。

2．规划站点

目前多采用自上而下的树形目录结构进行网站规划。以"寻找家乡记忆"网站为例，在该网站中要介绍与家乡有关的各项内容，因此设计第一级目录包括"简介""美食""美景""人物"，每个一级目录下均可有二级目录、三级目录等。例如，一级目录"美景"可细分为"自然景观"和"文化遗产"二级目录，而二级目录"自然景观"又可按照景区划分三级目录，依次类推，如图 1-2 所示。

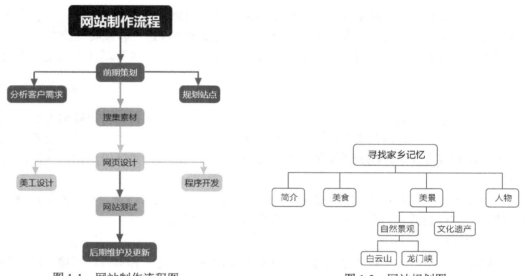

图 1-1 网站制作流程图　　　　　图 1-2 网站规划图

规划的站点的每个最低级目录均对应一个网页，而每个网页均可包含相应的文字、图片、动画、图标、按钮、链接等元素，因此对应网站的规划，也要规划文件的存放方式。目前大多采用的方式是每个一级目录对应一个文件夹，每个文件夹下均设立相应的图片、动画等文件夹，分别用于保存该页面所使用的图片和动画等。而对于整个网站的每个网页都共同使用的部分，也需要建立一个文件夹，用于分门别类地存放共用的部分。

3．搜集素材

在明确网站的主题之后，就要围绕主题搜集素材。如果想要网站栩栩如生，能够吸引更多的浏览者，就要搜集精美的素材，包括图片、文字、音频、视频、动画等。

4．页面设计

网站上的内容并不是大量信息的简单堆积，设计者需要根据客户需求和品牌形象创建页面布局、颜色方案、图像元素和交互元素等内容。

常见的页面布局方式大致有"厂"字型、"口"字型、"同"字型、"海报"型、"三"字型和"框架"型。

1）"厂"字型

"厂"字型布局的最上方是标题和广告条，下方的左侧是菜单，右侧显示页面内容，整体类似汉字"厂"。例如，图 1-3 所示为"厂"字型网页。这是网页设计中使用广泛的一种布局方式，一般应用于企业网站中的二级页面。这种布局条理清晰、主次分明，非常适合初学者学习，但略微有点呆板，如果色彩搭配不当，就容易让人厌烦。

2）"口"字型

"口"字型布局类似一个方框，上方是标题或广告条，下方是版权信息，左侧是菜单，右侧是友情链接，中间是主要内容，页面布局紧凑、信息丰富，但四面封闭，容易给人一种压抑的感觉。例如，图 1-4 所示为"口"字型网页。

图 1-3　"厂"字型网页　　　　　　　　图 1-4　"口"字型网页

3）"同"字型

"同"字型布局也可以称为"国"字型布局，这是一些大型网站的首页常用的布局方式。这种布局的上面是网站的标题及 Banner 广告条，左右分列一些二级栏目或热点内容，中间是主要部分，最下面是网站的一些基本信息、联系方式、版权声明等。例如，图 1-5 所示为"同"字型网页。

4）"海报"型

"海报"型布局就像我们平时见到的海报一样，中间是一张很醒目、设计非常精美的图片，周围点缀着一些图片和文字链接。例如，图 1-6 所示为"海报"型网页。这种布局方式常用于一些时尚类公司网站的首页，非常吸引人。但使用大量的图片会导致网页的下载速度很慢，而且提供的信息量较少。

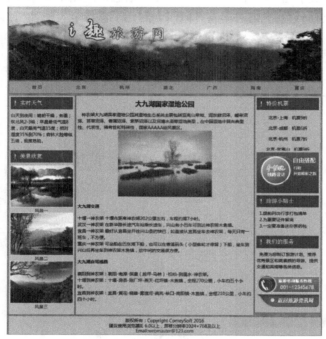

图 1-5　"同"字型网页

图 1-6　"海报"型网页

5）"三"字型

"三"字型布局的上面是标题或广告条，下面是正文，一些文章页面或注册页面通常采用这种布局方式。这种布局方式一般采用简单的图片和线条代替拥挤的文字，给浏览者以强烈的视觉冲击。例如，图 1-7 所示为"三"字型网页。

6）"框架"型

"框架"型布局是一种分为左右两栏的结构，一般左侧是导航链接，右侧是正文，大部分论坛网站的页面都采用这种布局方式，有一些企业网站也喜欢采用。这种布局的结构非常清晰，一目了然。例如，图 1-8 所示为"框架"型网页。

总之，网页的页面布局方式要按照网站的实际情况，根据网站受众的喜好来设计，这样才能使网站受到更多人的欢迎。在设计页面布局之前可以先画出页面布局的草图，再对页面布局进行细化和调整，最后确定最终的页面布局方案。

图 1-7　"三"字型网页　　　　　　　　　　图 1-8　"框架"型网页

5．程序开发

程序开发分为前端页面开发和后台程序开发。在前端页面开发完成之后，就到了后台程序开发阶段，在这个阶段，程序员会根据设计师及前端工程师开发完成的页面编写后台程序。

6．网站测试

在制作完所有页面后，还需要对设计的网页进行审查和测试，主要进行网页的功能性测试、完整性测试和安全性测试，以确保所有链接均正常工作，并确保网站在所有设备和浏览器上能够正确加载。

7．后期维护及更新

在完成上面的几个步骤后，就可以将网站发布到 Internet 中，供用户访问。要记住的重要一点是，网站更多的是服务而不是产品，仅向用户"交付"网站是不够的，还需要维护和更新。

网站建立后，在日常使用中可能还会发现一些问题，这时就需要技术人员对网站进行日常维护。同时，需要定期更新网页内容，让浏览者保持对网站的新鲜感，提高对网站的访问率。

1.1.5　网页设计的基础

1．网页设计的基本原则

建立网站的目的是给浏览者提供所需要的信息，这样浏览者才会愿意访问网站，网站才有真正的意义。以下是网页设计的基本原则。

1）主题明确

一个优秀的网站要有明确的主题，整个网站设计要围绕这个主题进行。也就是说，在网页设计之前就要明确网站的主题，所有的网页都是围绕着这个主题来制作的。

2）注重首页的设计

首页设计的好坏是整个网站成功与否的关键，关系网站给人的第一感觉。能否吸引浏览者的关键在于首页的设计效果。

3）分类合理

网站内容的分类也是十分重要的，可以按照主题、性质、组织结构或人们的思考方式等对网站内容进行分类。不论是哪一种分类方法，目的都是让浏览者很容易找到目标。

4）互动性良好

互联网的特色之一就是互动性，好的网站首页必须与浏览者具有良好的互动关系。整体设计的呈现、使用界面引导等，都应该掌握互动的原则，让浏览者感觉其每步都得到了恰当的回应。

5）图像应用技巧

图像是网站的特色之一，它具备醒目、吸引人的特点及传达信息的功能。好的图像应用可以给网页增色，不恰当的图像应用则会适得其反。在运用图像时一定要注意图像下载的时间问题。在图像的格式上，尽可能采用一般浏览器均支持的压缩格式，如果需要放置大型图像文件，最好将图像文件与网页隔开，这样可以加快网页的传输速度。

6）避免滥用技术

技术是让人着迷的东西，许多网页设计者喜欢使用各种各样的网页制作与设计技术。恰当地使用技术会让网页栩栩如生，给浏览者一种全新的感觉。反之，不恰当地使用技术则会让浏览者对网页失去兴趣。

7）及时更新和维护

浏览者都希望看到新鲜的东西，没有人会对过时的信息感兴趣，因此网站的信息一定要注意及时更新。

2．网页设计的色彩搭配

1）色彩原理

网页的色彩是树立网站形象的关键要素之一，想要使用好颜色，就要从色彩原理说起。

（1）颜色是因为光的折射而产生的。

（2）由于网页是基于计算机浏览器开发的媒体，因此颜色以光学颜色 RGB（红、绿、蓝）为主。颜色的代码可以表示为：红色为#FF0000，绿色为#00FF00，蓝色为#0000FF，白色为#FFFFFF，经常看到的"background-color=#FFFFFF"就是指背景颜色为白色。

（3）颜色分为非彩色和彩色两类。非彩色是指黑、白、灰等系统色，彩色是指除非彩色以外的所有色彩。

（4）任何色彩都有饱和度和透明度属性，属性的变化会产生不同的色相，所以至少可以制作几百万种色彩。

2）网页色彩搭配的技巧

到底用什么色彩搭配好看呢？下面介绍色彩搭配的一些技巧。

（1）用一种色彩。这里是指先选定一种色彩，然后调整透明度或饱和度（说得通俗些就是将色彩变淡或变深），产生新的色彩，用于网页。这样的页面看起来色彩统一、有层次感。

（2）用两种色彩。先选定一种色彩，然后选择它的对比色，可以使整个页面色彩丰富但不花哨。

（3）用一个色系。简单地说就是用一个色系的颜色，如淡蓝、淡黄、淡绿，或者土黄、土灰、土蓝等。确定色彩的方法因人而异。

（4）用黑色和另一种彩色。例如，大红的字体搭配黑色的边框会很有视觉冲击效果。

注意：

在网页色彩搭配中还要切记避开一些误区。例如，不要用太多颜色，尽量控制在 3~4 种；背景颜色和文字颜色的对比要尽量大（切记使用花纹繁杂的图案作为背景），以便突出主要文字内容。

3．网页设计的要点

一个网站制作的成功与否可以从以下几点进行检验。

1）整体布局

作为一种视觉语言，网页设计特别讲究编排和布局。一般来说，好的网站应该干净、整洁、条理清楚、布局清晰，过多的色彩、动画特效、图片等只会让浏览者无所适从，甚至反感。

2）信息价值

无论是商业网站还是个人主页，必须提供具有一定价值的内容才能吸引浏览者。这些内容既可以是资讯、娱乐，也可以用于帮助浏览者解决问题，如提供相关的联系方式、链接到相关网页等。

3）下载速度

网页的下载速度是网站吸引浏览者的关键因素，如果一个网页在 20~30 秒内还不能打开，浏览者一般就会选择关闭网站，所以在制作网站主页时要确保主页的打开速度。而图像是影响下载速度的重要因素，图像的大小应该控制在 6~8KB 之间，每增加 2KB 会延长 1 秒的下载时间。

4）文字的可读性

能够提高文字可读性的因素主要是字体。通用字体（宋体、微软雅黑、Arial、Times New Roman、Garamond 和 Courier）最易阅读；特殊字体一般用于标题，不适用于正文。

5）导航清晰

导航设计建议使用超文本链接或图片链接，使浏览者能够在网站内自由前进或返回，而不需要使用浏览器上的前进或后退按钮。

由于人们在浏览网页时习惯从左到右、从上到下阅读，因此主要的导航条应放置在页面的左侧。对于较长的页面来说，在页面底部设置一个简单的导航也是很有必要的。

在制作网站时一定要细心，不要因为对某些步骤的疏忽而影响网站的整体效果。

任务规划

在创建网站之前，需要先了解 HTML5、常用的开发工具、开发工具的安装等。

1．HTML5 概述

HTML（Hypertext Markup Language，超文本标记语言）是 Internet 上用于编写网页的主要语言。

　　HTML 是纯文本类型的语言，使用 HTML 编写的网页文件也是标准的纯文本文件，可以用任意文本编辑器（如 Windows 系统中的"记事本"程序）打开，查看其中的 HTML 源代码。查看网页内容必须使用网页浏览器，网页浏览器的主要作用就是解释超文本文件中的代码，将单调乏味的代码显示为丰富多彩的内容。

　　HTML 的语法非常简单，它采用简洁、明了的语法命令，通过对各种标记、元素、属性、对象等进行设置，建立图形、音频、视频等多媒体信息及其他超文本的链接。与其他语言（如 C++等语言）编译产生执行文件的机制不同，利用 HTML 编写的网页是解释型的，也就是说，网页的效果是在用浏览器打开网页时动态生成的，而不是事先存储于网页中的。在用浏览器打开网页时，浏览器读取网页中的 HTML 代码，分析其语法结构，然后根据解释的结果显示网页中的内容。因此，网页的显示速度与网页代码的质量有很大的关系，所以精简和高效的 HTML 代码是非常重要的。

　　HTML5 是 HTML 最新的修订版本，其不仅包含了新的元素、属性和行为，还包含了一系列可以让 Web 站点和应用程序更加多样化、功能更强大的技术。示例如下：

　　（1）用于绘画的<canvas>标签。

　　（2）用于媒介回放的<video>标签和<audio>标签。

　　（3）给本地离线存储提供更好的支持。

　　（4）新的特殊内容标签，如<article>、<footer>、<header>、<nav>和<section>。

　　（5）新的表单控件，如 date、time、email、url、search。

2. 常用的开发工具

　　"工欲善其事，必先利其器"，一款优秀的开发工具能够极大地提高程序开发的效率与体验。在 Web 前端开发中，常用的开发工具有 Visual Studio Code、WebStorm、Dreamweaver、HBuilderX、Sublime Text 等。

　　（1）Visual Studio Code（简称 VS Code）。VS Code 是一款由微软公司开发的免费、开源的跨平台代码编辑器。它在软件开发和编程任务中广受欢迎，提供了丰富的功能。VS Code 支持多种编程语言和开发框架，能够满足开发者的各种需求。它具有快速启动的特点，可以在 Windows、macOS 和 Linux 等不同的操作系统上运行。此外，VS Code 还提供了强大的代码编辑、智能代码补全、调试支持、版本管理集成等功能，使开发过程更加高效和便捷。其丰富的扩展库还允许用户根据自己的需求进行个性化定制，以适应不同的开发场景和工作流程。

　　（2）WebStorm。WebStorm 是一款由 JetBrains 公司开发的集成开发环境（Integrated Development Environment，IDE），主要用于前端开发。它支持 JavaScript、TypeScript、HTML、CSS、Sass、Less、React、Vue 等多种前端技术，并且提供丰富的代码编辑、调试、测试、版本控制等功能。

　　（3）Dreamweaver。Dreamweaver 使用"所见即所得"的接口，也具有编辑 HTML 文件的功能，借助经过简化的智能编码引擎，可以轻松地创建、编码和管理动态网站。通过访问代码提示，即可快速了解 HTML、CSS 和其他 Web 标准，对于初学人员，无须编写任何代码就能够快速创建 Web 页面。

　　（4）HBuilderX。HBuilderX 是一款基于 Eclipse 的 HTML5 开发工具，它支持多种前端框架和语言，如 Vue.js、React、TypeScript 等。HBuilderX 提供了丰富的代码提示和自动补全功能，可以帮助开发者快速编写代码。同时，它还集成了调试工具和模拟器，可以使开发者方便地进行调试和测试。此外，HBuilderX 还支持一键打包成 App 的功能，可以让开发者快速将 Web 应用程序转化为移动应用程序。

（5）Sublime Text。Sublime Text 是一款轻量级的代码编辑器，具有友好的用户界面，支持拼写检查、书签、自定义按键绑定等功能，可以通过灵活的插件机制扩展编辑器的功能（其插件可以利用 Python 语言开发）。Sublime Text 是一款跨平台的编辑器，支持 Windows、Linux、macOS 等操作系统。

3．开发工具的安装

本书将以 VS Code 为平台介绍 Web 前端开发，下面介绍 VS Code 的安装步骤。

（1）从 VS Code 官网上下载 VS Code 安装包，右击该安装包，在弹出的快捷菜单中选择"以管理员身份运行"命令，打开"安装-Microsoft Visual Studio Code"窗口，进入"许可协议"界面，选中"我同意此协议"单选按钮，如图 1-9 所示。

（2）单击"下一步"按钮，在进入的界面中指定安装位置和选择开始文件夹，这里采用默认设置，继续单击"下一步"按钮，直到进入如图 1-10 所示的"准备安装"界面，单击"安装"按钮，开始安装 VS Code。

图 1-9　"许可协议"界面

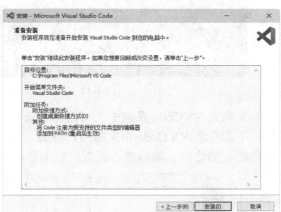

图 1-10　"准备安装"界面

（3）安装完成后，进入如图 1-11 所示的"Visual Studio Code 安装完成"界面，勾选"运行 Visual Studio Code"复选框后，单击"完成"按钮，即可打开 VS Code。

（4）在搜索框中输入"Chinese"后按 Enter 键，在搜索结果列表中单击"Chinese(Simplified)(简体中文)"选项对应的"Install"按钮，安装 VS Code 的中文（简体）语言包，如图 1-12 所示。

图 1-11　"Visual Studio Code 安装完成"界面

图 1-12 安装 VS Code 的中文（简体）语言包

安装完 VS Code 及其中文（简体）语言包后就可以直接使用该软件了。

下面介绍 VS Code 中文版用户界面，该界面分为 6 个主要的工作区域，分别是主菜单、活动栏、侧边栏、编辑器、面板、状态栏，如图 1-13 所示。

图 1-13 VS Code 中文版用户界面

（1）主菜单是位于用户界面顶部的菜单区域。使用主菜单内各个菜单中的命令可以保存、编辑和运行代码等。

（2）活动栏是位于用户界面最左侧的窄竖栏。通过活动栏，可以在各个视图（如资源管理器或扩展）之间切换，并且活动栏提供其他特定于上下文的指示器。

（3）侧边栏是包含提供工具和资源的视图的区域。在处理代码项目时，侧边栏中的视图（如资源管理器）非常有用。

（4）编辑器是用于编辑文件的区域。用户可以根据需要在垂直方向和水平方向并排打开任意数量的编辑器。

（5）面板区域用于在编辑器的下方显示输出或调试信息、错误和警告或集成终端的不同面板。

（6）状态栏是位于用户界面底部的横栏，用于显示打开的项目和与所编辑的文件有关的信息。

任务实施

1．站点的创建和素材的整理

可以通过站点对网站的相关页面及各类素材进行统一管理，还可以借助站点管理实现将文件上传到网页服务器。简单地说，站点就是一个文件夹，在这个文件夹里包含了网站中所有用到的文件。

（1）在桌面创建 MEMORIES OF HOME 文件夹，用于存放所有用到的文件。

（2）启动 VS Code，在主菜单中选择"文件"菜单中的"打开文件夹"命令，如图 1-14 所示，或者单击"打开文件夹"按钮，如图 1-15 所示，在弹出的"打开文件夹"对话框中选择在计算机中保存网站的物理路径，这里选择在桌面创建的 MEMORIES OF HOME 文件夹，然后单击"选择文件夹"按钮。

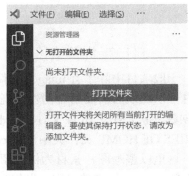

图 1-14　选择"打开文件夹"命令　　　　图 1-15　"打开文件夹"按钮

（3）在 VS Code 中打开 MEMORIES OF HOME 文件夹后的界面效果如图 1-16 所示。

（4）此时，站点并没有建立完成。一般站点除了需要创建项目，还需要创建目录。将鼠标指针移入"资源管理器"窗格，会弹出如图 1-17 所示的快捷菜单，单击"新建文件夹"按钮，在出现的文本框中输入文件夹的名称"images"，按 Enter 键或在主界面中的任意空白处单击，此时文件夹创建完成，如图 1-18 所示。

图 1-16　打开 MEMORIES OF HOME 文件夹后的界面效果

图 1-17　快捷菜单　　　　　　　　　　　　　图 1-18　创建 images 文件夹

（5）一般项目中除了有 images 文件夹，还有 css 文件夹和 js 文件夹等，既可以一开始就创建，也可以在以后需要用时创建。既可以直接按照步骤（4）的方法创建 css 文件夹和 js 文件夹，也可以直接在桌面上的 MEMORIES OF HOME 文件夹中创建 css 文件夹和 js 文件夹。

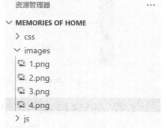

（6）这里以整理图片素材为例介绍素材的整理，一般情况下图片都放在 images 文件夹中。先复制准备好的图片，然后在 MEMORIES OF HOME 文件夹中的 images 文件夹的名称上按 Ctrl+V 组合键即可，也可以将图片复制到桌面上的 MEMORIES OF HOME 文件夹中的 images 文件夹内，效果如图 1-19 所示。

图 1-19　复制图片后的效果

提示：

站点目录结构中含有大量的文件夹，根据网站的复杂程度，文件夹的分类方式也不同。对于目录结构的好坏，浏览者并没有什么明显的感觉，但是对于站点本身的上传与维护、内容在未来的扩充和移植有着重要的影响。下面是关于建立目录结构的一些建议。

（1）不要将所有文件都存放在根目录下，否则会造成文件管理混乱。一方面，会搞不清哪些文件需要编辑和更新、哪些文件可以删除、哪些文件是相关联的文件等，影响工作效率；另一方面，上传速度慢。服务器一般都会为根目录建立一个文件索引，当将所有文件都存放在根目录下时，那么即使只上传、更新一个文件，服务器也需要先将所有文件检索一遍，再建立新的文件索引。很明显，文件量越大，等待的时间也越长。所以，应尽可能减少根目录中的文件存放数量。

（2）按照栏目内容建立子目录。先按照主要栏目建立子目录，如企业站点可以按照公司简介、产品介绍、价格、在线订单、反馈联系等建立相应目录。对于其他的次要栏目，如果需要经常更新，就可以建立独立的子目录。而一些相关性强、不需要经常更新的栏目，如关于本站、关于站长、站点经历等，就可以合并放在一个统一的目录下。所有程序一般都存放在特定的目录下，所有需要下载的内容也最好放在一个目录下。

（3）在每个主要栏目的目录下都建立独立的 images 目录。为每个主要栏目建立一个独立的 images 目录是最方便管理的。而根目录下的 images 目录只用来存放首页和一些次要栏目的图片。

（4）目录的层次不要太多。目录的层次建议不要超过 3 层，3 层以内既方便维护与管理，也便于搜索引擎检索。

（5）不要使用中文目录名。如果使用中文目录名，则用户在浏览网页时可能出现乱码情况。

（6）不要使用过长的目录名。

2. 网页文件的创建与保存

下面以创建和保存"寻找家乡记忆"网站的首页为例介绍网页文件的创建和保存。

1）网页文件的创建

（1）将鼠标指针移入"资源管理器"窗格，在弹出的快捷菜单中单击"新建文件"按钮，在出现的文本框中输入文件的名称"index.html"，按 Enter 键或在主界面中的任意空白处单击，此时文件创建完成，如图 1-20 所示。

图 1-20　新建 index.html 文件

（2）默认创建后的文件为空白文件，需要用户自行输入标签。为了方便起见，可以在 index.html 文件中输入"！"（注意，不要输入全角状态下的"！"），如图 1-21 所示，然后按 Tab 键或 Enter 键，编辑器中会自动生成 HTML 文件的基本框架，如图 1-22 所示。

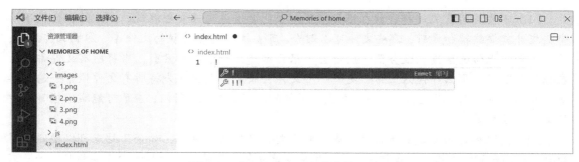

图 1-21 在 index.html 文件中输入 "!"

图 1-22 自动生成的 HTML 文件的基本框架

2）网页文件的保存

在主菜单中选择"文件"菜单中的"保存"命令，或者按 Ctrl+S 组合键，即可保存网页文件。通常情况下，当第一次保存文件时，VS Code 会自动将文件保存在与当前工作区相关的文件夹中。

3. 网站的运行

Live Server 是一个具有实时加载功能的小型服务器，可以实现自动刷新，也就是文件重新编辑、保存后可以即时看到最新的运行效果，无须手动刷新。

（1）单击活动栏中的"扩展"按钮 ，在侧边栏中出现的"在应用商店中搜索扩展"文本框内输入"Live Server"，在可用扩展搜索结果列表中选择由 Ritwick Dey 发布的"Live Server"选项，单击对应的"安装"按钮，如图 1-23 所示。

图 1-23　安装 Live Server

（2）在 index.html 文件中的<title></title>标签对内输入网页的名称"寻找家乡的记忆"，如图 1-24 所示，单击主菜单内的"文件"菜单中的"保存"命令，或者按 Ctrl+S 组合键，保存该网页文件。

图 1-24　输入网页的名称

（3）在编辑器中的空白位置右击，在弹出的快捷菜单中选择"Open with Live Server"命令，如图 1-25 所示，则系统默认的浏览器将会打开该文件，运行效果如图 1-26 所示。

（4）在 index.html 文件中的<body></body>标签对内输入网页内容"家乡是梦想开始的地方"，如图 1-27 所示，在主菜单中选择"文件"菜单中的"保存"命令，或者按 Ctrl+S 组合键，保存该网页文件。

此时使用浏览器打开的网页中会显示输入的内容，如图 1-28 所示。

图 1-25　选择"Open with Live Server"命令

图 1-26　"寻找家乡的记忆"网页

图 1-27　输入网页内容

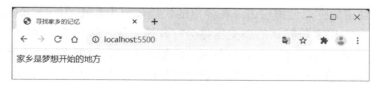

图 1-28　网页中显示输入的内容

4．更换 VS Code 主题颜色

在 VS Code 中，可以通过更换主题来个性化编辑环境，使其适应开发者的喜好和工作风

格。主题可以改变编辑器的外观，包括颜色、背景、语法高亮等，为开发者提供一个舒适和个性化的编辑体验。单击活动栏最下方的"管理"按钮，在弹出的菜单中选择"主题"子菜单中的"颜色主题"命令，如图 1-29 所示，弹出的主题设置选项如图 1-30 所示，默认为浅色主题，可以选择切换为深色主题。

图 1-29　选择"主题"子菜单中的"颜色主题"命令

图 1-30　主题设置选项

任务验证

在编辑器中的空白位置右击，在弹出的快捷菜单中选择"Open with Live Server"命令，系统默认的浏览器将会打开该文件，运行效果如图 1-28 所示。

实战练习

在学习本模块的内容后，请完成表 1-1 和表 1-2 所示的实战练习。

表 1-1 实战练习 1

实战练习 1	安装常用的开发工具	姓名		学号	
		评分人		评分	
操作提示：					
（1）下载 VS Code 并安装。					
（2）安装插件					

表 1-2 实战练习 2

实战练习 2	创建 MyHome 站点	姓名		学号	
		评分人		评分	
操作提示：					
（1）在 D 盘上创建名称为"MyHome"的站点。					
（2）在目录中创建存放图片的文件夹 images、存放 CSS 文件的文件夹 css、存放 JavaScript 文件的文件夹 js 和首页文件 index.html					

课后练习

一、选择题

1. 下列不是网页文件后缀名的是（　　）。

    A．htm　　　　　　B．html　　　　　　C．shtml　　　　　　D．shtl

2. 以下说法正确的是（　　）。

    A．HTML 文档是由 Web 服务器显示的

    B．HTML 文档是由 Web 服务器和浏览器共同显示的

    C．HTML 文档是由浏览器显示的

    D．浏览器必须访问 Web 服务器上的 HTML 文档才能显示网页

3. 站点的目录其实是（　　）。

    A．文本文件　　　　B．HTML 文档　　　C．文件夹　　　　　D．EXE 文件

4. 建立站点目录需考虑的因素有（　　）。

    A．按照栏目内容建立子目录　　　　　　B．目录的层次不要太多

    C．不要使用过长的目录名　　　　　　　D．必须使用中文目录名

5. 下列软件中不属于前端开发工具的是（　　）。

    A．WebStorm　　　B．Dreamweaver　　C．JavaScript　　　D．HBuilderX

二、问答题

1. 网页由哪些基本元素构成？

2. 简述网站的制作流程。

3. 前端开发工具有哪些？

模块 2　HTML5 语言基础

知识目标

1. 了解 HTML5 文档的格式。
2. 掌握 HTML 中常用的基本标签。
3. 掌握 HTML 中序列标签的语法。
4. 了解图像类型，掌握图像标签的语法及属性。
5. 掌握链接标签的基本结构和属性。
6. 了解链接的分类。

能力目标

能够利用基本标签、序列标签、图像标签和链接标签制作网页。

任务 2.1　制作 "校史馆参观须知" 网页

任务描述

校史馆作为一所高等学府的历史缩影和文化载体，不仅承载着学校的发展记忆，还是进行思想教育的重要阵地。走进校史馆，仿佛穿越时光的隧道，每幅照片、每件实物、每段文字都是历史的见证，都讲述着学校的辉煌成就和艰苦奋斗的历程。在这里，学生们可以深刻感受到前辈们的教育智慧和精神风貌，他们为国家的繁荣富强、民族的复兴孜孜不倦地追求真理，培养了一代又一代的栋梁之材。

校史馆的每处展览不仅是对过去的回忆，还是对未来的启迪。在这里，学生们可以学习什么是责任、什么是担当，可以从中汲取精神力量、激发爱国情怀、增强民族自豪感和历史使命感。通过对校史的学习，学生们能够明白每个人的成长和成功都不是孤立的，而是与国家的命运息息相关的。

校史馆是连接过去与未来的桥梁，是传承红色基因、弘扬爱国主义精神的圣地，是培育时代新人、造就社会主义建设者和接班人的摇篮。通过制作 "校史馆参观须知" 网页，引导青年学子树立正确的历史观、民族观、国家观、文化观，坚定理想信念，不忘初心，牢记使命，为实现中华民族伟大复兴的中国梦贡献青春力量。

任务分析

首先要对 HTML5 文档的格式有所了解，然后掌握基本标签和序列标签，最后根据相关知识制作 "校史馆参观须知" 网页。

相关知识

2.1.1　HTML5 文档的格式

HTML5 文档包括标题、段落、列表、表格、图像及各种嵌入对象，其基本格式如图 2-1 所示。

```
1  <!DOCTYPE html>
2  <html lang="en">
3  <head>
4      <meta charset="UTF-8">
5      <title></title>
6  </head>
7  <body>
8
9  </body>
10 </html>
```

图 2-1　HTML5 文档的基本格式

1．<!DOCTYPE html>标签

<!DOCTYPE html>标签位于文档的最前面，用于向浏览器说明当前文档使用哪种 HTML 标准规范。<!DOCTYPE html>是 HTML5 的文档类型声明。只有在开头使用<!DOCTYPE>声明，浏览器才能将该网页作为有效的 HTML 文档，并按照指定的文档类型进行解析。使用 HTML5 的<!DOCTYPE>声明，会触发浏览器以标准兼容模式显示页面。

2．<html></html>标签对

<html>标签位于<!DOCTYPE>标签之后，也被称为"根标签"，用于告知浏览器其自身是一个 HTML 文档。<html>标签标志着 HTML 文档的开始，</html>标签标志着 HTML 文档的结束，在<html></html>标签对之间的内容是文档的头部和主体内容。

3．<head></head>标签对

<head>标签紧跟在<html>标签之后，也被称为"头部标签"，用于定义 HTML 文档的头部信息，主要用来封装其他位于文档头部的标签，如<title>、<meta>、<link>及<style>等标签，用来描述文档的标题、作者及与其他文档的关系等。

一个 HTML 文档只能包含一个<head></head>标签对，绝大多数文档的头部包含的数据都不会真正作为内容显示在页面中。<head></head>标签对主要用于帮助浏览器或搜索引擎解析网页。

4．<body></body>标签对

<body>标签用于定义 HTML 文档所要显示的内容，也被称为"主体标签"。浏览器中显示的所有文本、图像、音频和视频等信息都必须位于<body></body>标签对内，<body></body>标签对中的信息就是最终展示给用户看的内容。

一个 HTML 文档只能包含一个<body></body>标签对，并且<body></body>标签对必须在<html></html>标签对内，位于<head></head>标签对之后，与<head></head>标签对是并列关系（见图 2-1）。

2.1.2　基本标签

HTML 中的基本标签构成了网页的基础结构，并且每个标签都有其特定的用途。下面介绍一些常用的基本标签。

1．标题标签

标题在 HTML 文档中扮演着至关重要的角色，它们不仅为内容提供了结构和层次感，还有助于改善可读性和搜索引擎优化（Search Engine Optimization，SEO）。

标题标签默认带有不同的字号和样式，使开发者在没有应用额外的 CSS 样式的情况下也能对网页内容进行基本的视觉区分。HTML 提供了 6 个等级的标题标签：<h1>～<h6>，用于定义不同级别的标题。其中，<h1>标签定义级别最大的标题，<h2>～<h5>标签定义级别依次减小的标题，<h6>标签定义级别最小的标题。开发者也可以通过 CSS 对标题进行个性化的样式设计。

使用标题标签的示例代码如下：

```
<!DOCTYPE html>
<html>
    <head>
        <meta charset="utf-8">
```

```
        <title></title>
    </head>
    <body>
        <h1>标题 1</h1>
        <h2>标题 2</h2>
        <h3>标题 3</h3>
        <h4>标题 4</h4>
        <h5>标题 5</h5>
        <h6>标题 6</h6>
    </body>
</html>
```

使用浏览器预览，效果如图 2-2 所示。

2. 段落标签

在 HTML5 中，段落是通过<p></p>标签对定义的。在<p></p>标签对之间的内容会自动形成一个段落。

使用段落标签的示例代码如下：

```
<!DOCTYPE html>
<html>
    <head>
        <meta charset="utf-8">
        <title></title>
    </head>
    <body>
        <p>春晓</p>
        <p>春眠不觉晓，处处闻啼鸟。</p>
        <p>夜来风雨声，花落知多少。</p>
    </body>
</html>
```

使用浏览器预览，效果如图 2-3 所示。

图 2-2 使用标题标签后的效果　　　　图 2-3 使用段落标签后的效果

3. 换行标签

换行是 HTML5 中经常使用的样式之一，但是任何回车换行（指文本编辑中用于分隔行的特定字符或操作）在代码中都不能起到换行的作用。在 HTML 中通过使用
标签来实现换行，该标签的作用与普通文档里插入回车符的作用相同，都表示强制性换行。
标签是一个空标签，在需要换行的位置添加
标签即可。一个
标签表示一个换行，多个
标签表示多个换行。

   提示：没有闭合的标签称为空标签，如
和<img>等标签，它们不存在成对的情况。另外，
标签和
标签在功能上是一样的，这里因为 HTML 是标记语言，通常来说，标记语言的规则和语法要求相对宽松，具有灵活性和容错性，正是这种灵活性，使得在使用不完整或错误的标签时，绝大部分浏览器仍然能够正确地渲染网页，所以在代码中使用
标签或
标签都可以实现换行。其他空标签与
标签情况相同，即标签名后是否添加“/”均可以。在 HTML 中，在空标签上使用闭标签（如</br>）是无效的。

   使用换行标签的示例代码如下：

```
<!DOCTYPE html>
<html>
    <head>
        <meta charset="utf-8">
        <title></title>
    </head>
    <body>
        春眠不觉晓，<br>
        处处闻啼鸟。<br/>
        夜来风雨声，<br/>
        花落知多少。
    </body>
</html>
```

使用浏览器预览，效果如图 2-4 所示。

4．水平线标签

   水平线常用于文章、报告或任何需要分隔不同部分的文本内容之间。例如，在两个段落或章节之间插入一条水平线，可以帮助读者区分不同的内容部分。当网页中的内容较为复杂时，合理地使用水平线可以使内容看起来更加清晰、文字编排更加整齐，从而提升浏览者的阅读体验。在介绍不同主题或概念时，使用水平线可以明确地标示内容上的变化，帮助浏览者识别页面上的不同部分或主题。水平线不仅是功能性元素，它还可以通过调整宽度、高度、颜色等属性来美化页面布局，使网页设计更加吸引人。

   <hr>标签用于在网页中创建水平线。和
标签一样，<hr>标签也是一个空标签。

   使用水平线标签的示例代码如下：

```
<!DOCTYPE html>
<html>
    <head>
        <meta charset="utf-8">
        <title></title>
    </head>
    <body>
        <h1>春晓</h1>
```

```
    <hr>
    <p>春眠不觉晓，处处闻啼鸟。</p>
    <p>夜来风雨声，花落知多少。</p>
    </body>
</html>
```

使用浏览器预览，效果如图 2-5 所示。

图 2-4　使用换行标签后的效果

图 2-5　使用水平线标签后的效果

5．字体样式标签

为了在语义和视觉上能够突出某些文本，必须对文本进行结构化处理。简而言之，在编辑文本的过程中，需要对特定部分的文本进行适当的重点突出，如加粗显示或斜体显示等。

1）加粗显示

加粗显示的字体可以吸引读者的注意力，常用于强调关键词或重要信息。

在 HTML 中，可以使用\\标签对和\\标签对来使文本分别实现加粗显示和加强显示。

2）斜体显示

斜体常用来表示引用的文字或强调某些词语，以区别其他正常文本。在西文中，斜体字经常用于书籍、报纸和杂志中，以表示特殊的语境或语气，如讽刺或幽默。

在 HTML 中，可以使用\\标签对和\<i>\</i>标签对来使文本实现斜体显示。

使用字体样式标签的示例代码如下：

```
<!DOCTYPE html>
<html>
    <head>
        <meta charset="utf-8">
        <title></title>
    </head>
    <body>
        <h1>春晓</h1>
        <hr>
        <p>春眠<strong>不觉晓</strong>，<b>处处</b>闻啼鸟。</p>
        <p><i>夜来</i>风雨声，<em>花落知</em>多少。</p>
    </body>
</html>
```

使用浏览器预览，效果如图 2-6 所示。

图 2-6　使用字体样式标签后的效果

提示：如何正确区分 HTML 元素与 HTML 标签？HTML 是一种用于创建网页的标记语言。在 HTML 中，元素（Element）和标签（Tag）是两个相关但不完全相同的概念。HTML 元素是由开始标签、结束标签和内容组成的结构。它们用于描述网页中的不同部分和内容。例如，p 元素用于定义段落，它由开始标签<p>、内容和结束标签</p>组成。HTML 标签是用于标记 HTML 元素的特殊符号，通常由尖括号（＜＞）包围，位于 HTML 元素的开始和结束位置。例如，<p>是一个段落的开始标签，</p>是一个段落的结束标签。HTML 元素由标签和内容组成，而标签本身是元素的一部分。标签用于告诉浏览器如何处理元素的内容。不同的标签具有不同的含义和功能。例如，<h1>标签用于定义页面的标题，<img>标签用于插入图像，<a>标签用于创建链接等。在 HTML 中，标签通常是成对出现的，包括开始标签和结束标签。但也有一些标签是自闭合的，不需要结束标签，如
标签用于实现换行。总的来说，HTML 元素是由开始标签、结束标签和内容组成的结构，HTML 标签是用于标记 HTML 元素的特殊符号。通过使用不同的标签，我们可以创建出各种不同类型的 HTML 元素，从而构建丰富多样的网页内容。

2.1.3　序列标签

在编写文档、构建网页或进行数据分析时，列表提供了一种清晰且结构化的方式来展示一系列的项目。无论是无序列表（其中的内容不分先后，只通过符号或图标来分隔条目），还是有序列表（其中的每项都按照特定的顺序排列并通常由数字引导），都是使信息条理化的关键元素。HTML 支持无序列表、有序列表和自定义列表。

1．无序列表

无序列表类似于 Word 中的项目符号列表，它在展示列表项时不强调顺序性，而是通过项目符号来区分各个列表项。在 HTML 中，使用<ul>标签和</ul>标签来分别标记无序列表的开始和结束，其基本语法如下：

```
<ul>
  <li>列表项</li>
  <li>列表项</li>
  …
</ul>
```

其中，每个<li></li>标签对定义一个列表项。无序列表是一个项目的列表，其中的每个列表项都使用粗体圆点进行标记。

使用无序列表的示例代码如下：

```
<!DOCTYPE html>
<html>
```

```
    <head>
        <meta charset="utf-8">
        <title>无序列表</title>
    </head>
    <body>
        <ul>
            <li>春眠不觉晓</li>
            <li>处处闻啼鸟</li>
            <li>夜来风雨声</li>
            <li>花落知多少</li>
        </ul>
    </body>
</html>
```

使用浏览器预览，效果如图 2-7 所示。

图 2-7　使用无序列表后的效果

2．有序列表

有序列表与普通列表的不同之处在于有序列表存在序号，类似于 Word 中的编号列表。在 HTML 中，使用<ol>标签和</ol>标签来分别标记有序列表的开始和结束，其基本语法如下：

```
<ol>
  <li>列表项</li>
  <li>列表项</li>
  …
</ol>
```

其中，<ol>标签的属性如下：

- type=1：表示用数字给列表项编号，这是默认设置。
- type=a：表示用小写英文字母给列表项编号。
- type=A：表示用大写英文字母给列表项编号。
- type=i：表示用小写罗马字母给列表项编号。
- type=I：表示用大写罗马字母给列表项编号。

使用有序列表的示例代码如下：

```
<!DOCTYPE html>
<html>
    <head>
        <meta charset="utf-8">
        <title>有序列表</title>
    </head>
    <body>
```

```
        <ol>
            <li>春眠不觉晓</li>
            <li>处处闻啼鸟</li>
            <li>夜来风雨声</li>
            <li>花落知多少</li>
        </ol>
    </body>
</html>
```

使用浏览器预览，效果如图 2-8 所示。

3. 自定义列表

自定义列表通过<dl>...<dt>...</dt>...<dd>...</dd>...</dl>的形式实现，通常用于排版。其中，<dl></dl>标签对用于创建一个普通的列表；<dt></dt>标签对用于创建列表中的上层项目；<dd></dd>标签对用于创建列表中最下层的项目。<dt></dt>标签对和<dd></dd>标签对都必须放在<dl></dl>标签对之间。

使用自定义列表的示例代码如下：

```
<!DOCTYPE html>
<html>
    <head>
        <meta charset="utf-8">
        <title>自定义列表</title>
    </head>
    <body>
        <dl>
            <dt>春晓</dt>
            <dd>春眠不觉晓</dd>
            <dd>处处闻啼鸟</dd>
            <dd>夜来风雨声</dd>
            <dd>花落知多少</dd>
        </dl>
    </body>
</html>
```

使用浏览器预览，效果如图 2-9 所示。

图 2-8　使用有序列表后的效果

图 2-9　使用自定义列表后的效果

任务规划

在校史馆的数字化建设过程中，为了方便访客了解并遵守校史馆的参观规则，需要设计并制作一个"校史馆参观须知"网页。

在"校史馆参观须知"网页中会清晰、准确、全面地展示校史馆的开放时间、预约方式、参观流程、注意事项等内容，从而提升访客的参观体验，规范访客的参观行为，有效地保护校史馆内的文物和展品。"校史馆参观须知"网页的最终效果如图 2-10 所示。

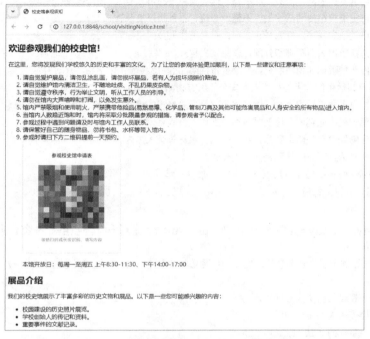

图 2-10　"校史馆参观须知"网页的最终效果

任务实施

（1）打开开发工具 VS Code，在本地磁盘中新建项目文件夹，并命名为 school。

（2）在 VS Code 中打开项目文件夹 school，在"资源管理器"窗格中的项目文件夹 school 的名称上右击，在弹出的快捷菜单中选择"新建文件"命令，在出现的文本框中输入文件的名称"visitingNotice.html"（开发中文件命名一般要做到见名知意），然后按 Tab 键或 Enter 键完成 HTML 文件的创建。默认创建后的文件为空白文件，需要自行输入标签。为了方便起见，可以在 HTML 文件中输入"！"（注意，不要输入全角状态下的"！"），然后按 Tab 键或 Enter 键，编辑器中会自动生成 HTML 文件的基本框架。

（3）在<title></title>标签对和<body></body>标签对中分别添加网页标题和段落。代码如下：

```
<head>
        <meta charset="utf-8" />
        <title>校史馆参观须知</title>
</head>
    <body>
        <h2>欢迎参观我们的校史馆！</h2>
        <p>在这里，您将发现我们学校悠久的历史和丰富的文化。
        为了让您的参观体验更加顺利，以下是一些建议和注意事项：</p>
    </body>
```

（4）在\<body>\</body>标签对中添加\<ol>\</ol>标签对和参观须知内容（图像标签具体参见任务 2-2 中的 2.2.1 节）。代码如下：

```
<ol>
    <li>请自觉爱护展品，请勿乱涂乱画，请勿损坏展品，若有人为损坏须照价赔偿。</li>
    <li>请自觉维护馆内清洁卫生，不随地吐痰、不乱扔果皮杂物。</li>
    <li>请自觉遵守秩序，行为举止文明，听从工作人员的引导。</li>
    <li>请勿在馆内大声喧哗和打闹，以免发生意外。</li>
    <li>馆内严禁吸烟和使用明火，严禁携带危险品(易燃易爆、化学品、管制刀
        具及其他可能危害展品和人身安全的所有物品)进入馆内。</li>
    <li>当馆内人数趋近饱和时，馆将采取分批量参观的措施，请参观者配合。</li>
    <li>参观过程中遇到问题请及时与馆内工作人员联系。</li>
    <li>请保管好自己的随身物品，勿将书包、水杯等带入馆内。</li>
    <li>参观时请扫下方二维码提前一天预约。</li>
    <img src="img/image1.jpg" alt="展品 1">
    <p>本馆开放日：每周一至周五 上午 8:30-11:30、下午 14:00-17:00</p >
</ol>
```

（5）在\<body>\</body>标签对中添加\<ul>\</ul>标签对和其他相关内容。代码如下：

```
<h2>展品介绍</h2>
<p>我们的校史馆展示了丰富多彩的历史文物和展品。以下是一些您可能感兴趣的内容：</p >
<ul>
    <li>校园建设的历史照片展览。</li>
    <li>学校创始人的传记和资料。</li>
    <li>重要事件的文献记录。</li>
</ul>
```

任务验证

在编辑器中的空白位置右击，在弹出的快捷菜单中选择 "Open with Live Server" 命令，系统默认的浏览器将会打开该文件，运行效果如图 2-10 所示。

任务 2.2　制作 "家乡美食及制作流程展示" 网页

任务描述

家乡的美食不仅是一种味蕾上的享受，还是文化传承和地方特色的体现。每道地道的家乡菜不仅承载着家乡人民的智慧和劳动成果，也是历史沉淀与时代发展的结晶。在品尝这些美食的同时，我们不仅能够感受到家乡的风土人情，还能从中领悟到社会主义核心价值观中爱国、敬业、友善等美好品质。

让我们以家乡美食为载体，传承和弘扬中华优秀传统文化，传播正能量，培养家国情怀。

任务分析

首先了解图像类型和路径分类，然后掌握图像标签、链接标签及链接的分类，最后利用相关知识制作 "家乡美食及制作流程展示" 网页。

相关知识

2.2.1　图像类型及图像标签

1．图像类型

图像是网页中重要的多媒体元素之一，可以弥补纯文本的单调性，增加网页的多彩性。

网页对图像的格式并没有太严格的限制，但由于 GIF 格式和 JPEG 格式的图像文件较小，并且许多浏览器完全支持，因此它们是网页制作中常用的文件格式。一般情况下，网页中常见的图像格式包括下列 6 种。

1）JPEG

JPEG（Joint Photographic Experts Group）是一种常用的图像格式。它通过有损压缩算法将彩色和灰度图像的文件大小减小，方便存储和传输。JPEG 格式对图标之类的含大色块的图像的支持度不高，不支持透明图和动态图。JPEG 格式的文件通常以.jpg 或.jpeg 为扩展名保存。

2）PNG

PNG（Portable Network Graphics，便携式网络图形）是 Web 图像中最通用的格式。它是一种无损压缩格式，但是如果没有插件支持，则有的浏览器可能不支持这种格式。PNG 格式允许图像拥有透明或半透明的效果，最多支持 32 位颜色，但是不支持动态图。

3）GIF

GIF（Graphics Interchange Format，图像互换格式）是 Web 上最常用的图像格式。它可以用来存储各种图像文件，特别适用于存储线条、图标，以及计算机生成的图像、卡通和其他含大色块的图像。

GIF 格式文件的容量非常小，形成的是一种压缩的 8 位图像文件，所以最多只支持 256 种不同的颜色。GIF 格式支持动态图、透明图和交织图。

4）BMP

BMP（Bitmap，位图）格式使用的是索引色彩，这种格式的图像具有极其丰富的色彩，可以使用 16M 色彩渲染图像。BMP 格式一般在多媒体演示和视频输出等情况下使用。

5）TIFF

TIFF（Tag Image File Format，标签图像文件格式）是对色彩通道图像来说最有用的格式，它能够支持多达 48 个通道的存储，包括 RGBA（红、绿、蓝、透明度）模型中的 4 个基本通道，以及额外的 Alpha 通道（用于透明度控制）。TIFF 格式的图像文件要比其他格式的图像文件更大、更复杂，非常适用于印刷和输出。

6）TGA

TGA（Targa）格式与 TIFF 格式相同，都可以用来处理高质量的色彩通道图像。另外，PDD 和 PSD 格式也是存储包含通道的 RGB 图像的常见文件格式。

2．图像标签

图像是网页上传递信息的重要手段。它可以直观地展示内容，帮助浏览者快速理解网站的主题和信息。图像不仅能够吸引浏览者的注意力，还能够增加网页的视觉吸引力，合适的图像能够激发浏览者的情感共鸣。

在 HTML 中，图像由<img>标签定义。<img>标签是空标签，即它只包含属性，并且没有闭合标签。

<img>标签的常用属性如表 2-1 所示。

表 2-1　　<img>标签的常用属性

属性	值	描述
alt	text	用于设置图像的说明
src	URL	用于设置图像的路径
height	pixels%	用于设置图像的高度
width	pixels%	用于设置图像的宽度
title	text	用于设置额外的信息，通常在鼠标指针悬停在图像上时显示

使用图像标签的示例代码如下：

```
<!DOCTYPE html>
<html>
    <head>
        <meta charset="utf-8">
        <title>插入图像</title>
    </head>
    <body>
        <img src="images/1.JPG" width="400" height="400">
        <img src="images/1.JPG" width="300" height="200">
    </body>
</html>
```

使用浏览器预览，效果如图 2-11 所示。

图 2-11　使用图像标签后的效果

2.2.2　路径分类

　　HTML 文件路径是用于描述网站文件夹中文件的位置，它是在网页上用于链接外部文件的，如其他 HTML 文件（网页）、图片（使用<img/>标签或 background 属性）、CSS 文件（使用<link>标签）、JavaScript 文件（使用<script>标签）等。

　　HTML 文件路径有两种类型，分别为相对文件路径和绝对文件路径。

1．相对文件路径

相对文件路径就是指由这个文件所在的路径引起的与其他文件（或文件夹）的路径关系，它可以指定与当前页面相关的文件。使用相对文件路径可以带来很多的便利。

如果目标文件与当前文件在同一个文件夹下，则二者是兄弟关系，可以直接引用。例如，向图 2-12 中的 index.html 文件内引入 bgimg.png，则 src="bgimg.png"。如果目标文件在当前文件的上一级，则需要先返回上一级（../），再引入。例如，向图 2-12 中的 shop.html 文件内引入 bgimg.png，则 src="../bgimg.png"。如果目标文件在当前文件的下一级，则需要先选择下一级（/），再引入。例如，向图 2-12 中的 index.html 文件内引入 1.png，则 src="/images/1.png "。

图 2-12　项目结构

2．绝对文件路径

绝对文件路径是指目录下的绝对位置，可以直接到达目标位置，是主页上的文件或目录在硬盘上真正的路径，通常是从盘符开始的。它可以指定完整的 URL 地址。

绝对文件路径可以使用反斜杠（\）或正斜杠（/）作为目录的分隔字符。在实际开发过程中较少使用绝对文件路径，因为如果在不同的计算机上使用绝对文件路径来指定背景图片的位置，则可能出现问题，导致图片无法显示。

2.2.3　链接标签

链接是连接不同网页和资源的桥梁。通过单击链接，用户可以从一个页面跳转到另一个页面，包括跳转到同一个网站的不同页面和不同网站的页面。

HTML 使用链接与网络上的另一个文档相连。HTML 中的链接是一种用于在不同网页之间导航的元素。

在 HTML5 中，使用<a></a>标签对来实现链接，其基本语法如下：

```
<a href=URL>网页元素</a>
```

链接既可以是一个字、一个词、一组词，也可以是一幅图像，用户可以通过单击这些内容来跳转到新的文档或当前文档中的某个部分。

当用户把鼠标指针移动到网页中的某个链接上时，鼠标指针会变为小手形状。

在默认情况下，链接将以下形式出现在浏览器中：

- 一个未被访问过的链接显示为蓝色字体并带有下画线。
- 被访问过的链接显示为紫色并带有下画线。
- 当单击链接时，链接显示为红色并带有下画线。

<a>标签具有以下属性：

- href：指定链接目标的 URL，这是链接最重要的属性。该属性的值可以是另一个网页的 URL、文件的 URL 或其他资源的 URL。
- target（可选）：指定链接如何在浏览器中打开。该属性常见的值包括_blank（在新标签或窗口中打开链接）和_self（在当前标签或窗口中打开链接）。
- title（可选）：指定链接的额外信息，通常在鼠标指针悬停在链接上时显示为工具提示。
- rel（可选）：指定与链接目标的关系，如 nofollow（用于控制搜索引擎爬虫的行为）、noopener（用于增强浏览器的安全性）等。

2.2.4 链接的分类

1．文本链接

最常见的链接类型是文本链接，它使用<a></a>标签对将一段文本转化为可单击的链接。示例如下：

```
<a href="https://www.exam***.com">访问示例网站</a>
```

在创建文本链接时，包含普通、鼠标指针滑过、鼠标单击和已访问4种状态。

1）普通状态

普通状态是指在打开的网页中文本链接最基本的状态，默认显示为蓝色并带有下画线。

2）鼠标指针滑过状态

当鼠标指针滑过文本链接时文本链接的状态。虽然多数浏览器不会为鼠标指针滑过的文本链接添加样式，但是用户可以对其进行修改，使之变为新的样式。

3）鼠标单击状态

鼠标单击状态是指当在文本链接上按下鼠标键时文本链接的状态，默认显示为橙色并不带有下画线。

4）已访问状态

已访问状态是指当已访问过文本链接且在浏览器的历史记录中可找到访问记录时文本链接的状态，默认显示为紫红色并带有下画线。

2．图像链接

图像链接是指使用图像作为链接。在这种情况下，<a></a>标签对会包围着<img>标签。示例如下：

```
<a href="https://www.exam***.com">
  <img src="example.jpg" alt="示例图片">
</a>
```

3．锚点链接

除了可以链接到其他网页，还可以在同一页面内创建内部链接，这些链接被称为"锚点链接"。要创建锚点链接，需要在目标位置使用<a>标签定义，并使用#符号引用该标签。示例如下：

```
<a href="#section2">跳转到第二部分</a>
<!-- 在页面中的某个位置 -->
<a name="section2"></a>
```

4．下载链接

下载链接是指用于下载文件而不是导航到另一个网页的链接，可以使用download属性定义这种链接。示例如下：

```
<a href="document.pdf" download>下载文档</a>
```

5．新窗口链接

新窗口链接是指当单击链接时目标页面会替换当前页面，显示所链接的窗口内容。

在HTML中，可以使用<a>标签的target属性来创建新窗口链接。target属性的值包括_blank、_self、_top和_parent，其中_blank表示在新窗口中打开链接，_self表示在当前窗口中打开链接。如果省略 target 属性的值，则 target 属性的值默认为_self。

随着互联网技术的发展和普及，人们越来越倾向于通过网络平台获取各类信息，尤其是对于地域特色文化和美食方面的需求日益增长。你的家乡拥有丰富的饮食文化和独特的地方美食，这些美食不仅是地方文化的载体，也是传承和弘扬本土文化的重要途径。然而，目前关于你家乡美食的详细介绍和制作方法在网络上的资源可能相对有限，或者不够系统、全面。因此，制作一个专门介绍家乡美食及制作流程的展示网页显得尤为重要。

通过网页的形式全面、生动、详尽地展示你家乡的代表性美食，展现你家乡独特的饮食文化，让更多的人了解和认识你的家乡。详细介绍每道美食的历史渊源、食材选择、制作步骤、口感特点等，通过高品质的内容输出，提升家乡美食的知名度和影响力，吸引游客前来品尝，助力本地餐饮业和旅游业的发展。"家乡美食及制作流程展示"网页的最终效果如图 2-13 所示。

图 2-13　"家乡美食及制作流程展示"网页的最终效果

（1）打开开发工具 VS Code，在本地磁盘中新建项目文件夹，并命名为 hometown。

（2）在 VS Code 中打开项目文件夹 hometown，在"资源管理器"窗格中的项目文件夹 hometown 的名称上右击，在弹出的快捷菜单中选择"新建文件"命令，在出现的文本框中输入文件的名称"foodList.html"，然后按 Tab 键或 Enter 键完成 HTML 文件的创建。默认创建后的文件为空白文件，需要自行输入标签。为了方便起见，可以在 HTML 文件中输入"！"，然后按 Tab 键或 Enter 键，编辑器中会自动生成 HTML 文件的基本框架。

（3）单击 foodList.html 文件，进入代码编辑窗口。在<title></title>标签对中设置网页的标题为"家乡美食列表"。代码如下：

```
<head>
    <meta charset="utf-8">
    <title>家乡美食列表</title>
</head>
```

（4）在<body></body>标签对中添加一级标题"家乡美食列表"。代码如下：

```
<h1>家乡美食列表</h1>
```

（5）在<body></body>标签对中插入第一道美食的图片、名称、描述、详细制作流程的链接，并设置好相关属性，同时将美食图片的源文件放入项目文件夹 hometown 下的 img 文件夹。代码如下：

```
<!-- 第一道美食 -->
    <img src="img/red-braised-pork.jpg" alt="红烧肉" height="150px" width="150px">
    <h2>1.红烧肉</h2>
    <p>色泽红亮，肥而不腻的传统名菜，选用优质五花肉慢炖而成。</p>
    <a href="red-braised-pork.html" target="_blank">查看制作流程 </a>
```

（6）在<body></body>标签对中插入第二道美食的图片、名称、描述、详细制作流程的链接，并设置好相关属性，同时将美食图片的源文件放入项目文件夹 hometown 下的 img 文件夹。代码如下：

```
<!-- 第二道美食 -->
    <a href="https://www.baid*.com/" title="这是一个图片链接">
        <img src="img/tofu-brain.jpg" alt="豆腐脑" height="150px" width="150px">
    </a>
    <h2>2.豆腐脑</h2>
    <p>口感细腻，营养丰富的早餐小吃，搭配酱汁、黄豆、葱花食用更佳。</p>
    <a href="tofu-brain.html" target="_blank">查看制作流程 </a>
    <!-- 更多美食按此格式继续添加 -->
    <!-- ... -->
```

（7）在"资源管理器"窗格中的项目文件夹 hometown 的名称上右击，在弹出的快捷菜单中选择"新建文件"命令，在出现的文本框中输入文件的名称"red-braised-pork.html"，然后按 Tab 键或 Enter 键完成 HTML 文件的创建。默认创建后的文件为空白文件，需要自行输入标签。为了方便起见，可以在 HTML 文件中输入"!"，然后按 Tab 键或 Enter 键，编辑器中会自动生成 HTML 文件的基本框架。

（8）单击 red-braised-pork.html 文件，进入代码编辑窗口。在<title></title>标签对中设置网页的标题为"家乡美食——红烧肉"。代码如下：

```
<head>
    <meta charset="utf-8">
    <title>家乡美食——红烧肉</title>
</head>
```

（9）在 red-braised-pork.html 文件的<body></body>标签对中，插入红烧肉图片及制作红烧肉所用的食材和详细制作步骤，并将相关图片的源文件放入项目文件夹 hometown 下的 img 文件夹。代码如下：

```
<body>
    <h1>家乡美食——红烧肉</h1>
```

```
                <!-- 美食介绍 -->
        <img src="img/red-braised-pork.jpg" alt="红烧肉" height="300px" width="300px">
        <p>红烧肉是一道具有地方特色的家常菜，色泽红亮，肥而不腻，入口即化。</p>
        <!-- 制作材料 -->
        <h2>所需材料</h2>
        <ul>
            <li>五花肉 500 克</li>
            <li>老抽、生抽各适量</li>
            <li>细砂糖 50 克</li>
            <li>料酒、生姜、八角、香叶等调料适量</li>
        </ul>
        <!-- 制作步骤 -->
        <h2>制作流程</h2>
        <ol>
            <li>
                <p>五花肉切块，冷水下锅焯水去血沫。</p>
                <img src="img/step1.jpg" alt="五花肉焯水">
            </li>
            <li>
                <p>....</p>
                <img src="step2.jpg" alt="五花肉焯水">
            </li>
            <!-- 重复此结构以添加更多步骤 -->
            <!-- ... -->
        </ol>
    </body>
```

任务验证

在编辑器中的空白位置右击，在弹出的快捷菜单中选择"Open with Live Server"命令，系统默认的浏览器将会打开该文件，查看运行结果。

（1）单击"家乡美食列表"网页中的链接，查看是否是在新窗口中打开链接。

（2）修改网页中链接的 target 属性的值，当值分别设置为_self、_top、_parent 时单击链接，查看不同效果。

（3）将鼠标指针停留在第二道美食豆腐脑的图片上，查看是否有文本显示，以及浏览器左下角是否有链接地址。

（4）将本项目的 img 文件夹中的图片删掉或修改图片的名称，重新刷新页面，查看网页中图片的显示效果。

实战练习

在学习本模块的内容后，请完成表 2-2 和表 2-3 所示的实战练习。

表 2-2　实战练习 1

实战练习 1	制作"问卷调查"网页	姓名		学号	
		评分人		评分	

操作提示：

使用基本标签和序列标签制作如图 2-14 所示的"问卷调查"网页。

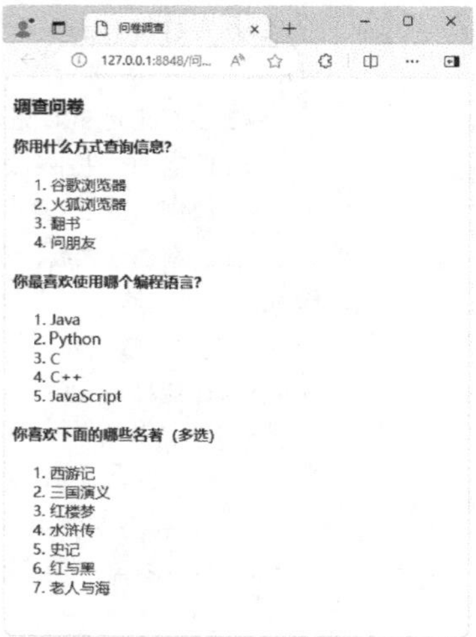

图 2-14　"问卷调查"网页

表 2-3　实战练习 2

实战练习 2	制作"古诗词鉴赏"网页	姓名		学号	
		评分人		评分	

操作提示：

使用图像标签和链接标签制作如图 2-15 所示的"古诗词鉴赏"网页。

图 2-15　"古诗词鉴赏"网页

课后练习

一、选择题

1．下列选项中是段落标签的是（　　　）。

    A．\<pre>　　　　　　B．\<hr>　　　　　　C．\
　　　　　　D．\<p>

2．使用下列哪个标签可以产生带有圆点列表符号的列表？（　　　）

    A．\<d>　　　　　　B．\<list>　　　　　C．\<o>　　　　　　D．\<ul>

3．在 HTML 中，下面是链接标签的是（　　　）。

    A．\<a>...\</a>　　　　　　　　　　B．\<img>...\</img>

    C．\<font>...\</font>　　　　　　　　D．\<p>...\</p>

4．在下列代码中，哪个可以产生链接？（　　　）

    A．\<a url="http://www.w3sch***.com.cn">W3Sch***.com.cn\</a>

    B．\<a href="http://www.w3sch***.com.cn">W3Sch***\</a>

    C．\<a>http://www.w3sch***.com.cn\</a>

    D．\<a name="http://www.w3sch***.com.cn">W3Sch***.com.cn\</a>

5．在下列代码中，哪个可以插入图像？（　　　）

    A．\<img href="image.gif">　　　　　B．\<image src="image.gif">

    C．\<img src="image.gif">　　　　　　D．\<img>image.gif\</img>

二、问答题

1．HTML5 文档的格式包括哪些标签？

2．序列标签包括哪几类？

3．网页中常用的图像格式有哪些？各有什么特点？

4．什么是链接？链接分为哪几类？

模块 3　HTML5 中新增的标签及属性

知识目标

1. 掌握 HTML5 中新增的语义化标签。
2. 掌握分组标签。
3. 掌握页面交互标签中各个标签的属性。
4. 掌握全局属性中各个属性的语法和属性。

能力目标

能够利用语义化标签、分组标签、页面交互标签和全局属性制作网页。

任务 3.1　制作"古都花城洛阳代表性古迹"网页

任务描述

作为中国历史文化名城，洛阳有着几千年的文明积淀和丰富的文化遗产，包括诸多闻名遐迩的古迹。这些古迹不仅见证了中国古代历史的辉煌，也构成了洛阳独特的城市文化底蕴和旅游资源。在全球信息化的时代背景下，通过网络平台向全世界展示洛阳的历史古迹，不仅有助于增进人们对洛阳乃至中华优秀传统文化的认识与了解，也能够推动洛阳文化旅游产业的发展，吸引更多的游客前往洛阳实地探访。

任务分析

通过对本任务的学习，掌握 HTML5 中新增的语义化标签和分组标签，能够利用所学知识制作"古都花城洛阳代表性古迹"网页。

相关知识

3.1.1　语义化标签

语义化是指根据文本内容的结构化（内容语义化）选择合乎语义的标签（代码语义化），在便于开发者阅读、维护和写出更优雅的代码的同时，让浏览器的爬虫和辅助技术更好地解析。

在 HTML5 推出之前，人们习惯使用<div>标签来表示页面的章节或不同的模块，但是<div>标签本身是没有语义的。现在，HTML5 中新增了一些语义化标签来更清晰地表达文档结构。

HTML5 推动下的标签语义化也是在适应越来越多的具体使用场景，换句话说，标签语义化协助下的内容语义化表达会推动自然语言处理和人工智能的发展，从而提高机器处理分析 Web 的能力。

HTML5 提供了定义页面不同部分的语义化标签，一个网页的页面结构一般包含 header 区、nav 区、article 区、section 区、aside 区和 footer 区，如图 3-1 所示。

HTML5 中新增的语义化标签主要有以下几个。

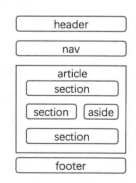

图 3-1　页面结构

1．<header>标签

<header>标签是页面加载的第一个标签，包含了网站的标题、Logo、网站导航等，是一种具有引导和导航作用的结构标签，通常用于放置整个页面或页面内的一个内容区块的标题。

由于在一个网页中并没有限制<header></header>标签对的个数，因此可以为每个内容区块增加一个<header></header>标签对。<header></header>标签对中可以包含多个<h1>～<h6>标签、<hgroup></hgroup>标签对、<nav></nav>标签对、<form></form>标签对等。

使用<header></header>标签对的示例代码如下：

```
<article>
  <header>
   <hgroup>
     <h1>主标题</h1>
     <h2>副标题</h2>
   </hgroup>
  </header>
</article>
```

2．<nav>标签

<nav>标签用于构建页面或站点内的导航链接组，表示一组用于导航的链接。这些链接可以指向其他页面或当前页面中的不同部分。

然而，并非所有链接集合都适合使用<nav></nav>标签对，因为它们并非页面的导航。例如，赞助商的链接列表和搜索结果页面并不是导航链接，而是页面的主要内容。需要注意的是，正确使用<nav></nav>标签对有助于提高页面的语义化，并使页面更易于理解和导航。因此，在使用<nav></nav>标签对时，应确保它包含的链接集合真正代表了页面的导航功能。

使用<nav></nav>标签对的示例代码如下：

```
<!DOCTYPE html>
<html>
    <head>
        <meta charset="utf-8">
        <title><nav>标签示例</title>
    </head>
    <body>
        <header>
          <h1>蓝天公司</h1>
          <nav>
           <ul>
             <li><a>首页</a></li>
             <li><a>公司简介</a></li>
             <li><a>产品展示</a></li>
             <li><a>资源下载</a></li>
           </ul>
          </nav>
        </header>
    </body>
</html>
```

使用浏览器预览，效果如图 3-2 所示。

3．<section>标签

<section>标签用于定义文档中的节（Section），如章节、页眉、页脚或文档中的其他部分。它用于将内容分块，使其成为独立的段落或区域。<section></section>标签对通常由内容及其标题组成，用于将相关内容组织在一起，并在文档流中创建一个新的节。这有助于提高文档的结构和可读性，并使页面中的内容更易于理解。注意，<section></section>标签对应该根据文档的逻辑结构来使用，而不仅仅是为了样式或布局而使用。

图 3-2　使用<nav></nav>标签对后的效果

使用<section></section>标签对的示例代码如下：

```html
<!DOCTYPE html>
<html>
    <head>
        <meta charset="utf-8">
        <title>唐代诗人简介</title>
    </head>
    <body>
        <section>
          <h1>王维</h1>
          <p>王维，字摩诘，号摩诘居士，河东蒲州（今山西运城）人，唐朝诗人、画家。他不仅参禅悟理，学庄信道，还精通诗、书、画、音乐等，以诗名盛于开元、天宝年间，尤长五言，多咏山水田园，与孟浩然合称"王孟"，有"诗佛"之称。</p>
        </section>

        <section>
          <h2>杜甫</h2>
          <p>杜甫，字子美，自号少陵野老，唐代伟大的现实主义诗人，祖籍襄阳（今属湖北），与李白合称"李杜"。为了与另两位诗人李商隐与杜牧即"小李杜"区分，杜甫与李白又合称"大李杜"，杜甫也常被称为"老杜"。后世称其杜拾遗、杜工部，也称他杜少陵、杜草堂。</p>
        </section>
    </body>
</html>
```

使用浏览器预览，效果如图 3-3 所示。

4．<article>标签

<article>标签用于定义文档、页面、应用程序或站点中的自包含成分所构成的一个页面的一部分，并且这部分专用于独立地分类或复用。例如，一个博客的帖子、一篇文章、一个视频文件等。当<article></article>标签对嵌套在另一个<article></article>标签对内时，内外层的内容应该是相关的。例如，可以使用外部的<article></article>

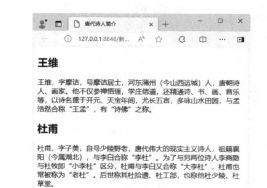

图 3-3　使用<section></section>标签对后的效果

标签对来包含一篇微博，而内部的<article></article>标签对则可以用来包含该微博的评论。

使用<article></article>标签对的示例代码如下：

```
<!DOCTYPE html>
<html>
    <head>
        <meta charset="utf-8">
        <title>经典散文</title>
    </head>
    <body>
        <article>
            <h1>《匆匆》</h1>
            <p>燕子去了，有再来的时候；杨柳枯了，有再青的时候；桃花谢了，有再开的时候。</p>
            <p>但是，聪明的，你告诉我，我们的日子为什么一去不复返呢？——是有人偷了他们罢：那是
谁？又藏在何处呢？</p>
            <p>···</p>
        </article>
        <article>
            <h1>《荷塘月色》</h1>
            <p>这几天心里颇不宁静。今晚在院子里坐着乘凉，忽然想起日日走过的荷塘，在这满月的光里，
总该另有一番样子吧。</p>
            <p>月亮渐渐地升高了，墙外马路上孩子们的欢笑，已经听不见了；妻在屋里拍着闰儿，迷迷糊糊
地哼着眠歌。我悄悄地披了大衫，带上门出去。</p>
            <p>···</p>
        </article>
    </body>
</html>
```

使用浏览器预览，效果如图 3-4 所示。

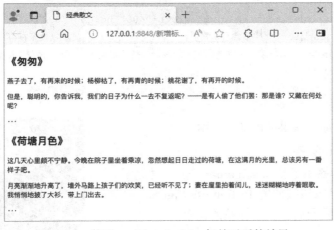

图 3-4　使用<article></article>标签对后的效果

提示：

<section>标签和<article>标签的区别是：<section>标签的作用是对页面中的内容进行分块，<article>标签的作用是定义独立的完整的内容。

5．<aside>标签

<aside>标签用于定义除<article></article>标签对中的内容以外的附加内容。它常用于定义侧栏、文章的链接集合、广告、友情链接、相关产品列表等。

<aside>标签的主要用法如下：

（1）被包含在<article></article>标签对中作为主要内容的附属信息部分，其中的内容可以是与当前文档有关的参考资料、名词解释等。

（2）在<article></article>标签对之外使用，作为页面或网站全局的附属信息部分。

6．<footer>标签

<footer>标签用于定义与页面、文章或内容区块相关的信息。它通常作为上层父级内容区块或根区块的脚注，并定义相关区块的附加信息，如文章的作者或日期等。在页面的底部，<footer>标签可能定义版权信息或其他重要的法律信息。仅当父级为<body>标签时，<footer>标签才定义整个页面的页脚。

7．<figure>标签

<figure>标签用于定义独立的流内容，如图像、图表、代码等。虽然<figure></figure>标签对中的内容应该与主要内容相关，但是如果<figure></figure>标签对及其中的内容被删除，则不应对文档的布局产生影响。

使用<figure></figure>标签对的示例代码如下：

```
<!DOCTYPE html>
<html>
    <head>
        <meta charset="utf-8">
        <title>葡萄的功效</title>
    </head>
    <body>
        <figure>
          <img src="img/grape.jpg" width="400" height="300">
            <figcaption>葡萄中含有矿物质钙、钾、磷、铁、蛋白质，以及多种维生素（如B1、B2、B6、C
和P等），还含有多种人体所需的氨基酸，常食葡萄对神经衰弱、疲劳过度大有裨益。</figcaption>
        </figure>
    </body>
</html>
```

使用浏览器预览，效果如图3-5所示。

8．<figcaption>标签

<figcaption>标签用于定义<figure></figure>标签对中内容的标题，应该被放置于<figure></figure>标签对中的第一个或最后一个子标签的位置。

3.1.2 分组标签

<hgroup>标签用于对标题及其子标题进行分组。<hgroup>标签一般会对<h1>～<h6>标签进行分组，如一个内容区块的标题及其子标题为一组。通

图3-5　使用<figure></figure>标签对后的效果

常情况下，当文章只有一个主标题时，是不需要使用<hgroup>标签的。

使用<hgroup></hgroup>标签对的示例代码如下：

```
<article>
  <header>
    <hgroup>
      <h2>文章主标题</h2>
      <h3>文章子标题</h3>
    </hgroup>
    <p><time datetime="2023-10-08">2023 年 10 月 08 日</time></p>
  </header>
  <p>文章正文</p>
</article>
```

任务规划

通过网页设计，运用 HTML5 等现代 Web 技术，制作友好、直观的用户界面，包括合理的网页布局、清晰的导航结构，深度挖掘和展示洛阳古迹背后的历史故事与文化内涵，促进各地游客对中华优秀传统文化的学习和交流。"古都花城洛阳代表性古迹"网页的最终效果如图 3-6 所示。

图 3-6　"古都花城洛阳代表性古迹"网页的最终效果

任务实施

（1）打开开发工具 VS Code，在本地磁盘中新建项目文件夹，并命名为 luoyang。

（2）在 VS Code 中打开项目文件夹 luoyang，在"资源管理器"窗格中的项目文件夹 luoyang 的名称上右击，在弹出的快捷菜单中选择"新建文件"命令，在出现的文本框中输入文件的名称"monument.html"，然后按 Tab 键或 Enter 键完成 HTML 文件的创建。默认创建后的文件为空白文件，需要自行输入标签。为了方便起见，可以在 HTML 文件中输入"!"，然后按 Tab 键或 Enter 键，编辑器中会自动生成 HTML 文件的基本框架。

（3）单击 monument.html 文件，进入代码编辑窗口。在<title></title>标签对中设置网页的标题为"古都花城洛阳代表性古迹"。代码如下：

```html
<head>
    <meta charset="UTF-8">
    <title>古都花城洛阳代表性古迹</title>
</head>
```

（4）在<body></body>标签对中添加一个<header></header>标签对，并在<header></header>标签对内添加一级标题"古都花城洛阳代表性古迹"和<nav></nav>标签对。代码如下：

```html
<header>
    <h1>古都花城洛阳代表性古迹</h1>
    <nav>

    </nav>
</header>
```

（5）在步骤（4）中添加的<nav></nav>标签对内添加导航链接。代码如下：

```html
<ul>
    <li><a href="#龙门石窟">龙门石窟</a></li>
    <li><a href="#白马寺">白马寺</a></li>
    <li><a href="#洛阳牡丹园">洛阳牡丹园</a></li>
    <!-- 其他古迹链接 -->
</ul>
```

（6）在<body></body>标签对中添加一个<main></main>标签对，并在<main></main>标签对中添加一个<section></section>标签对，用于放置第一个名胜古迹龙门石窟的介绍内容。代码如下：

```html
<main>
        <section id="龙门石窟">
          <h2><span>龙门石窟</span></h2>
          <article>
            <figure>
              <img src="img/longmen-grottoes.jpg" alt="龙门石窟景观" width="300px"
height="200px">
              <figcaption>龙门石窟全景</figcaption>
            </figure>
            <p>龙门石窟是中国四大石窟之一，位于洛阳市南郊伊河两岸...</p>
            <details>
              <summary>了解更多</summary>
                <p>详细介绍龙门石窟的历史沿革、艺术价值和主要洞窟等内容...</p>
```

```
            </details>
        </article>
    </section>
</main>
```

（7）在<main></main>标签对中再次添加一个<section></section>标签对，用于放置第二个名胜古迹白马寺的介绍内容。代码如下：

```
<section id="白马寺">
    <h2><span>白马寺</span></h2>
    <article>
      <figure>
        <img src="img/white-horse-temple.jpg" alt="白马寺" width="300px" height="200px">
        <figcaption>白马寺外观</figcaption>
      </figure>
    <p>白马寺作为中国第一座佛教寺庙，历史悠久，对佛教在中国的传播有重大影响...</p>
      <details>
        <summary>了解更多</summary>
        <p>详细介绍白马寺的建筑特色、历史地位及文化遗产价值...</p>
      </details>
    </article>
</section>
```

（8）在<main></main>标签对中添加第三个<section></section>标签对，用于放置第三个名胜古迹洛阳牡丹园的介绍内容。代码如下：

```
<section id="洛阳牡丹园">
      <h2><span>洛阳牡丹园</span></h2>
      <article>
        <figure>
          <img src="img/luoyang-peony-garden.jpg" alt="洛阳牡丹园" width="300px"
height="200px">
          <figcaption>牡丹盛开的洛阳牡丹园</figcaption>
        </figure>
        <p>洛阳牡丹园汇聚了众多珍贵品种的牡丹花，每年春季举办盛大的牡丹文化节...</p>
        <details>
          <summary>了解更多</summary>
          <p>详细介绍洛阳牡丹园的特色、牡丹花的文化象征意义和游览信息...</p>
        </details>
      </article>
</section>
```

（9）在<body></body>标签对中添加一个<footer></footer>标签对，并在<footer></footer>标签对中添加版权相关内容。代码如下：

```
<footer>
      <p>版权所有 © 2024 古都洛阳旅游局</p>
</footer>
```

（10）为了使页面更加美观，在<head></head>标签对中添加一个<style></style>标签对，对页面样式进行美化（CSS 部分参考模块 4）。详细代码如下：

```
<style>
    body {
        font-family: Arial, sans-serif;
        margin: 0;
        padding: 0;
        background-color: #f4f4f4;
    }
    header {
        background-color: #00aa7f;
        color: #fff;
        text-align: center;
        padding: 1rem 0;
    }
    nav ul {
        list-style: none;
        padding: 0;
        margin: 0;
        text-align: center;
    }
    nav li {
        display: inline;
        margin-right: 20px;
    }
    nav a {
        text-decoration: none;
        color: #ff0000;
        font-weight: bold;
        font-size: 1.2rem;
    }
    main {
        padding: 20px;
        max-width: 800px;
        margin: auto;
    }
    section {
        margin-bottom: 40px;
    }
    section h2 {
        color: #333;
        border-bottom: 2px solid #333;
        padding-bottom: 5px;
        margin-bottom: 20px;
    }
    article p {
        line-height: 1.6;
        color: #555;
```

```
    }
    article img {
        width: 100%;
        height: auto;
        border: 1px solid #ddd;
        border-radius: 5px;
        margin-bottom: 10px;
    }
    details {
        margin-top: 10px;
        color: #666;
    }
    footer {
        text-align: center;
        padding: 10px;
        background-color: #333;
        color: #fff;
    }
</style>
```

任务验证

在编辑器中的空白位置右击，在弹出的快捷菜单中选择"Open with Live Server"命令，系统默认的浏览器将会打开该文件，查看运行结果。

（1）单击网页上方古迹的名称，验证是否可以实现导航功能。

（2）单击每个古迹介绍内容中的"了解更多"链接，验证是否可以展开查看更多的隐藏信息。

任务 3.2　制作"数字图书馆"网页

任务描述

数字图书馆不仅丰富了人们的精神文化生活，也在潜移默化中传递着价值观念和思想理念。优秀的数字图书馆作品能够反映时代精神、传递正能量，对于培养社会主义核心价值观具有重要的作用。

数字图书馆作为文化传播的载体，能够跨越地域界限、传播中华文化，促进文化交流与互鉴。许多优秀的国产数字图书馆走出国门，让世界读者了解中国的历史、文化和社会发展现状，不仅提升了国家文化软实力，也为构建人类命运共同体贡献了文化力量。数字图书馆的便捷性和普及性使得人们可以随时随地获取知识，为个人的学习、研究和娱乐提供了丰富的资源和可能性。

任务分析

通过对本任务的学习，掌握页面交互标签，理解 HTML 元素的全局属性，利用所学知识制作"数字图书馆"网页。

相关知识

3.2.1 页面交互标签

1．<progress>标签

<progress>标签属于状态交互标签，用于在网页中展示某个任务的完成进度。它可以呈现为一个进度条，并具有两个属性：max 属性和 value 属性。其中，max 属性表示任务的总量，默认值为 1；value 属性表示当前的任务量。

在实际应用中，<progress>标签可以适用于以下 3 种情况。

用法示例 1 如下：

```
<progress max=100 value=20></progress>
```

用法示例 2 如下：

```
<progress value=0.5></progress>
```

用法示例 3 如下：

```
<progress></progress>
```

在上述用法示例 2 中没有设置 max 属性，则默认该属性的值为 1；在上述用法示例 3 中，max 和 value 属性都没有设置，则进度条处于左右自由滑动状态。

当进度条需要动态改变时，可以通过 JavaScript 来实现。

2．<meter>标签

<meter>标签属于状态交互标签，可用于投票系统中候选人各占比例情况统计、考试分数统计等。该标签的属性如表 3-1 所示。

表 3-1   <meter>标签的属性

属性	值	说明
form	form_id	规定 meter 元素所属的一个或多个表单
value	number	设置或获取 meter 元素的当前值，其数值必须介于 min 属性的值和 max 属性的值之间
max	number	设置 meter 元素的最大值，默认为 1
min	number	设置 meter 元素的最小值，默认为 0
high	number	设置过高的阈值，当 value 属性的值大于 high 属性的值并小于 max 属性的值时，显示过高的颜色
low	number	设置过低的阈值，当 value 属性的值小于 low 属性的值并大于 min 属性的值时，显示过低的颜色
optimum	number	设置最优值

使用<meter>标签的示例代码如下：

```
<!DOCTYPE html>
<html>
    <head>
        <meta charset="utf-8">
        <title><meter>标签示例</title>
    </head>
    <body>
        <h2>磁盘使用情况</h2>
        <meter value="0.6">60%</meter>
    </body>
</html>
```

使用浏览器预览,效果如图 3-7 所示。

3.　<details>标签与<summary>标签

<details>标签用于创建一个交互式控件,供用户打开或关闭以查看补充细节的内容。该标签规定了用户可见或隐藏的补充细节。<details></details>标签对可以包含各种形式的内容,如文本、图像、列表等。在默认情况下,<details></details>标签对中的内容对用户是不可见的,除非设置了 open 属性来展开内容。

图 3-7　使用<meter>标签后的效果

<summary>标签用于为<details></details>标签对中的内容定义一个可见的标题。当用户单击标题时,详细信息会显示出来。根据规范,<summary>标签应该作为<details></details>标签对中的第一个子标签。

使用<details>标签与<summary>标签的示例代码如下:

```
<!DOCTYPE html>
<html>
    <head>
        <meta charset="utf-8">
        <title></title>
    </head>
    <body>
        <h2>水果介绍</h2>
        <details>
         <summary>苹果</summary>
         <p>苹果是一种受欢迎的水果,含有抗氧化剂、维生素、膳食纤维和一系列其他营养素。由于它们的营养成分各不相同,它们可能有助于预防多种健康状况。苹果有多种形状、颜色和口味,并提供一系列有益于人体健康的多种营养素。例如,它们可能有助于降低患癌症、肥胖症、心脏病、糖尿病和其他几种疾病的风险。</p>
        </details>
        <details>
         <summary>猕猴桃</summary>
         <p>猕猴桃果实肉肥汁多,清香鲜美,酸甜可口。它含有丰富的维生素 A、维生素 C、维生素 E 及钾、镁、纤维素等,还含有其他水果比较少见的营养成分:叶酸、胡萝卜素、钙、黄体素、氨基酸、天然肌醇等。</p>
        </details>
    </body>
</html>
```

使用浏览器预览,效果如图 3-8 所示。

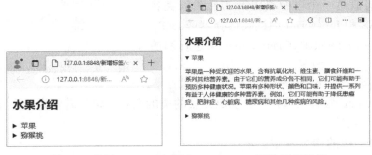

图 3-8　使用<details>标签与<summary>标签后的效果

3.2.2 全局属性

全局属性是适用于所有 HTML 元素的共有属性。这意味着这些属性可以用于任何元素，即使某些属性在某些元素上可能没有实际效果。

1. contenteditable 属性（HTML5 新属性）

contenteditable 属性是一个枚举属性，用于指示元素是否可供用户编辑。当元素没有显式设置 contenteditable 属性时，它会从父元素继承该属性。如果元素可供用户编辑，则浏览器会相应地调整元素的控件以支持编辑操作。其语法如下：

```
<element contenteditable="true|false">
```

contenteditable 属性的值必须是下列值之一：

- true 或空字符串：表明元素是可被编辑的。
- false：表明元素是不可被编辑的。

使用 contenteditable 属性的示例代码如下：

```
<!DOCTYPE html>
<html>
    <head>
        <meta charset="utf-8">
        <title></title>
    </head>
    <body>
        <h2>可编辑段落</h2>
        <p contenteditable="true">懦弱的人只会裹足不前，莽撞的人只能引火烧身，只有真正勇敢的
人才能所向披靡。</p>

        <h2>不可编辑段落</h2>
        <p>懦弱的人只会裹足不前，莽撞的人只能引火烧身，只有真正勇敢的人才能所向披靡。</p>
    </body>
</html>
```

使用浏览器预览，效果如图 3-9 所示。第一个段落设置了 contenteditable="true"，因此它是可被编辑的。第二个段落没有设置 contenteditable 属性，因此它是不可被编辑的。

2. class 属性

class 属性的值是一个以空格隔开的元素的类名列表，它允许 CSS 和 Javascript 通过类选择器或 DOM 方法 document.getElementsByClassName()来选择和访问特定的元素。其语法如下：

图 3-9　使用 contenteditable 属性后的效果

```
<element class="classname">
```

其中，classname 为属性值，用于规定元素的类的名称。如果需要为一个元素规定多个类，则使用空格隔开类名。

元素的类的名称的命名规则如下：

（1）必须以英文字母 A~Z 或 a~z 开头。

（2）可以包含英文字母 A～Z 和 a～z、数字 0～9、连字符（-）和下画线（_）。

（3）在 HTML 中，类名是区分大小写的。

3．data-*属性

data-*属性用于存储私有的、页面后应用的自定义数据，允许在 HTML 及其 DOM 表示之间交换专有信息，可由 JavaScript 脚本使用。所有这些自定义数据属性都可以通过所属元素的 HTMLElement 接口来访问。

需要注意的事项如下：

（1）属性名不要包含大写字母，不要出现中文、空格和特殊字符，在"data-"的后面必须至少有一个字符。

（2）属性名可以是任何字符串。

4．dir 属性

dir 属性用于规定元素内容的文本方向。其语法如下：

```
<element dir="ltr|rtl|auto">
```

dir 属性的值如下：

- ltr：指从左到右，用于那种从左向右书写的语言（如英语）。
- rtl：指从右到左，用于那种从右向左书写的语言（如阿拉伯语）。
- auto：指由用户代理决定方向。它在解析元素中的字符时会运用一个基本算法，直到发现一个具有强方向性的字符，然后将这个方向应用于整个元素。

使用 dir 属性的示例代码如下：

```
<!DOCTYPE html>
<html>
    <head>
        <meta charset="utf-8">
        <title></title>
    </head>
    <body>
        <h2>从左到右</h2>
        <p dir="ltr">懦弱的人只会裹足不前，莽撞的人只能引火烧身，只有真正勇敢的人才能所向披靡。</p>
        <h2>从右到左</h2>
        <p dir="rtl">懦弱的人只会裹足不前，莽撞的人只能引火烧身，只有真正勇敢的人才能所向披靡。</p>
    </body>
</html>
```

使用浏览器预览，效果如图 3-10 所示。第一个段落设置了 dir="ltr"，表示文本方向是从左向右。第二个段落设置了 dir="rtl"，表示文本方向是从右向左。

5．draggable 属性

draggable 属性用于规定元素是否可被拖动。其语法如下：

```
<element draggable="true|false|auto">
```

draggable 属性的值如下：

- true：表明元素可被拖动。

图 3-10　使用 dir 属性后的效果

- false：表明元素不可被拖动。
- auto：使用浏览器的默认特性。

提示：链接和图像默认是可被拖动的。

使用 draggable 属性的示例代码如下：

```
<!DOCTYPE html>
<html>
    <head>
        <meta charset="utf-8">
        <title></title>
    </head>
    <body>
        <h2>可拖动元素</h2>
        <div draggable="true" style="width: 100px; height: 100px; background-
color: red;"></div>
        <h2>不可拖动元素</h2>
        <div draggable="false" style="width: 100px; height: 100px; background-
color: blue;"></div>
    </body>
</html>
```

使用浏览器预览，效果如图 3-11 所示。第一个 div 元素设置了 draggable="true"，因此它是可被拖动的。第二个 div 元素设置了 draggable="false"，因此它是不可被拖动的。

6. dropzone 属性

dropzone 属性用于规定当被拖动的数据在拖放到元素上时，是否被复制、移动或链接。其语法如下：

```
<element dropzone="copy|move|link">
```

dropzone 属性的值如下：

- copy：拖动数据会导致被拖动的数据产生副本。
- move：拖动数据会导致被拖动的数据移动到新位置。
- link：拖动数据会生成指向原始数据的链接。

7. hidden 属性

图 3-11 使用 draggable 属性后的效果

hidden 属性用于隐藏元素。例如，它可以用于隐藏页面中的元素，这些元素在登录过程完成之前不可用。浏览器不会渲染被隐藏的元素。需要注意的是，hidden 属性不能用于隐藏本应合法显示的内容。

可以通过设置 hidden 属性来使元素在满足特定条件时对用户可见，如选择复选框等，然后可以使用 JavaScript 来删除 hidden 属性，以使该元素变得可见。

8. id 属性

id 属性用于定义唯一标识符（ID），该标识符在整个文档中必须是唯一的。id 属性为元素提供了唯一的标识符，使得开发者可以通过 CSS 和脚本语言精确地选择和操作特定元素。其语法如下：

```
<element id="id">
```

id 属性的值的命名规则如下：

（1）必须以英文字母 A～Z 或 a～z 开头。

（2）可以包含英文字母 A～Z 和 a～z、数字 0～9、冒号（:）、点号（.）和下画线（_）。

9．spellcheck 属性

spellcheck 属性用于定义是否可以检查元素是否存在拼写错误，可对类型为 text 的 input 元素中的值（非密码）、textarea 元素中的值和可编辑元素中的值进行拼写检查。其语法如下：

```
<element spellcheck="true|false">
```

spellcheck 属性的值如下：

- true 或空字符串：表示如果可能，则应检查元素是否存在拼写错误。
- false：表示不应检查元素的拼写错误。

10．style 属性

style 属性用于定义要应用于元素的 CSS 样式声明。注意，建议在单独的文件中定义样式。该属性和 style 元素主要用于快速添加样式，如用于测试目的。其语法如下：

```
<element style="style_definitions">
```

其中，style_definitions 为属性值，表示一个或多个由分号隔开的 CSS 属性和值，如 style="color:blue;text-align:center"。

11．translate 属性

translate 属性用于规定一个元素的内容在页面载入时是否需要被翻译。其语法如下：

```
<element translate="yes|no">
```

translate 属性的值如下：

- yes 或空字符串：表示元素的内容需要被翻译。
- no：表示元素的内容不需要被翻译。

任务规划

随着互联网技术的快速发展，线上阅读图书已成为许多人日常学习和生活的一部分。与此同时，HTML5 作为一种现代化的网页标记语言，以其优异的跨平台特性成为构建图书展示网页的首选技术。

本任务旨在创建一个既能有效地展示图书内容，又具有良好交互体验和适应多种终端环境的 HTML5 图书网页。通过科学、合理的标签使用和巧妙的交互设计，从而吸引并留住浏览者，提高网站的流量和口碑。"数字图书馆"网页的最终效果如图 3-12 所示。

图 3-12　"数字图书馆"网页的最终效果

任务实施

（1）打开开发工具 VS Code，在本地磁盘中新建项目文件夹，并命名为 library。

（2）在 VS Code 中打开项目文件夹 library，在"资源管理器"窗格中的项目文件夹 library 的名称上右击，在弹出的快捷菜单中选择"新建文件"命令，在出现的文本框中输入文件的名称"books.html"，然后按 Tab 键或 Enter 键完成 HTML 文件的创建。默认创建后的文件为空白文件，需要自行输入标签。为了方便起见，可以在 HTML 文件中输入"!"，然后按 Tab 键或 Enter 键，编辑器中会自动生成 HTML 文件的基本框架。

（3）单击 books.html 文件，进入代码编辑窗口。在<title></title>标签对中设置网页的标题为"数字图书馆"。代码如下：

```
<head>
    <meta charset="UTF-8">
    <title>数字图书馆</title>
</head>
```

（4）在<body></body>标签对中添加一个<header></header>标签对，并在<header></header>标签对内添加一级标题"数字图书馆"和一个<nav></nav>标签对，然后在添加的<nav></nav>标签对中添加导航链接。代码如下：

```
<header>
    <h1>数字图书馆</h1>
    <nav>
      <ul>
          <li><a href="#latest">最新图书</a></li>
          <li><a href="#popular">热门推荐</a></li>
          <li><a href="#digital">数字图书</a></li>
          <li><a href="#free">免费资源</a></li>
      </ul>
    </nav>
</header>
```

（5）在<body></body>标签对中添加一个<main></main>标签对，并在<main></main>标签对中添加一个<section></section>标签对，用于放置"最新图书"部分的内容，并插入二级标题"最新图书"。代码如下：

```
<main>
    <section id="latest">
        <h2>最新图书</h2>


    </section>
</main>
```

（6）在步骤（5）中添加的<section></section>标签对中添加两个<article></article>标签对，分别用于放置第一部图书和第二部图书的信息，并设置全局属性 data-id 来存储特定的数据，以及插入图书封面图片和"立即阅读"按钮。代码如下：

```
<div class="container">
        <article data-id="episode1">
            <h3>Web 前端开发案例教程（HTML5+CSS3）</h3>
```

```
            <img src="img/books1.jpeg" alt="图书 1 封面">
            <p>特色内容...</p>
            <button onclick="readBook('episode1')">立即阅读</button>
        </article>
        <article data-id="episode2">
            <h3>HTML5 应用开发案例教程（微课版）</h3>
            <img src="img/books2.png" alt="图书 2 封面" >
            <p>特色内容...</p>
            <button onclick="readBook('episode1')">立即阅读</button>
        </article>
    </div>
```

（7）在<main></main>标签对中再次添加一个<section></section>标签对，用于放置"热门推荐"部分的内容。代码如下：

```
<section id="popular">
        <!-- 热门推荐内容 -->
        <h2>热门推荐</h2>
        <article data-id="episode3" class="episode">
            <h3>Bootstrap 基础教程</h3>
            <img src="img/books3.jpg" alt="图书 3 封面">
            <p>特色内容...</p>
            <button onclick=" readBook('episode3')">立即阅读</button>
        </article>
</section>
```

（8）仿照步骤（6），在<main></main>标签对中再次添加两个<section></section>标签对，将 id 属性的值分别设置为"digital"和"free"。代码如下：

```
<section id="digital">
    <!-数字图书-->
</section>

<section id="free">
    <!-免费资源 -->
</section>
```

（9）在<body></body>标签对中添加一个<script></script>标签对，并为之前步骤中的按钮单击事件定义函数，实现交互。代码如下：

```
<script>
  function readBook(id) {
    // 这里可以根据 id 触发相应的事件，如跳转到阅读页面等
    console.log(`开始阅读 id 为${id}的图书`);
  }
</script>
```

任务验证

在编辑器中的空白位置右击，在弹出的快捷菜单中选择"Open with Live Server"命令，系统默认的浏览器将会打开该文件，查看运行结果。

（1）单击网页上方的"最新图书""热门推荐""数字图书""免费资源"链接，查看是否可以实现导航功能。

（2）单击"立即阅读"按钮，查看在浏览器控制台中的输出信息。

实战练习

在学习本模块的内容后，请完成表 3-2 和表 3-3 所示的实战练习。

表 3-2　实战练习 1

实战练习 1	制作"洛阳代表性牡丹"网页	姓名		学号	
		评分人		评分	
操作提示：					

操作提示：

使用语义化标签和图像标签制作如图 3-13 所示的"洛阳代表性牡丹"网页。

洛阳代表性牡丹

- 赵粉
- 姚黄
- 魏紫

赵粉

赵粉牡丹

"赵粉"属牡丹名贵品种之一，出自清代赵家花园，因花为粉红色而得名。…

姚黄

姚黄牡丹

牡丹有花王之称，而姚黄被誉为"王中之王"。姚黄虽是黄色系牡丹，但花色以乳黄色为主。…

魏紫

魏紫牡丹

魏紫，花紫红色，荷花形或皇冠形，花期长，花量大，花朵丰满，给人一种厚重高贵的感觉，被称为"花后"。…

图 3-13　"洛阳代表性牡丹"网页

表 3-3 实战练习 2

实战练习 2	制作学校网页	姓名		学号	
		评分人		评分	

操作提示:

使用语义化标签、图像标签、页面交互标签制作如图 3-14 所示的学校网页。

职业技术学院

首页 校园文化 新闻资讯 留言板

新闻资讯

- 2023年职业技术学院自主招生新生报到系统
- 2023年职业技术学院自主招生各专业录取分数线
- 2023年职业技术学院自主招生成绩查询及相关事项
- 创新创业教育是人才培养的头等大事

学院简介

▼

职业技术学院是XX市人民政府批准,国家教育部备案列入国家统一招生计划,拥有文、理、工...

职业技术学院是一所大专层次、高职类型的全日制普通高等职业技术学院,1998年4月筹建,...

学院风光

图 3-14 学校网页

课后练习

一、选择题

1. 下列选项中不是语义化标签的是( )。

    A. <header>   B. <nav>   C. <section>   D. <accesskey>

2. 下列选项中可以定义网页的侧栏、文章的一组链接、广告、友情链接、相关产品列表等的标签是( )。

    A. <header>   B. <nav>   C. <progress>   D. <aside>

3. 下列属性中不属于全局属性的是( )。

    A. contenteditable   B. class   C. dir   D. value

二、问答题

1. HTML5 中的语义化标签有哪些?

2. HTML5 中的页面交互标签有哪些?

3. HTML5 中的全局属性有哪些?

模块 4　CSS 基础

知识目标

1. 了解 CSS，掌握 CSS 的基本语法和基本属性。
2. 掌握内联式样式、嵌入式样式和外链式样式的语法。
3. 掌握 CSS 中的选择器，如 id 选择器、标签选择器、类选择器及伪类选择器。
4. 掌握创建表格的基本标签的用法。

能力目标

能够利用 CSS 中的各种选择器美化网页；能够使用创建表格的基本标签在网页中创建表格；能够使 HTML 和 CSS 结合起来完成网页"内容+样式"的设计。

任务 4.1　制作"美文赏析"网页

任务描述

文学作品可以潜移默化地影响人们的思想观念、价值判断、道德情操，对培育和弘扬社会主义核心价值观具有不可替代的作用。优秀的文学作品具有极高的审美价值和社会价值，在阅读和赏析这些优秀的文学作品时，人们不仅能够感受语言的魅力和艺术的精妙，还能够深刻地理解和感悟作品中蕴含的思想精华与道德情操。

优秀的文学作品常常以其深刻的思想内涵、丰富的情感表达和精湛的艺术形式触动人心、启迪智慧。在赏析这些作品时，人们不仅要学会重视其文学价值，还要深入挖掘其思想内涵，从而在现实工作和生活中树立正确的世界观、人生观与价值观。

任务分析

通过对本任务的学习，了解 CSS 的概念、作用，掌握 CSS 的基本语法和基本属性，学会 CSS 的 3 种样式，能够利用所学知识制作"美文赏析"网页。

相关知识

4.1.1　CSS 简介

CSS（Cascading Style Sheets，层叠样式表）是一种用来表现 HTML 或 XML 等文件样式的计算机语言。

CSS 不仅可以静态地修饰网页，还可以配合各种脚本语言动态地对网页中的各个元素进行格式化。CSS 能够对网页中元素位置的排版进行像素级的精确控制，支持几乎所有的字体、字号样式，拥有对网页对象和模型样式进行编辑的能力。

CSS 的样式定义了如何显示 HTML 元素，主要包括文字、盒子模型、定位等。CSS 的规则由两个主要的部分构成：选择器、一条或多条声明。选择器通常是用户需要改变样式的 HTML 元素，每条声明由一个属性和一个值组成。

此外，CSS 还支持多种注释，用于提高代码的可读性。CSS 的版本经历了多次更新和改进，发展成现在的 CSS3。CSS3 在 CSS2.1 的基础上加入了一些新特性，如圆角、边框、文字阴影和盒阴影等，不仅能简化前端开发人员的设计过程，还能提高页面的载入速度。

4.1.2　CSS 的基本语法

CSS 的规则由两个主要的部分构成：选择器、一条或多条声明。其基本语法如下：

```
选择器{
属性1:值1;
属性2:值2;
…
属性x:值x;
}
```

选择器通常是用户需要改变样式的 HTML 元素；声明块用花括号括起来，每条声明由一个属性和一个值组成，属性和值被冒号隔开。属性（Property）是用户希望设置的样式属性（Style Attribute），每个属性都有一个值。例如，图 4-1 所示为应用 CSS 规则的示例，其中 h1{color:red;font-size:14px;}应用了 h1 元素，指定一级标题的样式为红色、14 像素大小。

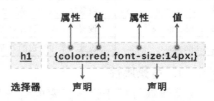

图 4-1　应用 CSS 规则的示例

4.1.3　CSS 的基本属性

CSS 的基本属性按照相关功能进行分组，可以分为字体、文本、背景、边框、列表、尺寸等属性。

1．字体属性

字体属性用于设置字体的尺寸、样式、粗细等，如表 4-1 所示。

表 4-1　字体属性

属性	说明
font	简写属性。把所有针对字体的属性设置在一个声明中
font-size	设置字体的尺寸。常用单位为像素（px）
font-style	设置字体的样式。normal 为正常，italic 为斜体，oblique 为倾斜
font weight	设置字体的粗细。normal 为正常，lighter 为细体，bold 为粗体，bolder 为特粗体
font-family	设置字体系列，如"隶书"等。当指定多种字体时，用逗号隔开，如果浏览器不支持第一个字体，则会尝试下一个字体；当字体由多个单词组成时，用双引号括起来

2．文本属性

文本属性用于设置文本的颜色、方向、阴影、大小写、缩进、水平对齐方式等，如表 4-2 所示。

表 4-2　文本属性

属性	说明
color	设置文本的颜色
direction	设置文本的方向
letter-spacing	设置字符间距，就是字符与字符之间的空白。该属性的值可以为不同单位的数值，并且允许使用负值，默认值为 normal
line-height	设置行高，单位为像素。该属性在用于进行文字垂直方向对齐时，属性值与 height 属性值的设置相同

续表

属性	说明
text-align	设置文本的水平对齐方式。left 为左对齐（默认值），center 为居中对齐，right 为右对齐
text-decoration	向文本添加修饰。none 为无修饰（默认值），underline 为下画线，overline 为上画线，line-through 为删除线
text-overflow	设置对象内溢出的文本的处理方法。clip 为不显示溢出的文本，ellipsis 为用省略标记 "…" 标示溢出的文本
text-indent	设置首行文本的缩进
text-transform	控制文本转换。none 为不转换（默认值），capitalize 为首字母大写，uppercase 为全部字符转换成大写，lowercase 为全部字符转换成小写
text-shadow	设置文本的阴影
unicode-bidi	设置文本双向（从左到右和从右到左）排版
word-spacing	设置字间距。只针对英文单词
white-space	设置元素中空白的处理方式

3．背景属性

背景属性用于设置元素的背景颜色、背景图片、背景图片的重复性、背景图片的位置等，如表 4-3 所示。

表 4-3　背景属性

属性	说明
background	简写属性。将背景的所有属性设置在一个声明中
background-attachment	设置背景图片是否固定或随着页面的其余部分滚动。scroll 指背景图片随着页面的其余部分滚动，fixed 指背景图片不随着页面的其余部分滚动
background-color	设置元素的背景颜色（不能继承，默认值是 transparent，表示透明）
background-image	把图像设置为背景
background-position	设置背景图片的起始位置。left 为水平居左，right 为水平居右，center 为水平居中或垂直居中，top 为垂直靠上，bottom 为垂直靠下或精确的值
background-repeat	设置背景图片是否/如何平铺。repeat-x 为横向平铺，repeat-y 为纵向平铺，no-repeat 为不平铺，repeat 为平铺（默认值）
background-size	设置背景图片的大小

4．边框属性

边框属性用于设置元素的边框的颜色、样式、宽度等，如表 4-4 所示。在使用元素的边框属性之前，必须先设置元素的高度和宽度。

表 4-4　边框属性

属性	说明
border	简写属性。将边框的所有属性设置在一个声明中
border-width	单独设置边框的宽度
border-style	单独设置边框的样式
border-color	单独设置边框的颜色
border-bottom	设置底部边框的宽度、样式和颜色
outline	设置轮廓的 4 个边的宽度、样式和颜色
outline-color	设置轮廓的颜色
outline-offset	设置轮廓和元素边框之间的空间

续表

属性	说明
outline-style	设置轮廓的样式
outline-width	设置轮廓的宽度

5. 列表属性

列表属性用于设置用作列表项标记的图像，以及列表项标记的位置、样式等，如表 4-5 所示。

表 4-5 列表属性

属性	说明
list-style	设置列表和列表元素的显示样式
list-style-image	设置用作列表项标记的图像
list-style-position	设置列表项标记的位置
list-style-type	设置列表项标记的样式

6. 尺寸属性

尺寸属性用于设置元素的高度、最大高度、最小高度、宽度、最大宽度、最小宽度，如表 4-6 所示。

表 4-6 尺寸属性

属性	说明
height	指定元素的高度
max-height	指定元素的最大高度
min-height	指定元素的最小高度
width	指定元素的宽度
max-width	指定元素的最大宽度
min-width	指定元素的最小宽度

4.1.4 CSS 样式分类

根据 CSS 在 HTML 中的使用方法和作用范围不同，CSS 样式分为内联式样式、嵌入式样式和外链式样式 3 类。

1. 内联式样式

内联式样式也被称为"行内样式"，是 CSS 使用中最直接的一种方法。内联式样式通过在 HTML 标签中使用全局属性 style 将 CSS 代码直接写入来实现。其基本语法如下：

```
<标签 style="属性 1:值 1;属性 2:值 2;…"></标签>
```

通过内联式样式，可以很简单地对某个元素单独定义样式，它没有样式表文件，书写方便，但是它只能操作某个标签，并且没有实现样式和结构的分离，多个元素难以共享样式，不利于代码复用。此外，HTML 代码与内联式样式紧密交织，不仅增加了程序阅读的难度，也对搜索引擎优化构成挑战，因为搜索引擎可能无法有效地解析内联式样式信息。

使用内联式样式的示例代码如下：

```
<!DOCTYPE html>
<html>
    <head>
        <meta charset="utf-8">
```

```
        <title></title>
    </head>
    <body>
        <h1 style="color:red;font-size:30px;">天行健，君子以自强不息。</h1>
    </body>
</html>
```

使用浏览器预览，效果如图 4-2 所示。

2. 嵌入式样式

嵌入式样式也被称为"内部样式表"，是一种将样式放置在 HTML 文档的<head></head>标签对中，并使用<style>标签进行定义的方法。其基本语法如下：

图 4-2　使用内联式样式后的效果

```
<head>
    <style type="text/css">
        选择器{属性 1:值 1;属性 2:值 2;…}
    </style>
</head>
```

通过这种方法初步实现了样式与结构的分离，比较适合单页面网站应用，但是由于嵌入式样式是写在 HTML 文档中的，因此导致页面不纯净、文件体积大、不利于网络爬虫获取信息、不利于维护、页面之间无法共享样式。

使用嵌入式样式的示例代码如下：

```
<!DOCTYPE html>
<html>
    <head>
        <meta charset="utf-8">
        <title></title>
        <style type="text/css">
            h1{
                color:red;font-size:30px;
            }
        </style>
    </head>
    <body>
        <h1>天行健，君子以自强不息。</h1>
    </body>
</html>
```

使用浏览器预览，效果如图 4-2 所示。

3. 外链式样式

外链式样式也被称为"外部样式表"，是一种将所有样式放置在一个或多个以.css 为扩展名的外部样式表文件中，并通过<link/>标签将外部样式表文件链接到 HTML 文档中的方法。其基本语法如下：

```
<head>
    <link href="css 文件的路径 "rel="stylesheet" type="text/css"/>
</head>
```

属性说明如下：

- href：定义所链接的外部样式表文件的 URL，既可以是相对路径，也可以是绝对路径。
- rel：定义当前文档与被链接的文档之间的关系，在这里需要指定为"stylesheet"，表示被链接的文档是一个样式表文件。
- type="text/css"：通知浏览器要加载一个 CSS 文件。

在使用外链式样式时，需要先创建一个独立的 CSS 文件。通过将样式定义集中在一个外部样式表文件中，可以实现样式的重用和统一性。多个 HTML 文件可以通过引用同一个样式表文件来具有相同的外观和样式。当 CSS 文件发生修改时，所有引用该样式表文件的页面都会自动应用修改后的样式，这种方式不仅减少了代码的冗余，还方便了样式的修改和维护。

此外，使用外链式样式还有助于提高浏览器的性能。一旦浏览器下载了样式表文件，样式表文件就会被缓存起来。当用户浏览其他页面时，浏览器无须重复下载相同的样式表文件，从而减少了重复下载代码的时间和带宽消耗。

使用外链式样式的示例如下：

（1）创建一个 CSS 文件 style.css，并在该文件中输入以下代码：

```
h1{
    color:red; font-size:30px;
}
```

（2）在 HTML 文件中引入 style.css 文件。代码如下：

```
<!DOCTYPE html>
<html>
    <head>
        <meta charset="utf-8">
        <title></title>
        <link type="text/css" rel="stylesheet" href="style.css"/>
    </head>
    <body>
        <h1>天行健，君子以自强不息。</h1>
    </body>
</html>
```

使用浏览器预览，效果如图 4-2 所示。

任务规划

在数字化教育和文化传播日益普及的今天，美文赏析类网页成为推广文学作品、陶冶情操的重要载体。使用 HTML5 可以制作一个结构清晰、内容丰富的美文赏析类网页，让读者在阅读美文的同时享受到优质的在线阅读体验。

使用 HTML5 和 CSS 制作一个结构合理、样式优美、响应灵敏且具有一定交互性的"美文赏析"网页，可以提升浏览者在阅读过程中的舒适度和沉浸感。同时，灵活运用不同的 CSS 样式引入方法，可以保证网页的扩展性和可维护性。"美文赏析"网页的最终效果如图 4-3 所示。

图 4-3 "美文赏析"网页的最终效果

任务实施

（1）打开开发工具 VS Code，在本地磁盘中新建项目文件夹，并命名为 bestArticles。

（2）在 VS Code 中打开项目文件夹 bestArticles，在"资源管理器"窗格中的项目文件夹 bestArticles 的名称上右击，在弹出的快捷菜单中选择"新建文件"命令，在出现的文本框中输入文件的名称"list.html"，然后按 Tab 键或 Enter 键，完成 HTML 文件的创建。默认创建后的文件为空白文件，需要自行输入标签。为了方便起见，可以在 HTML 文件中输入"！"，然后按 Tab 键或 Enter 键，编辑器中会自动生成 HTML 文件的基本框架。

（3）单击 list.html 文件，进入代码编辑窗口。在<title></title>标签对中设置网页的标题为"美文赏析"，并引入外部样式表文件。代码如下：

```
<head>
    <meta charset="utf-8">
    <title>美文赏析</title>
    <!-- 引入外部样式表文件 -->
    <link rel="stylesheet" href="css/styles.css">
</head>
```

（4）在<body></body>标签对中添加一个<header></header>标签对，并在<header></header>标签对内添加一级标题"美文赏析"和一个<nav></nav>标签对，然后在添加的<nav></nav>标签对中添加导航链接。这里通过内联式样式的方法设置一级标题的颜色和字体大小。代码如下：

```
<header>
    <!-- 内联式样式 -->
    <h1 style="color: #333; font-size: 22px;">美文赏析</h1>
    <nav>
        <ul>
            <li><a href="#">最新文章</a></li>
            <li><a href="#">经典回顾</a></li>
            <li><a href="#">作者专栏</a></li>
```

```
            </ul>
        </nav>
    </header>
```

（5）在\<body\>\</body\>标签中添加一个\<main\>\</main\>标签对，并在\<main\>\</main\>标签对中添加一个\<section\>\</section\>标签对。代码如下：

```
<main>
    <section class="article-container">
    </section>
</main>
```

（6）在步骤（5）中添加的\<section\>\</section\>标签对中添加一个\<article\>\</article\>标签对，用于放置第一篇美文，并在\<article\>\</article\>标签对中设置文章的标题、内容、作者、图片等信息。代码如下：

```
<article>
    <h1 style="color: #333; font-size: 25px;" >一切都是最好的安排</h1>
    <p style="color: #333; font-size: 21px;" >XXX & 2023 年 5 月</p>
<img src="img/cover-image.jpg" alt="美文封面" class="cover-image">
    <div class="content">
        <p>愿你活成最好的自己，遇见的都是赏心人，路过的都是好风景，明天都有好运气。</p>
        <p>愿你走过这世间百态，前路依然有方向，眼里依然有光芒，心中依然有爱意</p>
        <p>世界那么大，总会有人偷偷爱着你；人生那么长，总会有可抵达的远方。</p>
        <p>坚持你的坚持，热爱你的热爱，寻着梦，慢慢来，一切都是最好的安排</p>
        <!-- 美文的具体内容可以使用<p>、<blockquote>、<h3>等标签进行排版 -->
    </div>
</article>
<!-- 更多美文按照相同结构添加 -->
```

（7）在\<body\>\</body\>标签对中添加一个\<footer\>\</footer\>标签对，并在\<footer\>\</footer\>标签对中添加版权相关内容。代码如下：

```
<footer>
        <p>版权信息 ｜ 联系我们</p>
</footer>
```

（8）在"资源管理器"窗格中的项目文件夹 bestArticles 的名称上右击，在弹出的快捷菜单中选择"新建文件夹"命令，在出现的文本框中输入文件夹的名称"css"，然后按 Tab 键或 Enter 键，完成文件夹的创建。在 css 文件夹的名称上右击，在弹出的快捷菜单中选择"新建文件"命令，在出现的文本框中输入文件的名称"style.css"，然后按 Tab 键或 Enter 键，完成 CSS 文件的创建。

（9）单击步骤（8）中新建的 styles.css 文件，进入代码编辑窗口，设置页面的基础样式和页头样式。代码如下：

```
/* 页面的基础样式 */
body {
    font-family: "微软雅黑", Arial, sans-serif;
    line-height: 1.6;
    color: #333;
    margin: 0;
    padding: 0;
```

```
}
/* 页头样式 */
header {
    background-color: #f8f8f8;
    padding: 1rem;
    display: flex;
    justify-content: space-between;
    align-items: center;
}
nav ul {
    list-style: none;
    display: flex;
}
nav li {
    margin-right: 1rem;
}
```

（10）继续在 styles.css 文件中设置页面的其他样式，如主体内容区域样式、文章样式、底部样式。代码如下：

```
/* 主体内容区域样式 */
main {
    padding: 2rem;
}

.article-container {
    margin-bottom: 2rem;
}

/* 文章样式 */
article {
    border: 1px solid #ccc;
    border-radius: 5px;
    padding: 1rem;
}
.cover-image {
    width: 20%;
    height: 20%;
    margin-bottom: 1rem;
}
.content p {
    margin-bottom: 1rem;
}
/* 底部样式 */
footer {
    background-color: #333;
    color: #fff;
```

```
        padding: 1rem;
        text-align: center;
    }
```

任务验证

在编辑器中的空白位置右击，在弹出的快捷菜单中选择"Open with Live Server"命令，系统默认的浏览器将会打开该文件，运行效果如图 4-3 所示。

（1）修改 styles.css 文件中的样式设置，刷新页面，查看页面样式的变化。

（2）在<head></head>标签对内使用<style>标签定义网页的样式。

任务 4.2　制作"大学生身高体重标准表"网页

任务描述

在当今社会，健康意识日益增强，大学生作为国家未来的栋梁之材，他们的身体健康状况尤为重要。身高与体重是衡量人体发育水平和健康状况的重要指标。基于此，教育部等相关部门发布了大学生身高与体重标准，旨在指导大学生树立正确的健康观念，合理安排膳食，养成良好的生活习惯。

任务分析

通过对本任务的学习，掌握 id 选择器、标签选择器、类选择器及伪类选择器的基本语法，并利用 CSS 中的表格属性对表格样式进行修改，能够利用所学知识制作"大学生身高体重标准表"网页。

相关知识

4.2.1　id 选择器

id 选择器是一种用于选择特定标签的唯一性选择器。与标签选择器和类选择器不同，id 选择器仅适用于一个具体的标签，不能同时应用于多个标签。在 HTML 文件中，不允许多个标签使用相同的 id。在创建 id 选择器时，需要在选择器名称的前面添加"#"符号，这样可以指定要应用样式的唯一标签。其基本语法如下：

```
#id 名{属性 1:值 1;属性 2:值 2;…}
```

使用 id 选择器的示例代码如下：

```
<!DOCTYPE html>
<html>
    <head>
        <meta charset="utf-8">
        <title>id 选择器</title>
        <style type="text/css">
            P{font-size:30px;}
            #text1{color:red;}
            #text2{color:blue;}
        </style>
    </head>
```

```
        <body>
            <p id="text1">人生的旅途，前途很远，也很暗。</p>
            <p id="text2">然而不要怕，不怕的人的面前才有路。</p>
        </body>
</html>
```

使用浏览器预览，效果如图 4-4 所示。

图 4-4 使用 id 选择器后的效果

4.2.2 标签选择器和类选择器

1．标签选择器

在 HTML 文件中，最基本的构成单位是 HTML 标签。如果要对 HTML 文件中的所有相同类型的标签应用相同的 CSS 样式，则可以使用标签选择器。标签选择器是一种基本的选择器，它通过选择 HTML 标签名来指定要应用样式的标签。通过使用标签选择器，可以一次性对所有相同类型的标签应用相同的样式。其基本语法如下：

标签名{属性 1:值 1;属性 2:值 2;…}

语法说明如下：

标签选择器直接使用 HTML 标签名作为选择器，可以影响 HTML 文件中所有的该标签。例如，要将 p 元素的样式设置为 20 像素的红色字体，只需要在 CSS 文件中定义以下代码：

p{font-size:20px;color:red)

如果在网页中引用上述样式表文件，则页面中所有的 p 元素中的内容都将受到这种样式的影响，文字都会显示为 20 像素、红色，除非对其另外设置样式。

2．类选择器

如果使用标签选择器 p 来设置样式，则<p>标签中的内容样式都会跟着改变。但是，如果网页中有 3 个段落，想要将这 3 个段落中文字的颜色分别设置为棕色、青色、蓝色，则该如何设置呢？此时使用标签选择器显然不合适，要解决这个问题，就需要用到其他选择器，如类选择器。

类选择器用于描述一组标签的样式，一个类选择器可以在多个标签上使用。其基本语法如下：

标签名.类名{属性 1:值 1;属性 2:值 2;…}

类名可以是任何合法的字符，如果要在所有的标签上都使用这个类选择器，则采用"*.类名"的形式（这里"*"表示全部，也可以省略）。

使用类选择器的示例代码如下：

```
<!DOCTYPE html>
<html>
    <head>
        <meta charset="utf-8">
        <title>类选择器</title>
        <style type="text/css">
            P{font-size:30px;}
            *.text1{color:red;}
            .text2{color:blue;}
            p.text3{background-color:pink;}
```

```
        </style>
    </head>
    <body>
        <p class="text1">古之立大事者，</p>
        <p class="text2">不惟有超世之才，</p>
        <p class="text3">亦必有坚忍不拔之志。</p>
    </body>
</html>
```

使用浏览器预览，效果如图 4-5 所示。上述示例代码中使用了类选择器的 3 种形式来定义 p 元素中的文本。

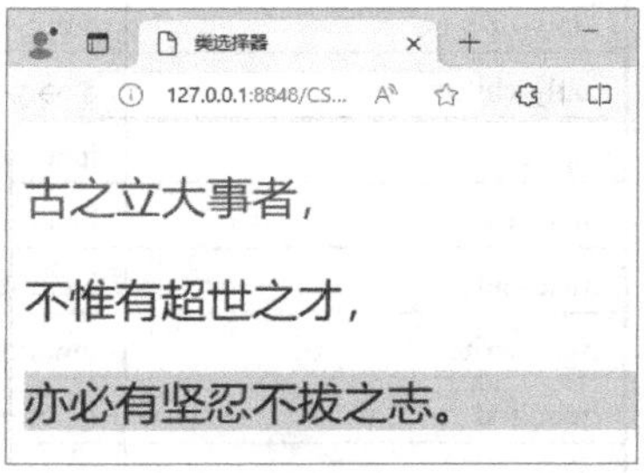

4.2.3　伪类选择器

伪类选择器用于向特定元素添加特殊的效果，例如为链接设置不同状态的样式，或者选择特定的元素位置，如第 1 个或第 n 个元素。

伪类选择器依据的是当前元素所处的状态或特性来应用样式，而非依赖于元素的静态标识（如 id、class 或属性）。

图 4-5　使用类选择器后的效果

伪类选择器的基本语法如下：

选择器:伪类{属性 1:值 1;属性 2:值 2;…}

伪类选择器由选择器和伪类两部分组成。

其中，选择器是基础的 CSS 选择器，用于指定要应用样式的元素，如 a、p、.class、#id 等。伪类是伪类选择器的核心部分，用于指定元素的状态或特性。伪类以冒号（:）开头，后面跟着伪类的名称，如:hover、:active、:focus 等。

CSS 中提供了各种各样的伪类选择器，如表 4-7 所示。

表 4-7　伪类选择器

伪类	伪类选择器	说明
:active	a:active	匹配被单击的链接
:checked	input:checked	匹配处于选中状态的 input 元素
:disabled	input:disabled	匹配每个被禁用的 input 元素
:empty	p:empty	匹配任何没有子元素的 p 元素
:enabled	input:enabled	匹配每个已启用的 input 元素
:first-child	p:first-child	匹配父元素中的第一个子元素 p。 p 元素必须是父元素中的第一个子元素
:first-of-type	p:first-of-type	匹配父元素中的第一个 p 元素
:focus	input:focus	匹配获得焦点的 input 元素
:hover	a:hover	匹配鼠标指针悬停在其上的元素
:in-range	input:in-range	匹配具有指定取值范围的 input 元素
:invalid	input:invalid	匹配所有具有无效值的 input 元素
:lang(language)	p:lang(it)	匹配每个 lang 属性的值以 "it" 为开头的 p 元素
:last-child	p:last-child	匹配父元素中的最后一个子元素 p。 p 元素必须是父元素中的最后一个子元素
:last-of-type	p:last-of-type	匹配父元素中的最后一个 p 元素

伪类	伪类选择器	说明
:link	a:link	匹配所有未被访问的链接
:not(selector)	:not(p)	匹配每个非 p 元素的元素
:nth-child(n)	p:nth-child(2)	匹配父元素中的第二个子元素 p
:nth-last-child(n)	p:nth-last-child(2)	匹配父元素中的倒数第二个子元素 p
:nth-last-of-type(n)	p:nth-last-of-type(2)	匹配父元素中的倒数第二个 p 元素
:nth-of-type(n)	p:nth-of-type(2)	匹配父元素中的第二个 p 元素
:only-of-type	p:only-of-type	匹配父元素中唯一的 p 元素
:only-child	p:only-child	匹配父元素中唯一的子元素 p
:optional	input:optional	匹配不带 required 属性的 input 元素
:out-of-range	input:out-of-range	匹配值在指定范围之外的 input 元素
:read-only	input:read-only	匹配指定了 readonly 属性的 input 元素
:read-write	input:read-write	匹配不带 readonly 属性的 input 元素
:required	input:required	匹配指定了 required 属性的 input 元素
:root	root	匹配元素的根元素，在 HTML 中，根元素永远是 HTML
:target	#news:target	匹配当前活动的#news 元素（单击包含该锚名称的 URL）
:valid	input:valid	匹配所有具有有效值的 input 元素
:visited	a:visited	匹配所有已经被访问过的链接

使用伪类选择器的示例代码如下：

```
<!DOCTYPE html>
<html>
    <head>
        <meta charset="utf-8">
        <title>伪类选择器</title>
        <style>
            ul li:first-child {
                color: red;
            }
        </style>
    </head>
    <body>
        <ul>
            <li>日日行，不怕千万里；</li>
            <li>常常做，不怕千万事。</li>
        </ul>
    </body>
</html>
```

使用浏览器预览，效果如图 4-6 所示。上述示例代码中使用了伪类选择器中的:first-child 来定义 ul 元素内的第一个 li 元素中文本的颜色为红色。

图 4-6　使用伪类选择器后的效果

4.2.4 表格

表格是由一行或多行组成的，每行又是由一个或多个单元格组成的。在网页中，通常使用表格来展示一些数据，如成绩表、财务报表等。

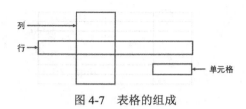

图 4-7 表格的组成

HTML5 中的表格类似于 Excel 表格，一般由行、列和单元格组成，如图 4-7 所示。

在 HTML5 中，创建表格的基本标签有下面 5 个标签对：

- \<table\>...\</table\>：该标签对是表格的最外层标签，用于创建一个表格。
- \<tr\>...\</tr\>：该标签对用于定义表格中的行，每出现一个\<tr\>\</tr\>标签对就表示一行，它的上一个标签是\<table\>。
- \<td\>...\</td\>：该标签对用于定义表格中的单元格。该标签对中的内容就是单元格的内容，它的上一个标签是\<tr\>。
- \<th\>...\</th\>：该标签对也用于定义表格中的单元格，但该标签对中的内容默认为居中、粗体显示，它经常用于表头的单元格。
- \<caption\>...\</caption\>：该标签对用于定义表格的标题，表格的标题通常居中显示在表格的上方。该标签对直接放在\<table\>标签之后，并且每个表格只能设置一个标题。

创建表格的基本语法如下：

```
<table>
<caption>...</caption>
    <tr>
        <th>...</th>
    </tr>
    <tr>
        <td>...</td>
        ...
    </tr>
    ...
</table>
```

默认创建的表格是没有边框的，可以使用 border 属性定义是否显示表格的边框。其基本语法如下：

```
<table border="属性值">
```

其中，属性值只能是 1 或空，默认值为空，表示无边框；1 表示有边框。

创建表格的示例代码如下：

```
<!DOCTYPE html>
<html>
    <head>
        <meta charset="utf-8">
        <title>创建表格</title>
    </head>
    <body>
        <table border="1">
        <caption>学生信息表</caption>
```

```
        <tr>
            <th>学号</th>
            <th>姓名</th>
            <th>性别</th>
            <th>年龄</th>
        </tr>
        <tr>
            <td>202301011</td>
            <td>李明</td>
            <td>男</td>
            <td>18</td>
        </tr>
        <tr>
            <td>202301012</td>
            <td>刘艳</td>
            <td>女</td>
            <td>18</td>
        </tr>
        <tr>
            <td>202301013</td>
            <td>康小丽</td>
            <td>女</td>
            <td>19</td>
        </tr>
        <tr>
            <td>202301014</td>
            <td>胡信</td>
            <td>男</td>
            <td>19</td>
        </tr>
    </table>
</body>
</html>
```

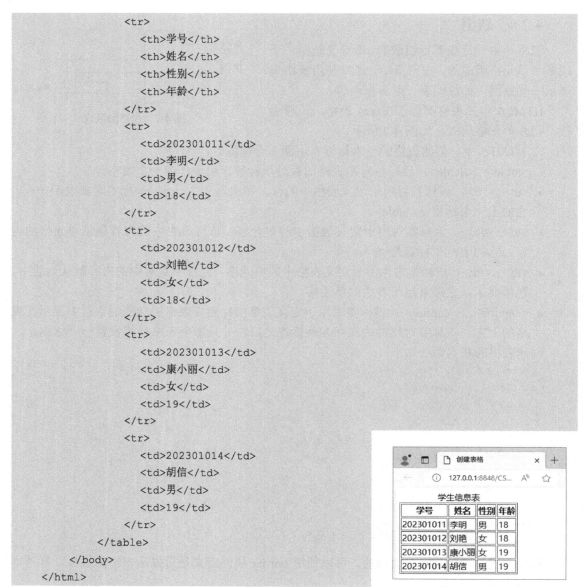

图 4-8　创建表格

使用浏览器预览，效果如图 4-8 所示。

但是默认情况下表格的样式并不美观，甚至不符合页面的风格。通过 CSS 提供的一些属性可以修改表格的样式，大大改善表格的外观。

1．表格布局

在 CSS 中，通过 table-layout 属性来设置在进行表格布局时所用的布局算法，其基本语法如下：

```
table-layout:automatic|fixed
```

其中，automatic 是自动表格布局（默认值），表示表格中每列的宽度视单元格中的内容而定；fixed 是固定表格布局，表示表格的宽度由列宽度、单元格边框、单元格之间的间距等因素而定。

2．设置表格边框

在 CSS 中，通过 border-collapse 属性来设置是否合并表格中相邻的边框，其基本语法如下：

```
border-collapse:separate|collapse
```

其中，separate 为默认值，表示相邻的两个边框是分开的，使用它不会忽略 border-spacing 和 empty-cells 属性；collapse 表示相邻的两个边框会合并为一个单一的边框，使用它会忽略 border-spacing 和 empty-cells 属性。

设置表格边框的示例代码如下：

```
<!DOCTYPE html>
<html>
    <head>
        <meta charset="utf-8">
        <title>表格</title>
        <style>
            table {
               float: left;
            }
            .table_one {
               border-collapse: separate;
            }
            .table_two {
               margin-left: 20px;
               border-collapse: collapse;
            }
        </style>
    </head>
    <body>
        <table class="table_one" border="1">
          <tr>
              <th>编号</th>
              <th>姓名</th>
              <th>年龄</th>
          </tr>
          <tr>
              <td>1</td>
              <td>张三</td>
              <td>15</td>
          </tr>
          <tr>
              <td>2</td>
              <td>李四</td>
              <td>11</td>
          </tr>
        </table>
        <table class="table_two" border="1px">
          <tr>
```

```
        <th>编号</th>
        <th>姓名</th>
        <th>年龄</th>
    </tr>
    <tr>
        <td>1</td>
        <td>张三</td>
        <td>15</td>
    </tr>
    <tr>
        <td>2</td>
        <td>李四</td>
        <td>11</td>
    </tr>
    </table>
    </body>
</html>
```

使用浏览器预览，效果如图 4-9 所示。

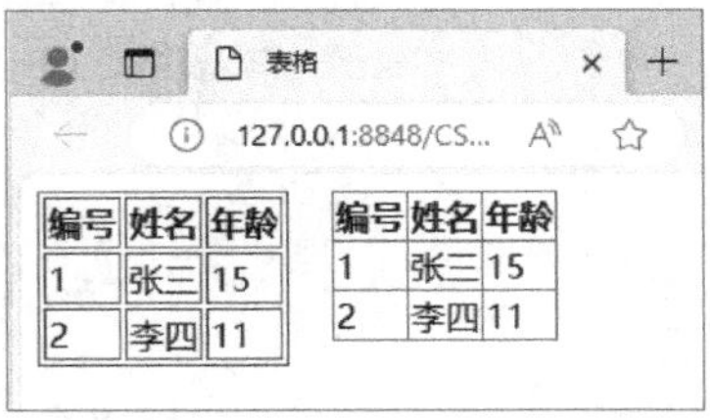

图 4-9　设置表格边框后的效果

3．设置表格间距

在 CSS 中，通过 border-spacing 属性来设置相邻单元格的边框之间的距离，其基本语法如下：

```
border-spacing:length length;
```

其中，length 参数由数值和单位组成，表示相邻单元格的边框之间的距离。如果只定义一个 length 参数，则这个值将同时作用于相邻单元格的边框之间的横向间距和纵向间距；如果同时定义两个 length 参数，则第一个 length 参数表示相邻单元格的边框之间的横向间距，第二个 length 参数表示相邻单元格的边框之间的纵向间距。

设置表格间距的示例代码如下：

```
<!DOCTYPE html>
<html>
    <head>
        <meta charset="utf-8">
        <title>表格</title>
        <style>
            table {
                float: left;
            }
            .table_one {
                border-spacing:15px 10px;
            }
            .table_two {
                margin-left:20px;
                border-spacing:20px;
            }
        </style>
```

```
        </head>
        <body>
            <table class="table_one" border="1">
                <tr>
                    <th>编号</th>
                    <th>姓名</th>
                    <th>年龄</th>
                </tr>
                <tr>
                    <td>1</td>
                    <td>张三</td>
                    <td>15</td>
                </tr>
                <tr>
                    <td>2</td>
                    <td>李四</td>
                    <td>11</td>
                </tr>
            </table>
            <table class="table_two" border="1px">
                <tr>
                    <th>编号</th>
                    <th>姓名</th>
                    <th>年龄</th>
                </tr>
                <tr>
                    <td>1</td>
                    <td>张三</td>
                    <td>15</td>
                </tr>
                <tr>
                    <td>2</td>
                    <td>李四</td>
                    <td>11</td>
                </tr>
            </table>
        </body>
</html>
```

使用浏览器预览，效果如图 4-10 所示。

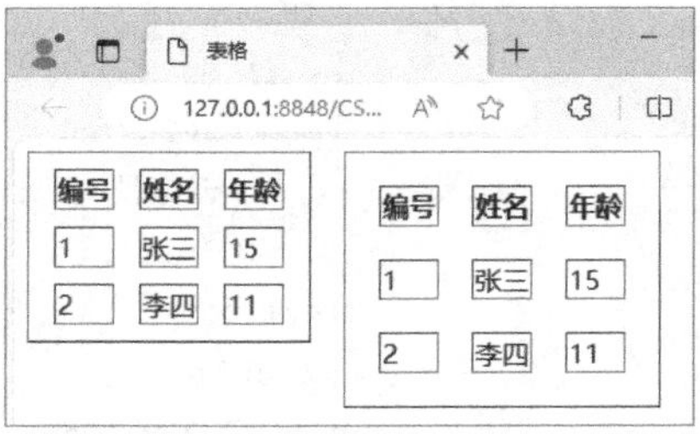

图 4-10　设置表格间距后的效果

4. 设置表格标题

在 CSS 中，通过 caption-side 属性来设置表格标题的位置，其基本语法如下：

```
caption-side:top|bottom;
```

其中，top 为默认值，表示将表格标题定位在表格的正上方；bottom 表示将表格标题定位在表格的正下方。

设置表格标题的示例代码如下：

```html
<!DOCTYPE html>
<html>
    <head>
        <meta charset="utf-8">
        <title>表格</title>
        <style>
            table {
                float: left;
            }
            .table_one {
                border-spacing:15px 10px;
            }
            .table_two {
                margin-left:20px;
                border-spacing:20px;
            }
        </style>
    </head>
    <body>
        <table class="table_one" border="1">
        <caption>表格标题</caption>
            <tr>
                <th>编号</th>
                <th>姓名</th>
                <th>年龄</th>
            </tr>
            <tr>
                <td>1</td>
                <td>张三</td>
                <td>15</td>
            </tr>
            <tr>
                <td>2</td>
                <td>李四</td>
                <td>11</td>
            </tr>
        </table>
        <table class="table_two" border="1">
        <caption>表格标题</caption>
            <tr>
                <th>编号</th>
                <th>姓名</th>
                <th>年龄</th>
            </tr>
            <tr>
```

```
                <td>1</td>
                <td>张三</td>
                <td>15</td>
            </tr>
            <tr>
                <td>2</td>
                <td>李四</td>
                <td>11</td>
            </tr>
        </table>
    </body>
</html>
```

使用浏览器预览，效果如图 4-11 所示。

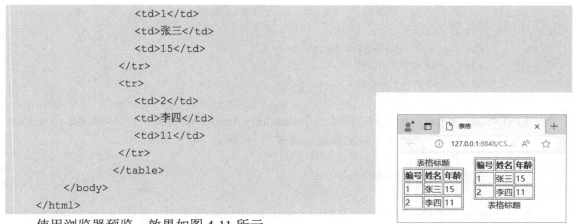

图 4-11　设置表格标题后的效果

任务规划

为了方便大学生及教育工作者查阅、对照大学生身高与体重标准，有必要将其数字化、网络化，制作一个直观、易用的"大学生身高体重标准表"网页。

使用 HTML5 制作一个带有身高与体重数据标准的表格，使用 id 选择器对整个表格进行样式设置，使用标签选择器对表格的单元格进行统一样式设置，并通过类选择器分别设置男性、女性数据行的不同背景颜色，使网页具有良好的可读性。"大学生身高体重标准表"网页的最终效果如图 4-12 所示。

图 4-12　"大学生身高体重标准表"网页的最终效果

任务实施

（1）打开开发工具 VS Code，在本地磁盘中新建项目文件夹，并命名为 standard。

（2）在 VS Code 中打开项目文件夹 standard，在"资源管理器"窗格中的项目文件夹 standard 的名称上右击，在弹出的快捷菜单中选择"新建文件"命令，在出现的文本框中输入文件的名称"bmi.html"，然后按 Tab 键或 Enter 键，完成 HTML 文件的创建。默认创建后的文件为空白文件，需要自行输入标签。为了方便起见，可以在 HTML 文件中输入"!"，然后按 Tab 键或 Enter 键，编辑器中会自动生成 HTML 文件的基本框架。

（3）单击 bmi.html 文件，进入代码编辑窗口。在<title></title>标签对中设置网页的标题为"大学生身高体重标准表"，并引入外部样式表文件。代码如下：

```html
<head>
        <meta charset="utf-8">
        <title>大学生身高体重标准表</title>
        <!-- 引入外部样式表文件 -->
        <link rel="stylesheet" href="css/style.css">
    </head>
```

（4）在<body></body>标签对中添加一个<header></header>标签对，并在<header></header>标签对内添加一级标题"大学生身高体重标准表"。代码如下：

```html
<header>
        <h1>大学生身高体重标准表</h1>
</header>
```

（5）在<body></body>标签对中添加一个<main></main>标签对，并在<main></main>标签对中添加一个<table></table>标签对，设置<table>标签的 id 属性的值为"height-weight-table"（可以根据 id 对表格的 CSS 样式进行设置）。代码如下：

```html
<main>
        <table id="height-weight-table">

        </table>
</main>
```

（6）在步骤（5）中添加的<table></table>标签对中添加一个<caption></caption>标签对，并设置表格的标题为"大学生身高体重标准表"；继续添加一个<thead></thead>标签对，并在<thead></thead>标签对中添加一个<tr></tr>标签对，用来设置表头。代码如下：

```html
<caption>大学生身高体重标准表</caption>
<thead>
        <tr>
         <th>性别</th>
         <th>身高(cm)</th>
         <th>低体重范围(kg)</th>
         <th>正常体重范围(kg)</th>
         <th>超重范围(kg)</th>
        </tr>
</thead>
```

（7）在<table></table>标签对中添加一个<tbody></tbody>标签对，用于放置表格的核心内容，在<tbody></tbody>标签对中添加两行数据，每行数据使用类选择器设置样式。代码如下：

```html
<tbody>
        <tr class="male">
         <td>男</td>
         <td>170</td>
         <td>55.4</td>
         <td>63.9</td>
         <td>72.4</td>
        </tr>
        <tr class="female">
         <td>女</td>
```

```
            <td>160</td>
            <td>47.4</td>
            <td>55.9</td>
            <td>64.4</td>
        </tr>
    </tbody>
```

（8）在\<body>\</body>标签对中添加一个\<footer>\</footer>标签对，并在\<footer>\</footer>标签对中添加相关内容。代码如下：

```
<footer>
        <p>数据来源：中国大学生体质健康标准</p>
</footer>
```

（9）在 VS Code 中打开项目文件夹 standard，在"资源管理器"窗格中的项目文件夹 standard 的名称上右击，在弹出的快捷菜单中选择"新建文件夹"命令，在出现的文本框中输入文件夹的名称"css"，然后按 Tab 键或 Enter 键，完成文件夹的创建。在 css 文件夹的名称上右击，在弹出的快捷菜单中选择"新建文件"命令，在出现的文本框中输入文件的名称"style.css"，然后按 Tab 键或 Enter 键，完成 CSS 文件的创建。

（10）单击步骤（9）中新建的 style.css 文件，进入代码编辑窗口，使用 id 选择器对表格的整体样式进行设置。代码如下：

```
/* 使用 id 选择器对表格的整体样式进行设置 */
#height-weight-table {
    width: 100%;
    border-collapse: collapse;
    margin-top: 20px;
}
```

（11）继续在 style.css 文件中使用标签选择器对表格的单元格样式进行设置，使用类选择器对男性、女性数据行进行特殊样式设置。代码如下：

```
/* 使用标签选择器对表格的单元格样式进行设置 */
#height-weight-table th,
#height-weight-table td {
    border: 1px solid #ddd;
    padding: 8px;
    text-align: center;
}

#height-weight-table th {
    background-color: #f2f2f2;
    font-weight: bold;
}

/* 使用类选择器对男性、女性数据行进行特殊样式设置 */
.male {
    background-color: #f9f9f9;
}
```

```
.female {
    background-color: #fff;
}
```

任务验证

在编辑器中的空白位置右击，在弹出的快捷菜单中选择"Open with Live Server"命令，系统默认的浏览器将会打开该文件，运行效果如图 4-12 所示。

（1）修改 style.css 文件中的样式设置，刷新页面，查看页面样式的变化。

（2）修改 bmi.html 文件中表格标签的 id 属性的值或 style.css 文件中选择器的名称，重新刷新页面，查看页面样式的变化。

任务 4.3　制作"名人故事"网页

任务描述

在信息技术高速发展的今天，互联网已经成为人们获取信息、学习知识的重要渠道。名人故事作为一种富有教育意义和激励作用的内容，能够引导青少年和广大网友积极向上、汲取正能量。"名人故事"网页不仅能有效地传播有价值的人物故事，还能提升用户在网站的停留时间和满意度，从而达到教育、启迪和传播正能量的目的。

任务分析

通过对本任务的学习，掌握复合选择器中各个选择器的基本语法和属性，掌握通配符选择器的基本语法和用法，能够利用所学知识制作"名人故事"网页。

相关知识

4.3.1　复合选择器

在 CSS 中，可以根据选择器的类型把选择器分为基础选择器和复合选择器。复合选择器是建立在基础选择器之上，对基础选择器进行组合形成的。复合选择器是由两个或多个基础选择器通过不同的组合而形成的，包括后代选择器、子选择器、并集选择器等。

1．后代选择器

后代选择器又被称为"包含选择器"，可以选择父元素中的子元素。其写法就是外层标签写在前面，内层标签写在后面，中间用空格隔开。当标签发生嵌套时，内层标签就成为外层标签的后代，其基本语法如下：

```
元素 1 元素 2{属性 1:值 1;属性 2:值 2;…}
```

其中，元素 1 是父级元素，元素 2 是子级元素，最终选择的是元素 2；元素 2 既可以是直接子元素，也可以是孙子元素，只要是元素 1 的后代即可；元素 1 和元素 2 可以是任意的基础选择器。

使用后代选择器的示例代码如下：

```html
<!DOCTYPE html>
<html>
    <head>
        <meta charset="utf-8">
```

```
            <title>后代选择器</title>
            <style typy="text/css">
            div p {
            color:blue;
            font-size:18px;
            }
        </style>
        </head>
        <body>
            <div>
            <p>患难可以试验一个人的品格，非常的境遇方才可以显出非常的气节；</p>
            <p>风平浪静的海面，所有的船只都可以并驱竞胜。</p>
            </div>
            <p>命运的铁拳击中要害的时候，只有大智大勇的人才能够处之泰然；...</p>
        </body>
</html>
```

使用浏览器预览，效果如图 4-13 所示。上述示例代码中使用了后代选择器"div p"来选择 div 元素中的所有 p 元素，这将使得所有位于 div 元素内部的 p 元素中文本的颜色变为蓝色，并且字体大小变为 18 像素。

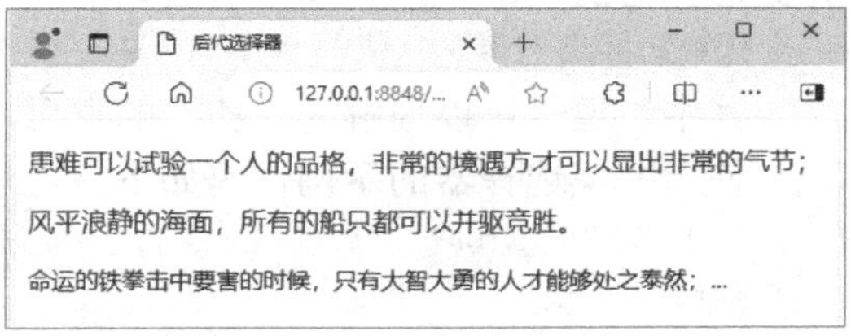

图 4-13　使用后代选择器后的效果

2．子选择器

子选择器只能选择某个元素的直接下一级子元素，其基本语法如下：

```
元素 1>元素 2{属性 1:值 1;属性 2:值 2;…}
```

其中，元素 1 是父级元素，元素 2 是子级元素，最终选择的是元素 2；元素 2 必须是直接子元素，不能是孙子元素、重孙元素等。

使用子选择器的示例代码如下：

```
<!DOCTYPE html>
<html>
    <head>
        <meta charset="utf-8">
        <title>子选择器</title>
        <style typy="text/css">
        div>p {
          color:blue;
          font-size:18px;
          }
        </style>
    </head>
    <body>
        <div>
        <p>患难可以试验一个人的品格，非常的境遇方才可以显出非常的气节；</p>
```

```
                <p>风平浪静的海面，所有的船只都可以并驱竞胜。</p>
            </div>
            <p>命运的铁拳击中要害的时候，只有大勇大智的人才能够处之泰然；...</p>
        </body>
    </html>
```

使用浏览器预览，效果如图 4-14 所示。上
述示例代码中使用了子选择器"div>p"来选择
div 元素中的直接子元素 p 元素。这将使得所
有位于 div 元素内部的直接子元素 p 元素中文
本的颜色变为蓝色，并且字体大小变为1像素。
注意，如果 p 元素不是 div 元素的直接子元素，
则不会被选中并应用样式。

图 4-14　使用子选择器后的效果

3．并集选择器

并集选择器是各类选择器通过英文逗号（,）连接而成的，任何形式的选择器都可以作为
并集选择器的一部分，其基本语法如下：

```
元素 1,元素 2{属性 1:值 1;属性 2:值 2;…}
```

其中，逗号可以理解为"和"的意思，通常用于集体声明。

使用并集选择器的示例代码如下：

```
<!DOCTYPE html>
<html>
    <head>
        <meta charset="utf-8">
        <title>并集选择器</title>
        <style typy="text/css">
        p,h1 {
            color:blue;
            font-size:18px;
            }
    </style>
    </head>
    <body>
        <h1>患难可以试验一个人的品格，非常的境遇方才可以显出非常的气节；</h1>
        <p>风平浪静的海面，所有的船只都可以并驱竞胜。</p>
        <div>
        <p>命运的铁拳击中要害的时候，只有大勇大智的人才能够处之泰然；...</p>
        </div>
    </body>
</html>
```

使用浏览器预览，效果如图 4-15 所示。上述示例代码中使用了并集选择器"p,h1"来选
择所有的 p 元素和 h1 元素。这将使得所有 p 元素和 h1 元素中文本的颜色变为蓝色，并且字
体大小变为 18 像素。

图 4-15　使用并集选择器后的效果

4.3.2　通配符选择器

在 CSS 中，一个星号（*）就是一个通配符选择器。它可以匹配任意类型的 HTML 元素。在配合其他基础选择器时，省略通配符选择器会有同样的效果。比如，*.warning 和.warning 的效果完全相同。

使用通配符选择器的示例代码如下：

```
<!DOCTYPE html>
<html>
    <head>
        <meta charset="utf-8">
        <title>通配符选择器</title>
    </head>
    <style typy="text/css">
        *[lang^="en"] {
          color: green;
        }
        *.warning {
          color: red;
        }
        *#maincontent {
          border: 1px solid blue;
        }
    </style>
    <body>
        <p class="warning">
          <span lang="en-us">A green span</span> in a red paragraph.
        </p>
        <p id="maincontent" lang="en-gb">
          <span class="warning">A red span</span> in a green paragraph.
        </p>
    </body>
</html>
```

使用浏览器预览，效果如图 4-16 所示。

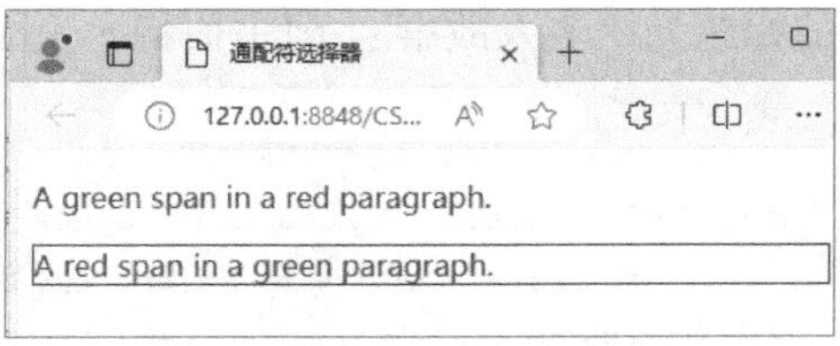

图 4-16　使用通配符选择器后的效果

任务规划

为了让更多的人可以便捷地在线阅读和学习名人故事，使用 HTML5 制作一个专门展示名人故事的网页。使用 HTML5 创建一个"名人故事"网页，使用 CSS 对网页进行视觉设计，包括但不限于字体、颜色、布局等，使用复合选择器、通配符选择器等对不同的元素进行精细样式控制，使网页看起来美观、大方，并且符合阅读习惯。"名人故事"网页的最终效果如图 4-17 所示。

图 4-17 "名人故事"网页的最终效果

任务实施

（1）打开开发工具 VS Code，在本地磁盘中新建项目文件夹，并命名为 story。

（2）在 VS Code 中打开项目文件夹 story，在"资源管理器"窗格中的项目文件夹 story 的名称上右击，在弹出的快捷菜单中选择"新建文件"命令，在出现的文本框中输入文件的名称"mingrengushi.html"，然后按 Tab 键或 Enter 键，完成 HTML 文件的创建。默认创建后的文件为空白文件，需要自行输入标签。为了方便起见，可以在 HTML 文件中输入"!"，然后按 Tab 键或 Enter 键，编辑器中会自动生成 HTML 文件的基本框架。

（3）单击 mingrengushi.html 文件，进入代码编辑窗口。在<title></title>标签对中设置网页的标题为"名人故事 - 阿尔伯特·爱因斯坦"，并引入外部样式表文件。代码如下：

```
<head>
    <meta charset="UTF-8">
    <link rel="stylesheet" type="text/css" href="css/styles.css">
    <title>名人故事 - 阿尔伯特·爱因斯坦</title>
</head>
```

（4）在<body></body>标签对中添加一个<div></div>标签对作为页面容器，在<div></div>标签对中添加一个<header></header>标签对，并在<header></header>标签对内添加一级标题"名人故事"。代码如下：

```
<div class="container">
    <header>
        <h1>名人故事</h1>
    </header>
</div>
```

（5）在步骤（4）中添加的\<div\>\</div\>标签对内添加一个\<div\>\</div\>标签对作为故事容器，并在该故事容器中继续添加 3 个\<div\>\</div\>标签对，分别用于放置名人照片及标题、导航链接、故事主体内容。代码如下：

```
<div class="story-container">
        <div class="story-intro">
            <img src="img/albert_einstein.jpg" alt="阿尔伯特·爱因斯坦">
            <h2>阿尔伯特·爱因斯坦</h2>
        </div>
        <ul class="story-nav">
            <li><a href="#life">生平简介</a></li>
            <li><a href="#achievements">主要成就</a></li>
            <li><a href="#quotes">名言警句</a></li>
        </ul>
        <div class="story-content">
            <p>阿尔伯特·爱因斯坦（Albert Einstein，1879 年 3 月 14 日—1955 年 4 月 18 日）是
在德国出生的犹太裔物理学家，
            后来成为美国和瑞士双重国籍公民。他以创立现代物理学两大支柱之一的相对论闻名于世，
            在 1905 年提出狭义相对论，并在 1915 年扩展为广义相对论，这一成就深刻地改变了人
类对时空结构的认知。
            同年，他的光电效应理论获得诺贝尔物理学奖，奠定了量子理论的基础。爱因斯坦还因其
质能方程 E=mc² 而被广泛知晓，
            这一方程揭示了质量和能量之间的等价性。二战期间，他致信美国总统罗斯福警示核武器
的可能性，间接推动了曼哈顿计划的发展。
            作为一位和平主义者，他晚年积极参与社会活动，倡导国际合作与世界和平。</p>
            <!-- 具体内容可以继续添加 -->
        </div>
</div>
```

（6）在 VS Code 中打开项目文件夹 story，在"资源管理器"窗格中的项目文件夹 story 的名称上右击，在弹出的快捷菜单中选择"新建文件夹"命令，在出现的文本框中输入文件夹的名称"css"，然后按 Tab 键或 Enter 键，完成文件夹的创建。在 css 文件夹的名称上右击，在弹出的快捷菜单中选择"新建文件"命令，在出现的文本框中输入文件的名称"style.css"，然后按 Tab 键或 Enter 键，完成 CSS 文件的创建。

（7）单击步骤（6）中新建的 styles.css 文件，进入代码编辑窗口，使用通配符选择器匹配页面上的所有元素，并为所有元素设置相同的盒子模型模式（border-box），以及重置默认的外边距和内边距。代码如下：

```
/* 使用通配符选择器初始化所有元素样式 */
* {
        box-sizing: border-box;
        margin: 0;
```

```
        padding: 0;
    }
```

（8）在 styles.css 文件中，使用复合选择器对页面中其他内容的样式进行设置。代码如下：

```
body {
        font-family: 'Open Sans', Arial, sans-serif;
        background-color: #f5f5f5;
        color: #333;
        line-height: 1.6;
    }
    .container {
        max-width: 1200px;
        margin: 0 auto;
        padding: 40px;
    }
    header {
        text-align: center;
        margin-bottom: 30px;
    }
/* 后代选择器 */
    header h1 {
        font-size: 36px;
        font-weight: 700;
        margin-bottom: 15px;
        position: relative;
        z-index: 1;
        display: inline-block;
    }
/* 多项选择器 */
    header h1::before,
    header h1::after {
        content: "";
        display: block;
        width: 40%;
        height: 3px;
        background-color: #333;
        position: absolute;
        left: 0;
        right: 0;
        margin: auto;
        bottom: -15px;
        z-index: -1;
    }
    header h1::before {
        transform: scaleX(0);
        transition: transform 0.3s ease-out;
    }
```

```css
/* 伪类选择器 */
    header h1:hover::before {
        transform: scaleX(1);
    }
    .story-container {
        background-color: #fff;
        box-shadow: 0 2px 10px rgba(0, 0, 0, 0.1);
        padding: 30px;
        border-radius: 8px;
        overflow: hidden;
    }
    .story-intro {
        text-align: center;
        margin-bottom: 40px;
    }
    .story-intro img {
        width: 150px;
        height: 150px;
        border-radius: 50%;
        object-fit: cover;
        margin-bottom: 15px;
    }
    .story-nav {
        list-style: none;
        display: flex;
        justify-content: space-between;
        align-items: center;
        margin-bottom: 20px;
    }
    .story-nav a {
        display: inline-block;
        padding: 10px 16px;
        border: 1px solid #ccc;
        border-radius: 4px;
        color: #333;
        text-decoration: none;
        transition: all 0.3s ease;
    }
    .story-nav a:hover {
        background-color: #333;
        color: #fff;
        border-color: #333;
    }
    .story-content {
        line-height: 1.8;
    }
```

任务验证

在编辑器中的空白位置右击，在弹出的快捷菜单中选择"Open with Live Server"命令，系统默认的浏览器将会打开该文件，运行效果如图 4-17 所示。

修改 styles.css 文件中各部分的样式设置（如字体、颜色等），刷新页面，查看页面样式的变化。

实战练习

在学习本模块的内容后，请完成如表 4-8 和表 4-9 所示的实战练习。

表 4-8　实战练习 1

实战练习 1	制作"桃花源记"网页	姓名		学号	
		评分人		评分	
操作提示：					
制作如图 4-18 所示的"桃花源记"网页，创建 CSS 文件，并将该文件通过<link/>标签导入 HTML 文件，使用标签选择器设置段落样式和标题 2 的样式，使用伪类选择器设置被选中文字的效果。					

图 4-18　"桃花源记"网页

表 4-9　实战练习 2

实战练习 2	制作"学生成绩表"网页	姓名		学号	
		评分人		评分	
操作提示：					
制作如图 4-19 所示的"学生成绩表"网页，创建 CSS 文件，并将该文件通过<link/>标签导入 HTML 文件，使用 id 选择器设置表格的整体样式，使用标签选择器设置表格的单元格样式。					

续表

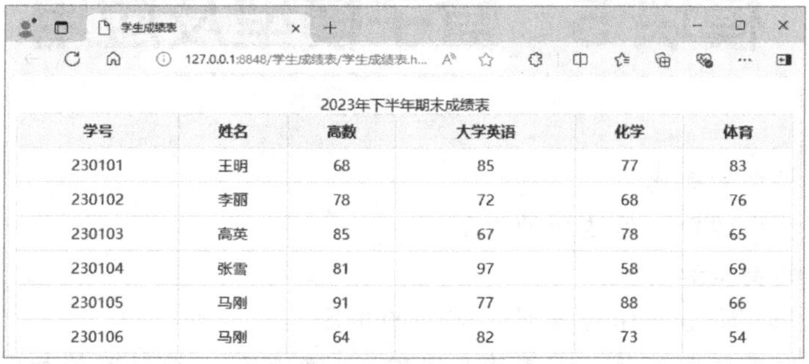

2023年下半年期末成绩表

学号	姓名	高数	大学英语	化学	体育
230101	王明	68	85	77	83
230102	李丽	78	72	68	76
230103	高英	85	67	78	65
230104	张雪	81	97	58	69
230105	马刚	91	77	88	66
230106	马刚	64	82	73	54

图 4-19　“学生成绩表”网页

课后练习

一、选择题

1. CSS 指的是（　　）。

　A. Computer Style Sheets　　B. Cascading Style Sheets

　C. Creative Style Sheets　　D. Colorful Style Sheets

2. 在 HTML 文件中，引用外部样式表的正确位置是（　　）。

　A. <head>…</head>部分

　B. <body>…</body>部分

　C. <head>…</head>部分和<body>…</body>部分都可以

　D. 在<html>标签之前

3. 下列哪个选项的 CSS 语法是正确的？（　　）

　A. body:color=black　　B. {body:color=black(body)}

　C. body{color:black}　　D. {body;color:black}

4. 下列说法中错误的是（　　）。

　A. CSS 可以将网页内容和样式分离

　B. 一个 HTML 网页文件只能应用一个 CSS 文件

　C. CSS 可以使许多网页同时更新样式

　D. CSS 可以精确地控制网页中元素的样式

5. 使用下列哪一个属性可以改变某个元素中文本的颜色？（　　）

　A. text-color　　B. fgcolor　　C. color　　D. font-color

6. 对 CSS 样式“#style1{color:blue;font-size:13px;}”使用正确的是（　　）。

　A. <p type="style1">xxx</p>　　C. <p id="style1">xxx</p>

　B. <div class="style1">xxx</body>　　D. <div style="style1">xxx</body>

二、问答题

1. CSS 是什么？它在网页设计中的作用是什么？
2. 在 CSS 中，有哪几种样式？
3. 举例说明如何在网页中使用 id 选择器、类选择器、复合选择器。

模块 5　盒子模型及应用

知识目标

1. 理解盒子模型的概念。
2. 掌握边框、内边距、外边距的设置。
3. 了解元素的类型和转换。
4. 掌握 Flex 布局、overflow 属性、浮动的用法。
5. 了解元素的定位和偏移，掌握静态定位、相对定位、绝对定位和固定定位的用法。
6. 掌握文字阴影、盒子阴影及渐变的用法。
7. 掌握过渡、变形和动画的用法。

能力目标

能够利用边框的设置、Flex 布局的用法、元素的定位等对页面进行布局；能够利用文字阴影、盒子阴影、渐变等给网页增加效果；能够利用过渡、变形和动画制作动态网页。

任务 5.1　制作"学习日用百科"网页

任务描述

随着互联网技术的快速发展和信息时代的到来，人们获取知识的方式正在发生深刻变革。越来越多的人依赖网络平台来获取日常工作、学习和生活所需的实用信息、科普知识及行业前沿动态。因此，建立一个集合各类学习资源和实用生活指南的在线"学习日用百科"网页成为迫切的需求。这样的平台不仅可以方便用户随时随地查阅所需的信息，还可以通过合理的组织和展示来提高用户的工作效率、学习效率与生活质量。

任务分析

通过对本任务的学习，了解盒子模型的概念，掌握设置边框样式、边框宽度及边框颜色的基本语法和属性，掌握设置内边距与外边距的基本语法和属性，最后利用所学知识制作"学习日用百科"网页。

相关知识

5.1.1　盒子模型的概念

盒子模型（Box Model）是一种用于描述 HTML 元素在页面中呈现时的布局和大小的概念。根据盒子模型，每个可见的 HTML 元素都被看作一个矩形的盒子。

每个盒子的大小是由内容（content）、内边距（padding）、边框（border）这 3 部分的实际大小来决定的，外边距不算在宽度里面，如图 5-1 所示。盒子模型的内部是实际的内容，直接包围内容的是内边距，内边距的边缘是边框，边框以外是外边距（margin），外边

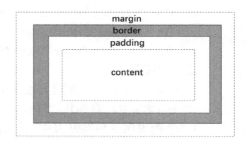

图 5-1　盒子的组成

距默认是透明的，因此不会遮挡其后的任何元素。

图 5-1 中的各个部分说明如下：

- content（内容）：盒子的内容，显示文本和图像。
- padding（内边距）：内容周围的区域，即边框与内容之间的距离。内边距是透明的。
- border（边框）：围绕在内边距和内容外的边框。
- margin（外边距）：边框外的区域，即边框与盒子外其他内容之间的距离。外边距是透明的。

padding、border 和 margin 都有上、右、下、左 4 个方向，每个方向的设置既可以相同，也可以单独设置，可以使用以下两个公式来计算元素的总宽度和总高度：

- 元素的总宽度=宽度+左内边距+右内边距+左边框+右边框+左外边距+右外边距。
- 元素的总高度=高度+上内边距+下内边距+上边框+下边框+上外边距+下外边距。

通过使用上述公式，可以准确地计算出元素在页面中的实际尺寸。

5.1.2 边框的设置

盒子的边框使用 border 属性来设置，该属性可以设置所有边框的样式、宽度和颜色。

1. 边框样式 border-style

border-style 属性用来控制对象的边框样式，可以同时设置一个或多个边框样式。另外，还有 4 个分属性：border-top-style、border-right-style、border-bottom-style 和 border-left-style，分别用于设置上、右、下、左 4 个边的边框样式。

设置边框样式的基本语法如下：

```
border-style:样式值（1～4 个）
```

border-style 属性的值可以是 1～4 个，中间以空格隔开。如果只提供一个值，则该值将用于 4 个边框；如果提供两个值，则第一个值将用于上、下边框，第二个值将用于左、右边框；如果提供 3 个值，则第一个值将用于上边框，第二个值将用于左、右边框，第三个值将用于下边框；如果提供 4 个值，则这 4 个值将按照上、右、下、左的顺序用于 4 个边框。

border-style 属性的值如表 5-1 所示。

表 5-1 border-style 属性的值

属性值	说明
none	默认无边框
dotted	定义一个点线边框
dashed	定义一个虚线边框
solid	定义实线边框
double	定义两个边框，两个边框的宽度和 border-width 属性的值相同
groove	定义 3D 沟槽边框，效果取决于边框的颜色值
ridge	定义 3D 脊边框，效果取决于边框的颜色值
inset	定义一个 3D 嵌入边框，效果取决于边框的颜色值
outset	定义一个 3D 突出边框，效果取决于边框的颜色值

设置边框样式的示例代码如下：

```html
<!DOCTYPE html>
<html>
    <head>
```

```
        <meta charset="utf-8">
        <title>边框样式</title>
        <style type="text/css">
        .box1{
        width:300px;height:200px;background:red;border-style:dotted;
        }
        </style>
    </head>
    <body>
        <div class="box1"></div>
    </body>
</html>
```

使用浏览器预览，效果如图 5-2 所示。

2. 边框宽度 border-width

border-width 属性用来控制对象的边框宽度，可以同时设置一个或多个边框宽度。另外，还有 4 个分属性：border-top-width、border-right-width、border-bottom-width 和 border-left-width，分别用于设置上、右、下、左 4 个边的边框宽度。

设置边框宽度的基本语法如下：

```
border-width:宽度值（1～4 个）
```

border-width 属性的值可以是 1～4 个，中间以空格隔开。如果只提供一个值，则该值将用于 4 个边框；如果提供两个值，则第一个值将用于上、下边框，第二个值将用于左、右边框；如果提供 3 个值，则第一个值将用于上边框，第二个值将用于左、右边框，第三个值将用于下边框；如果提供 4 个值，则这 4 个值将按照上、右、下、左的顺序用于 4 个边框。

设置边框宽度的示例代码如下：

```
<!DOCTYPE html>
<html>
    <head>
        <meta charset="utf-8">
        <title>边框宽度</title>
        <style type="text/css">
        .box1{
            width:300px;
            height:200px;
            background:red;
            border-style:solid;
            border-width:2px 4px 6px 8px;
        }
        </style>
    </head>
    <body>
        <div class="box1"></div>
    </body>
</html>
```

使用浏览器预览，效果如图 5-3 所示。

图 5-2　设置边框样式后的效果

图 5-3　设置边框宽度后的效果

3．边框颜色 border-color

border-color 属性用来控制对象的边框颜色，可以同时设置一个或多个边框颜色。另外，还有 4 个分属性：border-top-color、border-right-color、border-bottom-color 和 border-left-color，分别用于设置上、右、下、左 4 个边的边框颜色。

设置边框颜色的基本语法如下：

```
border-color:颜色值（1～4 个）
```

border-color 属性的值可以是 1～4 个，中间以空格隔开。如果只提供一个值，则该值将用于 4 个边框；如果提供两个值，则第一个值将用于上、下边框，第二个值将用于左、右边框；如果提供 3 个值，则第一个值将用于上边框，第二个值将用于左、右边框，第三个值将用于下边框；如果提供 4 个值，则这 4 个值将按照上、右、下、左的顺序用于 4 个边框。

设置边框颜色的示例代码如下：

```html
<!DOCTYPE html>
<html>
    <head>
        <meta charset="utf-8">
        <title>边框颜色</title>
        <style type="text/css">
        .box1{
            width:300px;
            height:200px;
            background:#ccc;
            border-style:solid;
            border-width:10px;
            border-color:red orange yellow green;
        }
        </style>
    </head>
    <body>
        <div class="box1"></div>
    </body>
</html>
```

使用浏览器预览，效果如图 5-4 所示。

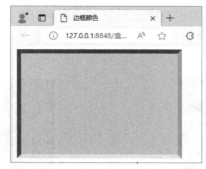

图 5-4　设置边框颜色后的效果

5.1.3　内边距和外边距的设置

内边距和外边距是网页设计中不可或缺的元素，能够帮助网页设计人员实现更好的页面布局和视觉效果。

1．内边距

内边距是指元素内容与边框之间的空白区域，它决定了元素内部的空间大小。通过调整内边距，可以控制元素内容的相对位置，使其更加美观和易于阅读。例如，在一个段落中，可以通过增加内边距来使文字与边框之间保持一定的距离，避免文字紧贴边缘而显得拥挤。

padding 属性可以同时设置一个或多个内边距。另外，还有 4 个分属性：padding-top、padding-right、padding-bottom 和 padding-left，分别用于设置上、右、下、左 4 个方向的内边距。

设置内边距的基本语法如下：

```
padding:值（1～4个）
```

padding 属性的值可以是 1～4 个，中间以空格隔开。如果只提供一个值，则该值将用于全部的 4 个边；如果提供两个值，则第一个值将用于上、下边，第二个值将用于左、右边；如果提供 3 个值，则第一个值将用于上边，第二个值将用于左、右边，第三个值将用于下边；如果提供全部 4 个值，则这 4 个值将按照上、右、下、左的顺序用于 4 个边。

行内非替换元素上设置的内边距不会影响行高的计算，因此，如果一个元素既有内边距又有背景，则从视觉上看可能会延伸到其他行，有可能还会与其他内容重叠。元素的背景会延伸穿过内边距。内边距值不允许为负值。

padding 属性的值如表 5-2 所示。

表 5-2　padding 属性的值

属性值	说明
auto	设置浏览器的内边距，该结果依赖于浏览器
length	设置以具体单位计的内边距值，如像素、厘米等。默认值是 0 像素
%	设置基于父元素的宽度的百分比的内边距
inherit	规定从父元素继承内边距

设置内边距的示例代码如下：

```
<!DOCTYPE html>
<html>
    <head>
        <meta charset="utf-8">
```

```
        <title>内边距</title>
        <style type="text/css">
        #box1{
            Padding:30px 30px; background:#ccc;
        }
        #box2{
            border:3px double #189FD7;
            Padding:50px;
        }
        </style>
    </head>
    <body>
        <div id="box1">
            <div id="box2"></div>
        </div>
    </body>
</html>
```

使用浏览器预览，效果如图 5-5 所示。

2．外边距

外边距是指元素边框与其他元素之间的空白区域，它决定了元素在页面中的相对位置。通过调整外边距，可以控制元素之间的距离，使页面布局更加合理和舒适。例如，在一个导航栏中，可以通过增加外边距来使各个链接之间保持一定的距离，提高用户的单击体验。

margin 属性可以同时设置一个或多个外边距。另外，还有 4 个分属性：margin-top、margin-right、margin-bottom 和 margin-left，分别用于设置上、右、下、左 4 个方向的外边距。

设置外边距的基本语法如下：

```
margin:值（1～4 个）
```

外边距的说明和属性与内边距类似，这里就不再详细介绍。

设置外边距的示例代码如下：

```
<!DOCTYPE html>
<html>
    <head>
        <meta charset="utf-8">
        <title>外边距</title>
        <style type="text/css">
        #box1{
            Padding:30px 30px; background:#ccc;
        }
        #box2{
            border:3px double #189FD7;
            Padding:50px;
            margin:60px;
        }
        </style>
    </head>
    <body>
```

```
        <div id="box1">
            <div id="box2"></div>
    </body>
</html>
```

使用浏览器预览，效果如图 5-6 所示。

图 5-5　设置内边距后的效果

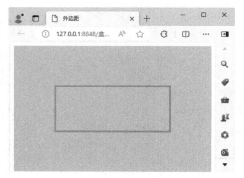

图 5-6　设置外边距后的效果

任务规划

使用 HTML5 和 CSS 等现代 Web 技术构建界面友好、易于浏览和搜索的知识分享平台，该平台包含各类学习资料和实用信息，形成一站式知识库，满足不同人群对于生活常识、科技前沿、教育方法等多领域知识的需求。通过合理运用 CSS 中的盒子模型和其他布局技术，使页面布局清晰、结构分明，方便用户快速定位所需的内容。"学习日用百科"网页的最终效果如图 5-7 所示。

图 5-7　"学习日用百科"网页的最终效果

任务实施

（1）打开开发工具 VS Code，在本地磁盘中新建项目文件夹，并命名为 baike。

（2）在 VS Code 中打开项目文件夹 baike，在"资源管理器"窗格中的项目文件夹 baike 的名称上右击，在弹出的快捷菜单中选择"新建文件"命令，在出现的文本框中输入文件的名称"list.html"，然后按 Tab 键或 Enter 键，完成 HTML 文件的创建。默认创建后的文件为空白文件，需要自行输入标签。为了方便起见，可以在 HTML 文件中输入"!"，然后按 Tab 键或 Enter 键，编辑器中会自动生成 HTML 文件的基本框架。

（3）单击 list.html 文件，进入代码编辑窗口。在<title></title>标签对中设置网页的标题为"学习日用百科"，并引入外部样式表文件。代码如下：

```
<head>
    <meta charset="UTF-8">
    <title>学习日用百科</title>
    <link rel="stylesheet" href="css/style.css">
</head>
```

（4）在<body></body>标签对中添加一个<header></header>标签对，并在<header></header>标签对中添加一个<div></div>标签对，然后在添加的<div></div>标签对中添加导航链接。代码如下：

```
<header class="site-header">
    <div class="container">
        <h1 class="logo">学习日用百科</h1>
        <nav class="main-navigation">
        <ul>
          <li><a href="#knowledge" class="nav-item">生活常识</a></li>
          <li><a href="#technology" class="nav-item">科技前沿</a></li>
          <li><a href="#education" class="nav-item">教育方法</a></li>
              <!-- 更多分类链接 -->
        </ul>
        </nav>
    </div>
  </header>
```

（5）在<body></body>标签对中添加一个<main></main>标签对，在<main></main>标签对中添加一个<section></section>标签对，并设置好 id 属性和 class 属性，然后在<section></section>标签对中放置"生活常识"模块的内容。代码如下：

```
<main class="content-area">
<section id="knowledge" class="card">
        <div class="card-header">
            <h2>生活常识</h2>
            <hr>
        </div>
        <div class="card-body">
            <p>在这里插入生活常识的内容...</p>
            <!-- 图片或其他内容 -->
        </div>
 </section>
</main>
```

（6）仿照步骤（5），在<main></main>标签对中添加两个<section></section>标签对，并分

别放置"科技前沿"和"教育方法"模块的内容。代码如下：

```
<section id="technology" class="card">
    <div class="card-header">
        <h2>科技前沿</h2>
        <hr>
    </div>
    <div class="card-body">
        <p>在这里插入科技前沿的知识点...</p>
        <!-- 图片或其他内容 -->
    </div>
</section>
<section id="education" class="card">
    <div class="card-header">
        <h2>教育方法</h2>
        <hr>
    </div>
    <div class="card-body">
        <p>在这里插入教育方法的相关内容...</p>
        <!-- 图片或其他内容 -->
    </div>
</section>
```

（7）在<body></body>标签对中添加一个<footer></footer>标签对，并在<footer></footer>标签对中添加版权相关内容。代码如下：

```
<footer class="site-footer">
    <div class="container">
        <p>版权所有 © 2024 学习日用百科</p>
        <p>联系我们 | 关于我们 | 用户协议</p>
    </div>
</footer>
```

（8）在"资源管理器"窗格中的项目文件夹 baike 的名称上右击，在弹出的快捷菜单中选择"新建文件夹"命令，在出现的文本框中输入文件夹的名称"css"，然后按 Tab 键或 Enter 键，完成文件夹的创建。在 css 文件夹的名称上右击，在弹出的快捷菜单中选择"新建文件"命令，在出现的文本框中输入文件的名称"style.css"，然后按 Tab 键或 Enter 键，完成 CSS 文件的创建。

（9）单击步骤（8）中新建的 style.css 文件，进入代码编辑窗口，设置全局样式。代码如下：

```
/* 全局样式 */
* {
    box-sizing: border-box;
}
body {
    font-family: Arial, sans-serif;
    line-height: 1.6;
    margin: 0;
    padding: 20px;
```

```
     background-color: #f8f8f8;
}
```

（10）在 style.css 文件中，对导航栏的样式进行设置。代码如下：

```
/* 导航栏的样式 */
    .container {
        max-width: 1200px;
        margin: 0 auto;
        padding: 0 1rem;
    }
    .site-header {
        background-color: #333;
        color: #fff;
        padding: 1rem 0;
    }
    .logo {
        font-size: 2rem;
        margin-bottom: 0.5rem;
        color: #fff;
        text-align: center;
        font-weight: bold;
    }
    .main-navigation {
        display: flex;
        justify-content: center;
        margin-top: 1rem;
    }
    .main-navigation ul {
        list-style: none;
        padding: 0;
        display: flex;
        gap: 1rem;
    }
    .nav-item {
        color: #fff;
        text-decoration: none;
        transition: color 0.3s;
    }
    .nav-item:hover {
        color: #ccc;
    }
```

（11）在 style.css 文件中，对主要内容区域的样式进行设置，以及使用盒子模型对卡片的样式进行设置。代码如下：

```
/* 主要内容区域的样式 */
 .content-area {
      display: grid;
```

```
        grid-template-columns: repeat(auto-fit, minmax(300px, 1fr));
        gap: 20px;
        padding: 2rem 0;
}
/* 盒子模型示例 */
    .card {
        background-color: #fff;
        border: 1px solid #ddd;
        border-radius: 5px;
        padding: 1.5rem;
        box-shadow: 0 2px 4px rgba(0, 0, 0, 0.1);
    }
    .card-header {
        display: flex;
        justify-content: space-between;
        align-items: center;
        border-bottom: 1px solid #ddd;
        padding-bottom: 1rem;
    }
    .card-header h2 {
        font-size: 1.5rem;
        margin: 0;
    }
    .card-header hr {
        width: 50%;
        margin: 0.5rem 0;
    }
    .card-body {
        line-height: 1.5;
    }
```

（12）在 style.css 文件中，对底部版权信息的样式进行设置。代码如下：

```
/* 底部版权信息的样式 */
    .site-footer {
        background-color: #333;
        color: #fff;
        padding: 1rem 0;
        text-align: center;
        font-size: 0.875rem;
    }
```

任务验证

在编辑器中的空白位置右击，在弹出的快捷菜单中选择"Open with Live Server"命令，系统默认的浏览器将会打开该文件，运行效果如图 5-7 所示。

修改 style.css 文件中各部分的样式设置，刷新页面，查看页面样式的变化。

任务 5.2 制作网页导航条

任务描述

在当今互联网环境下，网页作为信息传递和用户交互的重要载体，其设计与用户体验紧密相关。一个优秀的网页应当具备清晰、直观的导航系统，可以帮助用户快速定位和访问所需的内容。随着 HTML5 的发展和广泛应用，网页开发者能够更好地利用其强大的技术和特性创建更具可用性和易读性的网页导航条。

任务分析

通过对本任务的学习，了解元素的类型并掌握元素类型的转换方法，掌握 Flex 布局和overflow 属性的用法，掌握浮动和清除浮动的基本语法和属性，最后利用所学知识制作网页导航条。

相关知识

5.2.1 元素的类型和转换

1. 元素的类型

元素的类型指的是构成网页的 HTML 元素的种类。根据 CSS 显示分类，HTML 元素被分为块级元素、内联元素和行内块元素。

1）块级元素

块级元素在页面内以区域块的形式出现，具有以下特点：

- 在默认情况下，块级元素都会占据一行，通俗地说，两个相邻的块级元素不会出现并列显示的现象；在默认情况下，块级元素会按照顺序从上到下排列。
- 块级元素都可以定义自己的宽度和高度。
- 块级元素一般都作为其他元素的容器，它可以容纳其他内联元素和其他块级元素。

常见的块级元素有 div、h1～h6、p、ul、dl、ol、form 等。

2）内联元素

内联元素也被称为"行内元素"或"内嵌元素"，具有以下特点：

- 不会独自占据一行或多行。
- 宽度不可以改变，是它的文字或图片的宽度。
- 高度使用 height 属性设置无效，要使用 line-height 属性来设置。
- padding 和 margin 属性均只对左、右方向有效，对上、下方向无效。
- 只能容纳文本和其他内联元素。

常见的内联元素有 img、input 等。

3）行内块元素

行内块元素也被称为"可变元素"，需要根据上下文关系确定该元素是块级元素还是内联元素，具有以下特点：

- 可以设置宽度和高度。
- 可以与文字内容在一行。
- 可以正常使用盒子模型。

常见的行内块元素有 a、span、i、u、b 等。

2. 元素类型的转换

元素类型的转换（或称为"强制转换"）通常是指通过 CSS 改变元素的显示类型。这种转换可能影响元素的布局，以及它与其他元素的关系。

在 CSS 中，可以使用 display 属性来改变元素的类型，其基本语法如下：

```
元素{display:取值;}
```

display 属性的值说明如下：

- inline：转换为行内元素。
- block：转换为块级元素。
- inline-block：转换为行内块元素。
- none：隐藏元素，被隐藏的元素不再占据原来位置的空间。
- flex: 将元素转换为弹性盒子容器。

使用元素类型转换的示例代码如下：

```html
<!DOCTYPE html>
<html>
    <head>
        <meta charset="utf-8">
        <title></title>
        <style>
            /* 在默认情况下, div 元素是块级元素 */
            .block {
                display: block;
                width: 100px;
                height: 100px;
                background-color: lightblue;
                }
            /* 使用 display 属性将 div 元素转换为内联元素 */
            .inline {
                display: inline;
                padding: 10px;
                background-color: lightgreen;
                }
        </style>
    </head>
    <body>
        <!-- 一个块级元素 -->
        <div class="block">我是一个块级元素</div>
        <!-- 一个被转换为内联元素的块级元素 -->
        <div class="inline">我是一个被转换为内联元素的
块级元素</div>
    </body>
</html>
```

使用浏览器预览，效果如图 5-8 所示。

图 5-8　使用元素类型转换后的效果

5.2.2　Flex 布局的用法

Flex 布局是一种弹性盒子布局模型，用于在一维空间中对元素进行灵活的排列和对齐。通过设置弹性盒子的属性，可以控制弹性盒子在容器中的布局方式。任何一个容器都可以通过 display:flex 指定为 Flex 布局，采用 Flex 布局的元素称为 "Flex 容器"（Flex Container），简称 "容器"。它的所有子元素自动成为容器成员，称为 "Flex 项目"（Flex Item），简称 "项目"。

容器的属性说明如下。

- flex-direction：定义弹性盒子的主轴方向。该属性的值如下：
  - ➤ row：水平方向，从左到右排列（默认值）。
  - ➤ row-reverse：水平方向，从右到左排列。
  - ➤ column：垂直方向，从上到下排列。
  - ➤ column-reverse：垂直方向，从下到上排列。
- justify-content：定义弹性盒子在主轴上的对齐方式。该属性的值如下：
  - ➤ flex-start：从主轴的起始位置开始排列（默认值）。
  - ➤ flex-end：从主轴的结束位置开始排列。
  - ➤ center：在主轴上居中对齐。
  - ➤ space-between：两端对齐，项目之间的间隔都相等。
  - ➤ space-around：在主轴上均匀分布，项目两侧的间距是项目之间间距的一半。
- align-items：定义弹性盒子在交叉轴上的对齐方式。该属性的值如下：
  - ➤ flex-start：从交叉轴的起始位置开始对齐。
  - ➤ flex-end：从交叉轴的结束位置开始对齐。
  - ➤ center：在交叉轴上居中对齐。
  - ➤ baseline：在项目的基线上对齐。
  - ➤ stretch：项目被拉伸以填满交叉轴（默认值）。
- flex-wrap：定义弹性盒子是否换行。该属性的值如下：
  - ➤ nowrap：不换行，将所有项目放在一行上（默认值）。
  - ➤ wrap：换行，当一行放不下时，剩余的项目会移到下一行。
  - ➤ wrap-reverse：反向换行，即第一行在最下面，最后一行在最上面。
- flex-flow：是 flex-direction 属性和 flex-wrap 属性的简写形式，默认值为 row nowrap。
- align-content：定义多根轴线的对齐方式。如果项目只有一根轴线，则该属性不起作用。

使用 Flex 布局的示例代码如下：

```html
<!DOCTYPE html>
<html>
  <head>
    <meta charset="utf-8">
    <title>Flex 布局应用</title>
    <style type="text/css">
      .container {
        display: flex;
        flex-direction: row;
        justify-content: space-between;
        align-items: center;
```

```
    height: 200px;
    border: 1px solid black;
    overflow: auto;
  }

  .item {
    flex: 0 0 100px;
    height: 100px;
    background-color: #ccc;
  }
  </style>
</head>
<body>
```

使用浏览器预览，效果如图 5-9 所示。

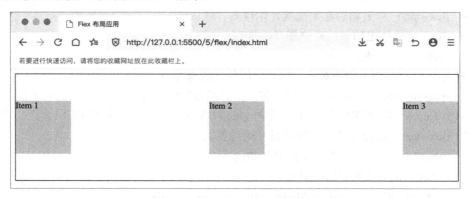

图 5-9　使用 Flex 布局后的效果

5.2.3　overflow 属性的用法

在 Web 开发中，overflow 属性是 CSS 中的一个常用属性，用于控制元素的内容溢出其容器时的显示方式。当一个元素的内容超出了其指定的宽度或高度时，overflow 属性决定了如何处理这些溢出的内容。

基本语法如下：

```
overflow:visible|hidden|scroll|auto
```

overflow 属性的值说明如下：

- visible：默认值，溢出的内容不会被隐藏，并且溢出的内容会呈现在元素框之外。
- hidden：溢出的内容会被隐藏，并且溢出的内容是不可见的。
- scroll：溢出的内容会被隐藏，但是浏览器会显示滚动条，以便查看溢出的内容。
- auto：如果溢出的内容被隐藏，则浏览器会显示滚动条，以便查看溢出的内容。

注意：overflow 属性只对具有明确尺寸的元素有效，如块级元素、表格等。对于内联元素，需要将其转换为块级元素或内联块级元素（即内联元素和块级元素融合后的元素）后才能应用 overflow 属性。

使用 overflow 属性的示例代码如下：

```
<!DOCTYPE html>
<html>
```

```
<head>
    <meta charset="utf-8">
    <title>溢出</title>
    <style type="text/css">
        div {
            width:200px;
            height:100px;
            text-align:center;
            border:3px solid black;
            margin:20px 0px 0px 20px;
            background-color:#ccc;
            overflow:visible;
        }
    </style>
</head>
<body>
    <div>
        江南可采莲，<br/>莲叶何田田。<br/>鱼戏莲叶间。<br/>
        鱼戏莲叶东，<br/>鱼戏莲叶西，<br/>鱼戏莲叶南，<br/>鱼戏莲叶北。<br/>
    </div>
</body>
</html>
```

使用浏览器预览，效果如图 5-10 所示。

如果设置 overflow 属性的值为 hidden，即隐藏溢出的内容，则效果如图 5-11 所示。

图 5-10　当 overflow 属性的值为 visible 时的效果　　图 5-11　当 overflow 属性的值为 hidden 时的效果

如果设置 overflow 属性的值为 scroll，即隐藏溢出的内容，但是浏览器会显示滚动条，则效果如图 5-12 所示。

如果设置 overflow 属性的值为 auto，即浏览器会根据内容的长度来动态隐藏溢出的内容，则效果如图 5-13 所示。

图 5-12　当 overflow 属性的值为 scroll 时的效果　　图 5-13　当 overflow 属性的值为 auto 时的效果

5.2.4 浮动的应用及清除

在 Web 页面布局中，浮动（Float）是 CSS 提供的一种强大的布局机制，它允许元素脱离文档流并向左或向右移动，直到它的外边缘碰到包含框或另一个浮动元素的边缘。然而，浮动也可能导致一些布局问题，如父元素的高度崩塌和影响后续元素的定位。为了处理这些问题，CSS 提供了清除（Clear），它用于定义元素的左侧、右侧或两侧不允许有浮动元素。

1．浮动的应用

浮动是网页设计中常用的布局技术之一，可以使元素在页面中实现多列布局、文字环绕图片等效果。

浮动是 CSS 中的一种元素定位方式，通过设置元素的 float 属性可以使其脱离文档流并向左或向右浮动，其基本语法如下：

```
float:none|left|right
```

float 属性的值说明如下：

- none：设置元素不浮动。
- left：设置元素浮动在左边。
- right：设置元素浮动在右边。

使用浮动的示例代码如下：

```html
<!DOCTYPE html>
<html>
    <head>
        <meta charset="utf-8">
        <title>浮动</title>
        <style type="text/css">
        .box {
            width:300px;
            height:200px;
            border:2px solid black;
            margin:20px 0px 0px 20px;
            }
        .box img{
            width:200px;
            height:150px;
            float:left;
        }
        </style>
    </head>
    <body>
        <div class="box">
            <img src="img/lian.jpg" alt="">
            江南可采莲，<br/>莲叶何田田。<br/>鱼戏莲叶间。<br/>
            鱼戏莲叶东，<br/>鱼戏莲叶西，<br/>鱼戏莲叶南，<br/>鱼戏莲叶北。<br/>
        </div>
    </body>
</html>
```

使用浏览器预览，效果如图 5-14 所示。

图 5-14　使用浮动后的效果

2．清除浮动

由于浮动元素不再占据其在文档流中的原位置，因此它会对后面元素的排版产生影响，为了解决这些问题，此时就需要在该元素中清除浮动的影响。

在 CSS 中，可以使用 clear 属性清除浮动。其基本语法如下：

```
clear:none|left|right|both
```

clear 属性的值说明如下：

- none：允许左、右两侧都可以有浮动元素。
- left：不允许左侧有浮动元素。
- right：不允许右侧有浮动元素。
- both：不允许左、右两侧有浮动元素。

清除浮动的示例代码如下：

```
<!DOCTYPE html>
<html>
    <head>
        <meta charset="utf-8">
        <title>清除浮动</title>
        <style>
        .container {
            overflow: hidden; /* 触发 BFC，防止父元素的高度崩塌 */
        }
        .box1 {
            float: left;
            width: 50%;
            background-color: lightblue;
        }
        .box2 {
            float: right;
            width: 50%;
            background-color: lightgreen;
        }
        .box3 {
            clear: both; /* 清除之前元素的浮动影响 */
```

```
            background-color: yellow;
        }
    </style>
    </head>
    <body>
        <div class="container">
            <div class="box1">Box 1 - 浮动在左边</div>
            <div class="box2">Box 2 - 浮动在右边</div>
            <div class="box3">Box 3 - 清除浮动，在下方</div>
        </div>
    </body>
</html>
```

使用浏览器预览，效果如图 5-15 所示。

图 5-15　清除浮动后的效果

任务规划

　　网页导航条是一个既符合现代网页设计规范，又能够有效地提升用户和搜索引擎体验的核心组件。使用 HTML5 和 CSS 等技术制作网页导航条，为用户提供一种简单、直观的方式来浏览和切换网站的不同页面或内容区域，如首页、新闻、产品、关于我们、联系我们等。网页导航条的最终效果如图 5-16 所示。

图 5-16　网页导航条的最终效果

任务实施

　　（1）打开开发工具 VS Code，在本地磁盘中新建项目文件夹，并命名为 navigationBar。
　　（2）在 VS Code 中打开项目文件夹 navigationBar，在"资源管理器"窗格中的项目文件夹 navigationBar 的名称上右击，在弹出的快捷菜单中选择"新建文件"命令，在出现的文本框中输入文件的名称"list.html"，然后按 Tab 键或 Enter 键，完成 HTML 文件的创建。默认创建后的文件为空白文件，需要自行输入标签。为了方便起见，可以在 HTML 文件中输入"!"，然后按 Tab 键或 Enter 键，编辑器中会自动生成 HTML 文件的基本框架。

（3）单击 list.html 文件，进入代码编辑窗口。在<title></title>标签对中设置网页的标题为"网页导航条实例"，并引入外部样式表文件。代码如下：

```html
<head>
    <meta charset="UTF-8">
    <title>网页导航条实例</title>
    <link rel="stylesheet" href="css/style.css">
</head>
```

（4）在<body></body>标签对中添加一个<header></header>标签对，并在<header></header>标签对内添加一个<div></div>标签对，然后在添加的<div></div>标签对中添加导航链接。代码如下：

```html
<header class="navbar">
    <div class="navbar-container">
        <ul>
            <li><a href="#">首页</a></li>
            <li><a href="#">新闻</a></li>
            <li><a href="#">产品</a></li>
            <li><a href="#">关于我们</a></li>
            <li><a href="#">联系我们</a></li>
            <!-- 更多菜单项 -->
        </ul>
    </div>
</header>
```

（5）在<body></body>标签对中添加一个<footer></footer>标签对，并在<footer></footer>标签对内添加一个<div></div>标签对，然后在添加的<div></div>标签对中添加版权相关内容。代码如下：

```html
<footer class="site-footer">
    <div class="container">
        <p>版权所有 © 2024 网页导航条</p>
        <p>联系我们 | 关于我们 | 用户协议</p>
    </div>
</footer>
```

（6）在"资源管理器"窗格中的项目文件夹 navigationBar 的名称上右击，在弹出的快捷菜单中选择"新建文件夹"命令，在出现的文本框中输入文件夹的名称"css"，然后按 Tab 键或 Enter 键，完成文件夹的创建。在 css 文件夹的名称上右击，在弹出的快捷菜单中选择"新建文件"命令，在出现的文本框中输入文件的名称"style.css"，然后按 Tab 键或 Enter 键，完成 CSS 文件的创建。

（7）单击步骤（6）中新建的 style.css 文件，进入代码编辑窗口，设置全局样式。代码如下：

```css
/* 全局样式 */
    * {
```

```
        box-sizing: border-box;
    }
```

（8）在 style.css 文件中，对导航条的样式进行设置。代码如下：

```
/* 导航条的样式 */
    .navbar {
        width: 100%;
        height: 50px;
        background-color: #333;
        overflow: hidden; /* 防止溢出的内容影响布局 */
    }
    /* 导航条内部盒子 */
    .navbar-container {
        display: flex;
        justify-content: center;
        align-items: center;
        height: 100%;
    }
    /* 导航条列表 */
    .navbar ul {
        list-style-type: none;
        margin: 0;
        padding: 0;
        display: flex;
        overflow-x: auto; /* 创建水平滚动条 */
        white-space: nowrap; /* 阻止菜单项换行 */
    }
    .navbar ul::-webkit-scrollbar { /* 隐藏滚动条但保留滚动功能 */
        width: 8px;
    }
    .navbar ul::-webkit-scrollbar-thumb {
        background: rgba(255, 255, 255, 0.3);
        border-radius: 5px;
    }
    .navbar li {
        position: relative; /* 为子菜单浮动后清除此元素下方浮动的影响做准备 */
        float: left;
        height: 100%;
        line-height: 50px;
        padding: 0 15px;
        border-right: 1px solid rgba(255, 255, 255, 0.2);
    }
    .navbar li:last-child {
        border-right: none; /* 移除最后一个菜单项右边的分割线 */
    }
    .navbar a {
        color: #fff;
```

```
        text-decoration: none;
        font-size: 16px;
        display: block;
    }
    /* 清除浮动 */
    .navbar::after {
        content: "";
        display: block;
        clear: both;
    }
```

（9）在 style.css 文件中，对底部版权信息的样式进行设置。代码如下：

```
/* 底部版权信息的样式 */
    .site-footer {
        background-color: #ffffff;
        color: #000000;
        padding: 20rem 0;
        text-align: center;
        font-size: 1.2rem;
    }
```

任务验证

在编辑器中的空白位置右击，在弹出的快捷菜单中选择"Open with Live Server"命令，系统默认的浏览器将会打开该文件，运行效果如图 5-16 所示。

修改 style.css 文件中各部分的样式设置，刷新页面，查看页面样式的变化。

任务 5.3　制作"地域特产推介"网页

任务描述

每种特产都蕴含着当地的历史文化、风土人情和传统工艺，它们既是地域文化的重要组成部分，也是民族文化多样性的生动体现。推广地域特产就是在推广一种文化、传播一种精神，让更多人了解和认识这片土地的故事，增强民族自豪感和文化自信。

在全球信息化的时代背景下，线上销售和宣传已经成为商品推广的重要方式。随着电子商务和网络营销的迅速发展，越来越多的地域特产开始通过网络平台走向全国乃至全球市场。

任务分析

通过对本任务的学习，了解元素的定位方式和偏移属性，了解静态定位、相对定位、绝对定位和固定定位的概念并掌握它们的用法，掌握 z-index 属性的用法，最后利用所学知识制作"地域特产推介"网页。

相关知识

5.3.1　元素的定位和偏移

定位是实现网页布局的重要手段之一，它不仅影响着元素在页面中的位置，还与其他布局模型相结合，共同构成了网页的整体结构和外观。其中，偏移属性可以进一步细化元素的位置。

1. 元素定位

在 CSS 中，可以使用 position 属性指定一个元素在页面中的定位方式，其基本语法如下：

```
选择器{position:属性值;}
```

position 属性的值说明如下：

- static：静态定位，是默认的定位方式。
- relative：相对定位，相对于元素在标准文档流中的原位置进行定位。
- absolute：绝对定位，相对于元素上一个已经定位的父元素进行定位。
- fixed：固定定位，相对于浏览器窗口进行定位。

2. 元素偏移

position 属性仅仅用于定义元素以哪种方式定位，并不能确定元素的具体位置。在 CSS 中，通过偏移属性 top、bottom、left、right 来精确定位元素的位置，其取值为不同单位的数值或百分比。

偏移属性的说明如下：

- top：顶部偏移量，定义元素相对于其父元素上边线的距离。
- bottom：底部偏移量，定义元素相对于其父元素下边线的距离。
- left：左侧偏移量，定义元素相对于其父元素左边线的距离。
- right：右侧偏移量，定义元素相对于其父元素右边线的距离。

5.3.2　静态定位和相对定位

在 CSS 中，定位（Positioning）是一种用于控制元素在页面中放置方式的机制。静态定位（Static Positioning）和相对定位（Relative Positioning）是定位机制中的两种基本类型，它们会对元素在标准文档流中的位置产生不同的影响。

1. 静态定位

静态定位是 CSS 中的默认定位方式，也就是没有指定任何定位属性。在静态定位中，元素按照标准文档流进行排列，从上到下、从左到右依次排列。静态定位的元素不会通过偏移属性（如 top、bottom、left、right）来进行移动，它们的最终位置是由浏览器的正常渲染流程决定的。

使用静态定位的示例代码如下：

```html
<!DOCTYPE html>
<html>
    <head>
        <meta charset="utf-8">
        <title>静态定位</title>
        <style type="text/css">
            .box1{
            width: 200px;
            height: 200px;
            background-color: red;
            font-size: 60px;
            text-align: center;
            }
```

```
            .box2{
            width: 200px;
            height: 200px;
            background-color: yellow;
            font-size: 60px;
            text-align: center;
            }
            .box3{
            width: 200px;
            height: 200px;
            background-color: green;
            font-size: 60px;
            text-align:center;
            }
        </style>
    </head>
    <body>
        <div class="box1">1</div>
        <div class="box2">2</div>
        <div class="box3">3</div>
    <body>
</html>
```

使用浏览器预览，效果如图 5-17 所示。

2. 相对定位

相对定位是将元素相对于它在标准文档流中的位置进行定位，当 position 属性的值为 relative 时，可以将元素定位于相对位置。对元素设置相对定位后，可以通过偏移属性 top、bottom、left、right 来改变元素的位置。通过指定这些属性的值，可以使元素在垂直方向和水平方向上相对于其原位置进行偏移。例如，设置"top:10px;"将使元素在垂直方向上相对于其原位置向下偏移 10 像素。

相对定位的一个重要特点是元素在标准文档流中仍然保留其原位置。这意味着元素在进行相对定位后，仍然占据着其原位置的空间，不会对其他元素的布局产生影响。

这里对前面介绍的静态定位的示例代码中的 box2 使用相对定位，将<title></title>标签对中的标题"静态定位"修改为"相对定位"，其他代码不变，将 box2 的代码修改为以下形式：

```
.box2{
width: 200px;
height: 200px;
background-color: yellow;
font-size: 60px;
text-align: center;
position: relative;
left: 200px;
top:-200px;
}
```

使用浏览器预览，效果如图 5-18 所示。

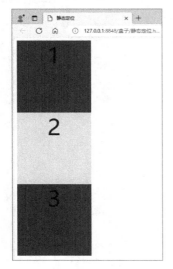

图 5-17　使用静态定位后的效果

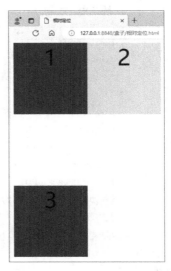

图 5-18　使用相对定位后的效果

5.3.3　绝对定位和固定定位

绝对定位和固定定位是 CSS 中两种高级的定位机制。它们提供了一种从标准文档流中完全移除元素的方式，并能够精确地相对于其他元素或浏览器窗口本身进行定位。这两种定位方式常用于创建模态窗口、导航栏、广告横幅，以及其他需要在页面中的特定位置或跟随浏览器窗口固定显示的元素。

1．绝对定位

绝对定位是一种元素定位方式，它是相对于最近的已定位（绝对定位、固定定位或相对定位）的父元素进行定位的。如果所有的父元素都没有设置定位属性，则元素将相对于 body 根元素（即浏览器窗口）进行定位。当元素的 position 属性的值为 absolute 时，可以将其定位方式设置为绝对定位。

使用绝对定位的示例代码如下：

```html
<!DOCTYPE html>
<html>
  <head>
    <meta charset="UTF-8" />
    <title>绝对定位</title>
    <style>
      body {
        background-color: #f2f2f2;
        font-family: Arial, sans-serif;
        margin: 0;
        padding: 0;
      }

      .container {
```

```
      position: relative;
      width: 800px;
      height: 400px;
      margin: 50px auto;
      background-color: #fff;
      box-shadow: 0 0 10px rgba(0, 0, 0, 0.1);
      border-radius: 4px;
    }

    .menu {
      position: absolute;
      top: 20px;
      right: 20px;
      background-color: #fff;
      padding: 10px;
      border: 1px solid #ccc;
      border-radius: 4px;
      box-shadow: 0 2px 4px rgba(0, 0, 0, 0.2);
    }

    .menu-item {
      margin-bottom: 8px;
      cursor: pointer;
    }

    .menu-item:hover {
      background-color: #f2f2f2;
    }
  </style>
  </head>
  <body>
    <div class="container">
      <div class="menu">
        <div class="menu-item">菜单项 1</div>
        <div class="menu-item">菜单项 2</div>
        <div class="menu-item">菜单项 3</div>
      </div>
    </div>
  </body>
</html>
```

使用浏览器预览，效果如图 5-19 所示。

2．固定定位

固定定位是绝对定位的一种特殊形式，它使用浏览器窗口作为参考来确定网页元素的位置。当元素的 position 属性的值为 fixed 时，可以将其定位方式设置为固定定位。

图 5-19　使用绝对定位后的效果

通过设置元素的 position 属性的值为 fixed，该元素将摆脱标准文档流的影响，始终相对于浏览器窗口来定义其显示位置。无论浏览器的滚动条如何滚动，以及浏览器窗口的大小如何变化，该元素都会始终显示在浏览器窗口中的固定位置。

固定定位常用于创建导航栏、悬浮工具栏等需要在页面中保持固定位置的元素。通过使用固定定位，这些元素可以始终保持可见，无论用户如何滚动页面或调整浏览器窗口的大小。

使用固定定位的示例代码如下：

```
<!DOCTYPE html>
<html>
<head>
<meta charset="UTF-8">
<title>固定定位</title>
<style>
  body {
    margin: 0;
    padding: 0;
    font-family: "Microsoft YaHei", sans-serif;
    background-color: #f8f9fa;
    color: #333;
  }
  .container {
    max-width: 800px;
    margin: 50px auto;
    padding: 0 20px;
    height: 1500px; /* 用于展示滚动效果 */
  }
  p {
    line-height: 1.6;
    margin-bottom: 20px;
  }
```

```
  .back-to-top {
    position: fixed;
    bottom: 200px;
    right: 200px;
    background-color: #007bff;
    color: #fff;
    padding: 10px 20px;
    border: none;
    border-radius: 5px;
    cursor: pointer;
    box-shadow: 0 2px 5px rgba(0, 0, 0, 0.1);
    transition: background-color 0.3s ease;
  }
  .back-to-top:hover {
    background-color: #0056b3;
  }
</style>
</head>
<body>
<div class="container">
  <p>相信自己，你能行。每次的努力都会有回报。</p>
  <p>只要你愿意去追求，没有什么是不可能的。</p>
  <p>困难只是暂时的，坚持不懈就一定会成功。</p>
  <p>不要停止学习和成长，因为知识是改变命运的力量。</p>
  <p>相信自己的选择，坚持自己的梦想。</p>
</div>
<button class="back-to-top">回到顶部</button>
</body>
</html>
```

使用浏览器预览，效果如图 5-20 所示。

图 5-20 使用固定定位后的效果

5.3.4　z-index 层叠等级属性

在 CSS 中，z-index 属性用于控制元素在页面中的层叠顺序，z-index 属性值小的元素会被 z-index 属性值大的元素覆盖，如图 5-21 所示。

对于同级元素，在默认情况下（或者当 position 属性的值为 static 时），后面的元素会覆盖前面的元素，因为元素的层叠顺序默认是由它们在文档流中的顺序决定的。

然而，当同级元素的 position 属性的值不为 static 且存在 z-index 属性时，z-index 属性的值大的元素会覆盖 z-index 属性的值小的元素。这意味着 z-index 属性的值大的元素在层叠顺序中具有更高的优先级。

需要注意的是，z-index 属性的值为 auto 的元素不参与层叠关系的比较。相反，它们会向上遍历至最近一个 z-index 属性的值不为 auto 的父元素，然后与该父元素及其同级元素进行比较。这样做是为了确保不同元素的层叠顺序能够正确比较并确定覆盖关系。

通过适当地设置元素的 position 和 z-index 属性，可以控制元素在层叠顺序中的优先级，并决定它们的覆盖关系。这在创建复杂的布局和实现特定的可视效果时非常有用。

在使用 z-index 属性时，需要遵循以下规则。

1．顺序规则

如果不对元素设置 position 属性，则位于文档流后面的元素会覆盖前面的元素。示例代码如下，其示意图如图 5-22 所示。

```
<div id="a">A</div>;
<div id="b">B</div>;
```

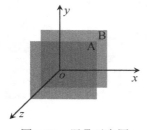

图 5-21　层叠示意图

图 5-22　示意图 1

2．定位规则

如果将 position 属性的值设置为 static，则位于文档流后面的元素依然会覆盖前面的元素，所以将 position 属性的值设置为 static 不会影响元素的覆盖关系。示例代码如下，其示意图如图 5-22 所示。

```
<div id="a" style="position:static;">A</div>
<div id="b">B</div>
```

如果将 position 属性的值设置为 relative、absolute、fixed，则这样的元素会覆盖没有设置 position 属性或 position 属性的值为 static 的元素，说明前者比后者的默认层级高。示例代码如下，其示意图如图 5-23 所示。

```
<div id="a" style="position:relative;">A</div>
<div id="b">B</div>
```

3．默认值规则

如果所有的元素都设置了 position:relative，则 z-index 属性的值为 0 的元素与没有设置 z-index 属性值的元素在同一层级内没有高低之分；但 z-index 属性的值大于或等于 1 的元素会覆盖没有设置 z-index 属性值的元素；z-index 属性值为负数的元素将被没有设置 z-index 属性值的元素覆盖。

4．从父规则

如果 A 和 B 元素都设置了 position:relative，A 元素的 z-index 属性值比 B 元素的大，则 A 元素的子元素必定覆盖在 B 元素的子元素前面。

使用 z-index 属性的示例代码如下：

```html
<!DOCTYPE html>
<html1>
    <head>
        <meta charset="utf-8">
        <title></title>
        <style>
            .box1 {
                position: absolute;
                width: 100px;
                height: 100px;
                background-color: red;
                z-index: 2; /* 较高的 z-index 属性值 */
            }

            .box2 {
                position: absolute;
                width: 200px;
                height: 200px;
                background-color: blue;
                z-index: 1; /* 较低的 z-index 属性值 */
            }
        </style>
    </head>
    <body>
        <div class="box1"></div>
        <div class="box2"></div>
    </body>
</html>
```

使用浏览器预览，效果如图 5-24 所示。

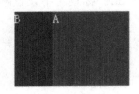

图 5-23　示意图 2

图 5-24　使用 z-index 属性后的效果

任务规划

　　通过制作"地域特产推介"网页，可以充分展示地方特色和文化底蕴，让更多人了解和认识到当地的独特魅力和丰富物产。使用 HTML5 和 CSS 等技术制作美观、互动性强的网页，吸引用户浏览和购买地域特产，拓宽销售渠道，促进地域特产产业的发展。借助现代化的信息技术手段，全方位、立体地展现地域特产的品质与文化内涵，促进特产经济的发展，并为广大消费者提供便利的网购体验。"地域特产推介"网页的最终效果如图 5-25 所示。

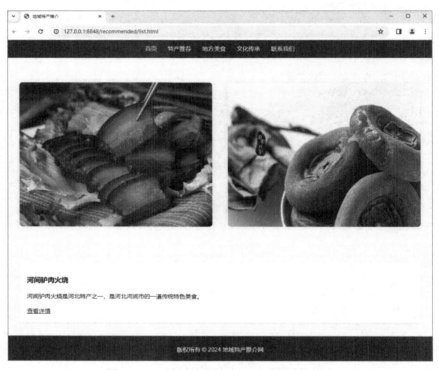

图 5-25　　"地域特产推介"网页的最终效果

任务实施

　　（1）打开开发工具 VS Code，在本地磁盘中新建项目文件夹，并命名为 recommended。

　　（2）在 VS Code 中打开项目文件夹 recommended，在"资源管理器"窗格中的项目文件夹 recommended 的名称上右击，在弹出的快捷菜单中选择"新建文件"命令，在出现的文本框中输入文件的名称"list.html"，然后按 Tab 键或 Enter 键，完成 HTML 文件的创建。默认创建后的文件为空白文件，需要自行输入标签。为了方便起见，可以在 HTML 文件中输入"!"，然后按 Tab 键或 Enter 键，编辑器中会自动生成 HTML 文件的基本框架。

　　（3）单击 list.html 文件，进入代码编辑窗口。在<title></title>标签对中设置网页的标题为"地域特产推介"，并引入外部样式表文件。代码如下：

```
<head>
    <meta charset="UTF-8">
    <title>地域特产推介</title>
     <link rel="stylesheet" href="css/style.css">
</head>
```

（4）在<body></body>标签对中添加一个<header></header>标签对，并在<header></header>标签对内添加一个<div></div>标签对，然后在添加的<div></div>标签对中添加导航链接。代码如下：

```
<header class="navbar">
    <div class="container">
        <ul>
            <li><a href="#">首页</a></li>
            <li><a href="#">特产推荐</a></li>
            <li><a href="#">地方美食</a></li>
            <li><a href="#">文化传承</a></li>
            <li><a href="#">联系我们</a></li>
        </ul>
    </div>
</header>
```

（5）在<body></body>标签对中添加一个<main></main>标签对，在<main></main>标签对中添加一个<div></div>标签对，用于放置特产的图片，并设置好 id 和 class。代码如下：

```
<div class="image-container">
        <img src="img/first.jpg" alt="First Image">
        <img src="img/sec.jpg" alt="Second Image">
</div>
```

（6）在<main></main>标签对中添加一个<section></section>标签对，并设置好 class，然后在<section></section>标签对中放置特产列表。代码如下：

```
<section class="product-list">
<div class="product-item">
    <h3>河间驴肉火烧</h3>
    <p>河间驴肉火烧是河北特产之一，是河北河间市的一道传统特色美食。</p>
    <a href="#">查看详情</a>
</div>
<!-- 更多特产项目 -->
</section>
```

（7）在<body></body>标签对中添加一个<footer></footer>标签对，并在<footer></footer>标签对中添加版权相关内容。代码如下：

```
<footer class="footer-bar">
        <p>版权所有 © 2024 地域特产推介网</p>
</footer>
```

（8）在"资源管理器"窗格中的项目文件夹 recommended 的名称上右击，在弹出的快捷菜单中选择"新建文件夹"命令，在出现的文本框中输入文件夹的名称"css"，然后按 Tab 键或 Enter 键，完成文件夹的创建。在 css 文件夹的名称上右击，在弹出的快捷菜单中选择"新建文件"命令，在出现的文本框中输入文件的名称"style.css"，然后按 Tab 键或 Enter 键，完成 CSS 文件的创建。

（9）单击步骤（8）中新建的 style.css 文件，进入代码编辑窗口，设置全局样式和页面主体布局。代码如下：

```
/* 全局样式 */
    * {
```

前端设计与开发

```
        box-sizing: border-box;
    }
    /* 页面主体布局 */
    body {
        font-family: Arial, sans-serif;
        line-height: 1.6;
        margin: 0;
        padding: 20px;
        background-color: #f8f8f8;
    }
    .container {
        max-width: 1200px;
        margin: 0 auto;
        padding: 0 1rem;
    }
```

（10）在 style.css 文件中，对导航栏的样式（绝对定位）进行设置。代码如下：

```
/* 导航栏的样式（绝对定位） */
    .navbar {
        position: fixed;
        top: 0;
        left: 0;
        width: 100%;
        height: 50px;
        background-color: #333;
        z-index: 100; /* 设置层叠等级高于其他元素 */
    }
    .navbar ul {
        list-style-type: none;
        margin: 0;
        padding: 0;
        display: flex;
        justify-content: center;
    }
    .navbar li {
        padding: 0 15px;
    }
    .navbar a {
        color: #fff;
        text-decoration: none;
        font-size: 16px;
        line-height: 50px;
    }
```

（11）在 style.css 文件中，对地域特产轮播图的样式（相对定位）、特产详情区域的样式（静态定位）进行设置。代码如下：

```
/* 地域特产轮播图的样式（相对定位） */
    .carousel {
```

```
        position: relative;
        width: 100%;
        height: 400px;
        overflow: hidden;
    }
    .carousel .slide {
        position: absolute;
        width: 100%;
        height: 100%;
        opacity: 0;
        transition: opacity 1s ease-in-out;
    }
    .carousel .slide.active {
        opacity: 1;
        z-index: 2; /* 控制当前显示的图片位于最上层 */
    }
    /* 特产详情区域的样式（静态定位） */
    .product-list {
        margin-top: 100px; /* 考虑到顶部导航栏的高度 */
        display: grid;
        grid-template-columns: repeat(auto-fit, minmax(300px, 1fr));
        grid-gap: 20px;
    }
    .product-item {
        background-color: #fff;
        padding: 20px;
        box-shadow: 0 2px 4px rgba(0, 0, 0, 0.1);
    }
.image-container {
        display: flex;
        justify-content: space-between;
        margin-top: 100px;
    }
    .image-container img {
        max-width: 48%; /* 设置图片的宽度 */
        border-radius: 8px; /* 添加圆角效果 */
        box-shadow: 0 0 10px rgba(0, 0, 0, 0.1); /* 添加阴影效果 */
    }
```

（12）在 style.css 文件中，对底部版权信息的样式（固定定位）进行设置。代码如下：

```
/* 底部版权信息的样式（固定定位） */
    .footer-bar {
        position: fixed;
        bottom: 0;
        left: 0;
        width: 100%;
        background-color: #333;
```

```
    color: #fff;
    padding: 10px;
    text-align: center;
    z-index: 99; /* 层叠等级低于导航栏，但高于地域特产轮播图 */
}
```

任务验证

在编辑器中的空白位置右击，在弹出的快捷菜单中选择"Open with Live Server"命令，系统默认的浏览器将会打开该文件，查看运行结果。

修改 style.css 文件中各部分的样式设置，刷新页面，查看页面样式的变化。

任务 5.4　制作企业网站广告栏

任务描述

在数字化营销日益重要的今天，企业网站作为企业形象的窗口和产品服务的展示平台，承担着重要的宣传和交流职能，企业纷纷转向线上渠道来推广自己的品牌和产品。随着HTML5 和 CSS3 等现代 Web 技术的发展，网站设计变得更为灵活和多样化，为企业提供了丰富的展示空间和互动可能。企业网站作为品牌形象的重要窗口，其首页的广告栏是吸引用户关注、传达关键信息和引导用户深入探索的重要区域。广告栏不仅承载着商业推广的任务，也是企业文化传播和社会责任感体现的重要阵地。

任务分析

通过对本任务的学习，了解文字阴影和盒子阴影的概念并掌握它们的基本语法和属性，掌握渐变的基本语法和属性，掌握 Web 字体图标的应用，最后利用所学知识制作企业网站广告栏。

相关知识

5.4.1　文字阴影和盒子阴影

在 CSS 中，文字阴影和盒子阴影是两种常见的阴影效果，它们可以为网页元素增加深度和层次感。通过使用这些阴影效果，可以使元素看起来更加立体，仿佛它们从页面中浮现或深入其中。利用文字阴影和盒子阴影，可以吸引用户的注意力，使页面元素更加引人注目，同时增强界面的视觉吸引力。这些阴影效果为网页设计师提供了一种简单而有效的方式来增加元素的视觉深度和立体感。

1．文字阴影

使用 CSS3 新增的 text-shadow 属性，可以轻松实现文字投影、发光、内阴影等立体效果，而且效果自然，不逊于使用 Photoshop 制作出的效果。

基本语法如下：

```
text-shadow:none|h-shadow v-shadow blur color;
```

text-shadow 属性的值说明如下：

● none：无阴影，默认值。

● h-shadow：设置对象的阴影的水平偏移值。其既可以为正值，表示阴影在右，也可以为负值，表示阴影在左。

- v-shadow：设置对象的阴影的垂直偏移值。其既可以为正值，表示阴影在上，也可以为负值，表示阴影在下。
- blur：设置对象的阴影的模糊值。其不可以为负值，但可以省略。
- color：设置对象的阴影的颜色。其可以省略，如果省略，则默认颜色是#333（深灰色，不是黑色）。

使用文字阴影的示例代码如下：

```html
<!DOCTYPE html>
<html>
    <head>
        <meta charset="utf-8">
        <title>文字阴影</title>
        <style type="text/css">
        p{
            font-size:30px;
            font-family:宋体;
            font-weight:bold;
        }
        .text1{
            color:black;
            text-shadow:10px 5px 1px #333;
            }
        </style>
    </head>
    <body>
        <p class="text1">美好生活</p>
    </body>
</html>
```

使用浏览器预览，效果如图 5-26 所示。

图 5-26　使用文字阴影后的效果

2. 盒子阴影

使用 box-shadow 属性可以向边框添加一个或多个阴影，每个阴影之间由逗号隔开，每个阴影由 2～4 个长度值、可选的颜色值及可选的关键字 inset 来规定。

基本语法如下：

```
box-shadow:none|h-shadow v-shadow blur spread color inset;
```

box-shadow 属性的值说明如下：

- none：无阴影，默认值。

- h-shadow：设置对象的阴影的水平偏移值。其既可以为正值，表示阴影在右，也可以为负值，表示阴影在左。
- v-shadow：设置对象的阴影的垂直偏移值。其既可以为正值，表示阴影在上，也可以为负值，表示阴影在下。
- blur：设置对象的阴影的模糊值。其不可以为负值，但可以省略。
- spread：设置对象的阴影的尺寸。其既可以为正值，表示阴影在所有方向扩展，也可以为负值，表示阴影在所有方向削减。
- color：设置对象的阴影的颜色。其可以省略，如果省略，则浏览器会取默认颜色（通常是与文本颜色相同的颜色）。

使用盒子阴影的示例代码如下：

```html
<!DOCTYPE html>
<html>
    <head>
        <meta charset="utf-8">
        <title>盒子阴影</title>
        <style type="text/css">
            div{
                width:200px;
                height:120px;
                margin:20px;
                padding:10px;
                float:left;
            }
            #box1{
                box-shadow:10px 5px 5px;
                background-color:red;
            }
            #box2{
                box-shadow:10px 5px;
                background-color:red;
            }
            #box3{
                box-shadow:-10px 5px 5px;
                background-color:red;
            }
        </style>
    </head>
    <body>
        <div id="box1"></div>
        <div id="box2"></div>
        <div id="box3"></div>
    </body>
</html>
```

使用浏览器预览，效果如图 5-27 所示。

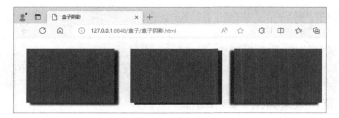

图 5-27　使用盒子阴影后的效果

5.4.2　渐变

渐变可以在两个或多个指定的颜色之间显示平稳的过渡。要实现盒子背景颜色的渐变效果，一般有两种方法：线性渐变（Linear Gradient）和径向渐变（Radial Gradient）。

1．线性渐变

基本语法如下：

```
background:linear-gradient(direction, color-stop1, color-stop2, ...);
```

属性说明如下：

- direction：指定渐变的方向，包括 to bottom（向下）、to top（向上）、to left（向左）、to right（向右）和 to bottom right（对角方向），默认为从上到下渐变。
- color-stop1, color-stop2, ...：指定渐变的开始颜色、结束颜色。

使用线性渐变的示例代码如下：

```
<!DOCTYPE html>
<html>
    <head>
        <meta charset="utf-8">
        <title>线性渐变</title>
        <style type="text/css">
            div{
                width:200px;
                height:120px;
                margin:20px;
                padding:10px;
            }
            #box1{
                background:linear-gradient(red, blue);
            }
            #box2{
                background:linear-gradient(to right,red, blue);
            }
            #box3{
                background:linear-gradient(to bottom right,red, blue);
            }
        </style>
    </head>
    <body>
```

```
        <div id="box1"></div>
        <div id="box2"></div>
        <div id="box3"></div>
    </body>
</html>
```

使用浏览器预览，效果如图 5-28 所示。

2. 径向渐变

基本语法如下：

```
background:radial-gradient(shape size at position,start-color,...,last-color);
```

属性说明如下：

- shape：指定渐变的形状，可以是 circle（圆形）或 ellipse（椭圆形），默认为 ellipse。
- size：指定渐变的大小。
- start-color：指定径向渐变的开始颜色。
- last-color：指定径向渐变的结束颜色。

使用径向渐变的示例代码如下：

```html
<!DOCTYPE html>
<html>
    <head>
        <meta charset="utf-8">
        <title>径向渐变</title>
        <style type="text/css">
            div{
                width:200px;
                height:120px;
                margin:20px;
            }
            #box1{
                background:radial-gradient(red,yellow,blue);
            }
            #box2{
                background:radial-gradient(red 10%, yellow 20%,blue);
            }
            #box3{
                background:radial-gradient(circle,red,yellow,blue);
            }
        </style>
    </head>
    <body>
        <div id="box1"></div>
        <div id="box2"></div>
        <div id="box3"></div>
    </body>
</html> </html>
```

使用浏览器预览，效果如图 5-29 所示。

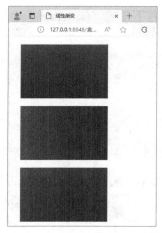

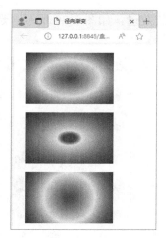

图 5-28　使用线性渐变后的效果　　　　　　图 5-29　使用径向渐变后的效果

5.4.3　Web 字体图标的应用

字体图标（Icon Font）是一种将图标作为字体文件（通常是 TrueType 或 OpenType 字体）来使用的技术。每个图标都被分配一个字符，通过 CSS 样式可以将这些字符以字体的方式嵌入网页。这种方法的好处是可以轻松地使用矢量图标，而无须使用独立的图像文件。字体图标通常用于创建网站、应用程序和界面的图标。

在网页中使用字体图标的步骤如下所述。

1．选择字体图标库

首先，需要选择一个字体图标库，如 FontAwesome、Material Icons、IcoMoon 等。这些字体图标库都提供了一系列矢量图标，以字体文件的形式提供下载。

2．下载字体文件

从所选择的字体图标库的官网或其他来源下载字体文件（通常是.tf 或.otf 格式）。这些字体文件包含了所有图标的字符映射。

3．将字体文件添加到项目中

将下载的字体文件（通常包括.eot、.woff、.woff2、.ttf 和.svg 等格式）添加到项目的文件夹中，并确保可以通过相对路径引用它们。

4．引入字体文件

在 HTML 文件的<head></head>标签对中使用<link>标签或@font-face 规则引入字体文件。

5．使用图标

在 HTML 文件中，可以通过在元素中添加类名的方式来使用图标。通常，类名的格式是字体图标库名称的后面跟图标的名称。

6．修改字体图标

可以通过 CSS 样式来调整字体图标的大小、颜色和其他样式。可以通过修改字体图标的font-size、color 等属性来自定义外观。

下面介绍使用来自 IcoMoon 官网的图标的具体方法。

（1）打开 IcoMoon 官网，选择要使用的图标，底部的"Selection"按钮的名称中会显示选中的图标的数量，如图 5-30 所示，选择好图标后，单击右下角的"Generate Font"按钮，生成字体图标。

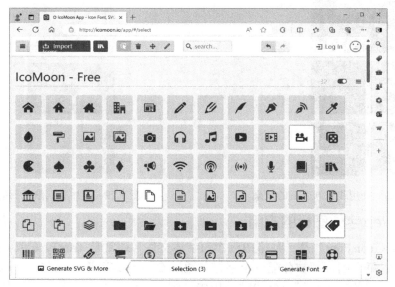

图 5-30　选择图标

（2）进入如图 5-31 所示的下载界面，在该界面中会显示在步骤（1）中选择的所有图标，并且提供图标的 Unicode 编码，单击右下角的"Download"按钮，下载图标。

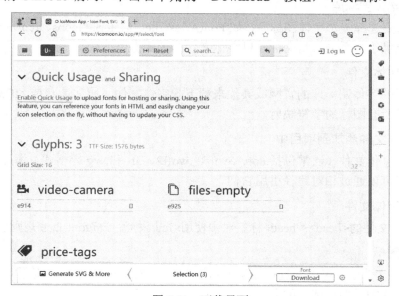

图 5-31　下载界面

（3）下载完成后，解压缩下载的文件，将其中的 fonts 文件夹复制到要引入字体图标的网页的项目文件夹中，如放在与 index.html 文件同级的路径下。

（4）新建 HTML 文件，并在该文件中输入以下代码：

```
<!DOCTYPE html>
<html>
```

```
<head>
    <meta charset="utf-8">
    <title>字体图标应用</title>
    <style>
      @font-face {
          font-family: 'icomoon';
          src: url('fonts/icomoon.eot?bawtoo');
          src: url('fonts/icomoon.eot?bawtoo#iefix') format('embedded-opentype'),
              url('fonts/icomoon.ttf?bawtoo') format('truetype'),
              url('fonts/icomoon.woff?bawtoo') format('woff'),
              url('fonts/icomoon.svg?bawtoo#icomoon') format('svg');
          font-weight: normal;
          font-style: normal;
          font-display: block;
        }
      p span {
        font-family: 'icomoon';
         font-size: 50px;
         color: red;
        }
    </style>
  </head>
  <body>
      <p>
      视频<span>? </span>
      </p>
  </body>
</html>
```

（5）使用浏览器预览，效果如图 5-32 所示。

提示：

<span></span>标签对中包含的问号是录像机图标，只不过它无法在 HTML 文件中正常显示。这个问号不是随意输入的，输入该问号的方法是：打开下载文件中的 demo.html 文件，移动到摄像机图标的右下角区域，框选方块字符，如图 5-33 所示，将其复制与粘贴到 HTML 文件中的<span></span>标签对内。

图 5-32　字体图标的效果

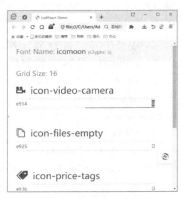

图 5-33　框选方块字符

任务规划

使用 CSS 对企业网站广告栏进行精细化样式设计，运用文字阴影、盒子阴影等特效增强文字和图形的层次感与立体感，使广告栏的内容更显生动和高级。使用渐变背景营造时尚和专业的视觉氛围，符合企业的品牌形象。确保广告栏在各种设备和浏览器上都能有良好的显示效果，符合响应式设计原则，能够有效地传播企业信息，吸引潜在客户并将其转化为实际客户。企业网站广告栏的最终效果如图 5-34 所示。

图 5-34　企业网站广告栏的最终效果

任务实施

（1）打开开发工具 VS Code，在本地磁盘中新建项目文件夹，并命名为 advertisement。

（2）在 VS Code 中打开项目文件夹 advertisement，在"资源管理器"窗格中的项目文件夹 advertisement 的名称上右击，在弹出的快捷菜单中选择"新建文件"命令，在出现的文本框中输入文件的名称"index.html"，然后按 Tab 键或 Enter 键，完成 HTML 文件的创建。默认创建后的文件为空白文件，需要用户自行输入标签。为了方便起见，可以在 HTML 文件中输入"!"，然后按 Tab 键或 Enter 键，编辑器中会自动生成 HTML 文件的基本框架。

（3）单击 index.html 文件，进入代码编辑窗口。在<title></title>标签对中设置网页的标题为"企业网站广告栏"，并引入外部样式表文件。代码如下：

```
<head>
    <meta charset="UTF-8">
    <title>企业网站广告栏</title>
    <link rel="stylesheet" href="css/style.css">
</head>
```

（4）在<body></body>标签对中添加一个<section></section>标签对，并设置好 class，然后在<section></section>标签对中放置广告栏。代码如下：

```
<section class="ad-banner">
    <div class="ad-banner-content">
      <h1 class="ad-banner-title">优质产品 用心服务</h1>
      <p class="ad-banner-description">我们的使命是为您提供卓越的产品和一流的服务</p>
      <span class="ad-banner-icon fab fa-twitter"></span>
      <span class="ad-banner-icon fab fa-facebook-f"></span>
      <span class="ad-banner-icon fab fa-instagram"></span>
    </div>
```

```
    <!-- 图片内容，请替换为实际图片 -->
    <img src="img/ad-image.jpg" alt="公司广告图片" style="width: 100%; height: auto;">
</section>
```

（5）在"资源管理器"窗格中的项目文件夹 advertisement 的名称上右击，在弹出的快捷菜单中选择"新建文件夹"命令，在出现的文本框中输入文件夹的名称"css"，然后按 Tab 键或 Enter 键，完成文件夹的创建。在 css 文件夹的名称上右击，在弹出的快捷菜单中选择"新建文件"命令，在出现的文本框中输入文件的名称"style.css"，然后按 Tab 键或 Enter 键，完成 CSS 文件的创建。

（6）单击步骤（5）中新建的 style.css 文件，进入代码编辑窗口，引入 Roboto 字体。代码如下：

```
/* 引入 Roboto 字体 */
@import url('https://fonts.googlea***.com/css2?family=Roboto:wght@400;700&display=swap');
```

（7）在 style.css 文件中，对广告栏的样式进行设置。代码如下：

```
/* 广告栏的样式 */
    .ad-banner {
        position: relative;
        width: 100%;
        height: 300px;
        background: linear-gradient(to bottom right, #fbb03b, #ff5c00); /* 渐变背景 */
        box-shadow: 0 4px 12px rgba(0, 0, 0, 0.2); /* 盒子阴影 */
        overflow: hidden;
    }
    .ad-banner-content {
        position: absolute;
        bottom: 0;
        left: 50%;
        transform: translateX(-50%);
        color: #fff;
        text-align: center;
        z-index: 1;
    }
    .ad-banner-title {
        font-size: 36px;
        font-weight: bold;
        text-shadow: 1px 1px 2px rgba(0, 0, 0, 0.5); /* 文字阴影 */
        margin-bottom: 10px;
    }
    .ad-banner-description {
        font-size: 20px;
        line-height: 1.5;
        text-shadow: 1px 1px 1px rgba(0, 0, 0, 0.5); /* 文字阴影 */
    }
```

（8）在 style.css 文件中，对 Web 字体图标的样式、广告栏内容的样式进行设置。代码如下：

```
/* Web 字体图标的样式 */
    .ad-banner-icon {
```

```
        display: inline-block;
        font-size: 32px;
        margin: 0 10px;
        vertical-align: middle;
        text-shadow: 1px 1px 1px rgba(0, 0, 0, 0.5); /* 文字阴影 */
    }
    /* 引入 Font Awesome icons */
    @import url('https://cdnjs.cloudfl***.com/ajax/libs/font-
awesome/5.15.3/css/all.min.css');
    /* 广告栏内容的样式 */
    .ad-banner .ad-banner-icon {
        font-family: 'Font Awesome 5 Free';
    }
```

任务验证

在编辑器中的空白位置右击，在弹出的快捷菜单中选择"Open with Live Server"命令，系统默认的浏览器将会打开该文件，运行效果如图 5-34 所示。

修改 style.css 文件中各部分的样式设置，刷新页面，查看页面样式的变化。

任务 5.5　制作黄河景色展示网页

任务描述

黄河作为中华民族的母亲河，不仅在地理上滋养着沿岸土地和人民，还在历史和文化上承载着中华民族的深厚情感和丰富记忆。近年来，国家高度重视黄河流域生态保护和高质量发展，提出了一系列战略措施。随着互联网技术和新媒体的发展，使用 HTML5 制作互动性强、视觉表现力丰富的网页成为重要的文化传播手段之一。通过这种方式可以让更多人在线上了解黄河之美，感受黄河沿线的历史变迁、自然景观及生态保护成果。

任务分析

通过对本任务的学习，掌握过渡、变形和动画的基本语法和属性，最后利用所学知识制作黄河景色展示网页。

相关知识

5.5.1　过渡

通常，当 CSS 的属性值更改后，浏览器会立即更新相应的样式。例如，当鼠标指针悬停在元素上时，通过:hover 选择器定义的样式会立即应用在元素上。CSS3 中加入了一项过渡功能，通过该功能可以将元素从一种样式在指定时间内平滑地过渡到另一种样式，类似于简单的动画，但无须借助 JavaScript。

在 CSS 中，创建简单的过渡效果可以通过以下步骤来实现：

（1）在默认样式中声明元素的初始状态样式。

（2）声明过渡元素的最终状态样式，如悬浮状态。

（3）在默认样式中通过添加过渡函数来添加一些不同的样式。

在 CSS3 中主要通过 transition 属性来实现过渡功能。transition 属性是一个复合属性，主要包括 transition-property、transition-duration、transition-timing-function 和 transition-delay 这 4 个子属性，其基本语法如下：

```
transition:transition-property transition-duration transition-timing-function
transition-delay;
```

其中，transition-property 和 transition-duration 为必填参数，transition-timing-function 和 transition-delay 为选填参数，如非必要，可以省略不写。

1．transition-property 属性

transition-property 属性用来设置元素中参与过渡效果的属性名称，语法格式如下：

```
transition-property:none|all|property;
```

transition-property 属性的值说明如下：

- none：表示没有属性参与过渡效果。
- all：表示所有属性都参与过渡效果。
- property：定义应用过渡效果的 CSS 属性名称列表，多个属性名称之间使用逗号隔开。

2．transition-duration 属性

transition-duration 属性用来设置完成过渡效果需要花费的时间（单位为秒或毫秒），语法格式如下：

```
transition-duration:time;
```

其中，time 为完成过渡效果需要花费的时间（单位为秒或毫秒），默认值为 0，表示不会有过渡效果。

如果有多个参与过渡效果的属性，则也可以依次为这些属性设置完成过渡效果需要花费的时间，多个属性之间使用逗号隔开，如 transition-duration:1s,2s,3s;。除此之外，也可以使用一个时间来为所有参与过渡效果的属性设置完成过渡效果需要花费的时间。

3．transition-timing-function 属性

transition-timing-function 属性用来设置过渡动画的效果。该属性的值说明如下：

- linear：以始终相同的速度完成整个过渡效果，等同于 cubic-bezier(0,0,1,1)。
- ease：以先慢速开始、然后变快、最后慢速结束的顺序来完成过渡效果，等同于 cubic-bezier(0.25,0.1,0.25,1)。
- ease-in：以慢速开始的过渡效果，等同于 cubic-bezier(0.42,0,1,1)。
- ease-out：以慢速结束的过渡效果，等同于 cubic-bezier(0,0,0.58,1)。
- ease-in-out：以慢速开始并以慢速结束的过渡效果，等同于 cubic-bezier(0.42,0,0.58,1)。
- cubic-bezier(n,n,n,n)：使用 cubic-bezier() 函数中的值定义过渡效果，每个参数的取值范围都是 0～1。

4．transition-delay 属性

transition-delay 属性用来设置过渡效果何时开始，语法格式如下：

```
transition-delay:time;
```

其中，time 为在过渡效果开始之前需要等待的时间，单位为秒或毫秒。

过渡图形的示例代码如下：

```
<!DOCTYPE html>
<html>
```

```
    <head>
        <meta charset="utf-8">
        <title>过渡</title>
        <style type="text/css">
        div {
            width: 100px;
            height: 100px;
            border: 3px solid black;
            margin: 10px 0px 0px 10px;
            transition: width 0.25s linear 1.9s, background 1s 2s, transform 2s;
        }
        div:hover {
            width: 200px;
            background-color: red;
            transform: rotate(180deg);
            }
    </style>
</head>
    <body>
        <div></div>
    </body>
</html>
```

使用浏览器预览，效果如图 5-35 所示。

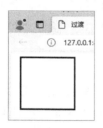

图 5-35　过渡图形的效果

上面示例代码中使用 transition 属性实现过渡效果，也可以使用 transition 属性的子属性实现过渡效果。代码如下：

```
<!DOCTYPE html>
<html>
    <head>
    <meta charset="utf-8">
    <title>过渡</title>
    <style type="text/css">
        div {
            width: 100px;
            height: 100px;
            border: 3px solid black;
            margin: 10px 0px 0px 10px;
            transition-property: width, background, transform;
```

```
                transition-duration: 0.25s, 1s, 2s;
                transition-timing-function: linear, ease, ease;
                transition-delay: 1.9s, 2s, 0s;
            }
            div:hover {
                width: 200px;
                background-color: red;
                transform: rotate(180deg);
                }
        </style>
    </head>
    <body>
        <div></div>
    </body>
</html>
```

5.5.2　变形

变形操作既不会改变元素的实际尺寸，也不会影响布局或页面，但它们可以用于创建动画效果或对用户交互做出响应。

在 CSS3 中主要通过 transform 属性实现文字或图像的变形，包括旋转、缩放、移动、倾斜等。

在使用变形时，需要注意以下几点：

● 变形的原点默认是元素的中心点，但可以使用 transform-origin 属性来改变原点的位置。

● 变形函数可以组合在一起使用，以逗号隔开。

● 变形操作不会影响其他元素的位置或布局。

1．旋转

元素的旋转可以使用 rotate()函数实现。rotate()函数通过指定的角度参数使元素相对原点进行旋转。它主要在二维空间内进行操作，设置一个角度值，用来指定旋转的幅度。如果这个值为正值，则元素相对原点进行顺时针旋转；如果这个值为负值，则元素相对原点进行逆时针旋转。

旋转图形的示例代码如下：

```
<!DOCTYPE html>
<html>
    <head>
        <meta charset="utf-8">
        <title>旋转图形</title>
        <style type="text/css">
            .wrapper{
                width:200px;
                height:200px;
                border:1px dotted red;
                margin:100px;
            }
```

```
                .wrapper div{
                    width:200px;
                    height:200px;
                    background:yellow;
                    -webkit-transform:rotate(45deg);
                    transform:rotate(45deg);
                }
        </style>
    </head>
    <body>
        <div class="wrapper">
         <div></div>
         </div>
    </body>
</html> </html>
```

使用浏览器预览，效果如图 5-36 所示。

2. 缩放

元素的缩放可以使用 scale()函数实现。scale()函数通过指定的缩放倍数使元素相对原点进行缩放。

scale()函数具有以下 3 种情况：

（1）scale(x,y)使元素在水平方向和垂直方向上同时缩放。

（2）scalex(x)使元素仅在水平方向上缩放。

（3）scaley(y)使元素仅在垂直方向上缩放。

缩放图形的示例代码如下：

```
<!DOCTYPE html>
<html>
    <head>
        <meta charset="utf-8">
        <title>缩放图形</title>
        <style type="text/css">
            .wrapper{
                width:200px;
                height:200px;
                border:2px dotted red;
                margin:100px;
            }
            .wrapper div{
                width:200px;
                height:200px;
                background:yellow;
                }
            .wrapper div:hover{
                -webkit-transform:scale(2,1.5);
                -moz-transform:scale(2,1.5);
```

```
                transform:scale(2,1.5);
            }
        </style>
    </head>
    <body>
        <div class="wrapper">
         <div></div>
        </div>
    </body>
</html> </html>
```

使用浏览器预览，效果如图 5-37 所示。

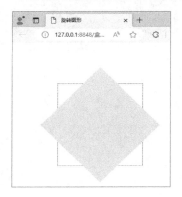

缩放前

缩放后

图 5-36　旋转图形的效果　　　　　　　　　图 5-37　缩放图形的效果

3．移动

元素的移动可以使用 translate()函数实现。使用 translate()函数，可以把元素从原来的位置移动到指定的位置，而不影响在 X 轴、Y 轴上的任何 Web 组件。

translate()函数具有以下 3 种情况：

（1）translate(x,y)使元素在水平方向和垂直方向上同时移动。

（2）translate(x)使元素仅在水平方向上移动。

（3）translate(y)使元素仅在垂直方向上移动。

移动图形的示例代码如下：

```
<!DOCTYPE html>
<html>
    <head>
        <meta charset="utf-8">
        <title>移动图形</title>
        <style type="text/css">
            .wrapper{
                width:200px;
                height:200px;
                border:2px dotted red;
                margin:100px;
            }
```

```
            .wrapper div{
                width:200px;
                height:200px;
                background:yellow;
                transform:translate(50px,100px);
                }
        </style>
    </head>
    <body>
        <div class="wrapper">
         <div></div>
         </div>
    </body>
</html> </html>
```

使用浏览器预览，效果如图 5-38 所示。

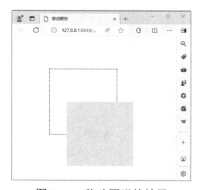

图 5-38　移动图形的效果

4．倾斜

元素的倾斜可以使用 skew()函数实现。使用 skew()函数，可以把元素以其中心位置为原点围绕着 X 轴和 Y 轴按照一定的角度倾斜。这与 rotate()函数实现的旋转不同，rotate()函数只是旋转元素，而不会改变元素的形状。而 skew()函数不会旋转元素，只会改变元素的形状。

skew()函数具有以下 3 种情况：

（1）skew(x,y)使元素在水平方向和垂直方向上同时倾斜。如果第二个参数未提供，则该参数的值为 0，也就是在垂直方向上无倾斜。

（2）skew(x)使元素仅在水平方向上倾斜。

（3）skew(y)使元素仅在垂直方向上倾斜。

5．矩阵变形

在 CSS3 中，可以通过 matrix()函数来对矩阵实现各种变形效果。该函数包含 6 个参数，分别是 a、b、c、d、e 和 f 参数。

5.5.3　动画

在网页设计中，动画是一种强大的视觉工具，它能够吸引用户的注意力，增强用户体验，并使得网站内容更加生动和有趣。HTML5 和 CSS3 的结合为网页动画提供了丰富的功能，允许网页设计师创建复杂的动画效果而无须依赖外部插件或第三方应用程序。

CSS3 引入了 transition 和 animation 属性，它们可以用来创建平滑的状态变化和关键帧动画。animation 属性与 transition 属性相同，都是通过改变标签的属性值来实现动画效果。不同的是：transition 属性只改变指定属性的开始值与结束值，然后在属性值之间进行平滑的过渡，不能实现复杂的动画效果；而 animation 属性则可以定义多个关键帧，通过每个关键帧中标签的属性值来实现复杂的动画效果。

创建动画序列需要使用 animation 属性或其子属性，该属性允许配置动画延迟时间、时长及其他动画细节，但该属性不能配置动画的实际表现，动画的实际表现是由@keyframes 规则实现的。

下面介绍@keyframes 规则和 animation 属性的子属性。

1．@keyframes 规则

keyframes 表示关键帧，在 CSS 中可以通过@keyframes 来设置关键帧动画，并指定动画名称供使用者锁定。

2．animation-name 属性

animation-name 属性用于指定由@keyframes 规则描述的关键帧的名称。

3．animation-duration 属性

animation-duration 属性用于设置动画的持续时间，默认值为 0 秒，也就是说，如果不配置 animation-duration 属性，则默认情况下是没有动画效果的，即便使用 animation-name 属性锁定了动画名称，但是由于动画的持续时间为 0 秒，因此没有动画效果。

4．animation-timing-function 属性

animation-timing-function 属性用于定义时间函数，通过该属性可配置动画随时间的运动速率和轨迹。该属性的值说明如下：

- linear：动画从头到尾的播放速度是相同的。
- ease：默认值，动画以低速开始播放，然后变快，在结束播放前变慢。
- ease-in：动画以低速开始播放。
- ease-out：动画以低速结束播放。
- ease-in-out：动画以低速开始播放和结束播放。
- cubic-bezier(n,n,n,n)：使用 cubic-bezier()函数中的值定义动画的播放速度，每个参数的取值范围都是 0～1。

5．animation-delay 属性

animation-delay 属性用于设置动画的延迟时间，单位为秒。当同时使用多个动画时，这个属性的使用频率非常高，可依次定义每个动画的延迟播放时间，区分开每个动画。

6．animation-iteration-count 属性

animation-iteration-count 属性用于设置动画的播放次数，默认值为 1，即动画只播放一次。如果设置该属性的值为 infinite，则动画将播放无限次。

7．animation-direction 属性

animation-direction 属性用于设置动画的播放方向，该属性的值说明如下：

- normal：默认值，动画正向播放（从开始到结束）。
- reverse：动画反向播放（从结束到开始）。
- alternate：动画先正向播放，然后立即反向播放，如此循环交替播放。
- alternate-reverse：动画先反向播放，然后立即正向播放，如此循环交替播放。
- inherit：从父元素继承该属性。

8. animation-fill-mode 属性

animation-fill-mode 属性用于设置动画的填充模式，该属性的值说明如下：

- none：默认值。动画在动画播放前后不会应用任何样式到目标元素。
- forwards：在动画结束后（由 animation-iteration-count 属性决定），目标元素将保持应用最后帧动画。
- backwards：在动画结束后（由 animation-iteration-count 属性决定），目标元素将保持应用起始帧动画。

9. animation-play-state 属性

animation-play-state 属性用于设置动画是否正在播放或暂停播放，默认值是 running。如果设置该属性的值为 paused，则动画将停止播放。

animation 属性是以上几个子属性的简写形式，通过 animation 属性可以同时定义上述的多个属性。

制作动画的示例代码如下：

```
<!DOCTYPE html>
<html>
    <head>
        <meta charset="utf-8">
        <title>动画</title>
        <style type="text/css">
            @keyframes box {
                0% {transform: rotate(0);}
                50% {transform: rotate(0.5turn);}
                100% {transform: rotate(1turn);}
            }
            div {
              width: 100px;
              height: 100px;
               float: left;
               border: 3px solid black;
               margin: 20px 0px 0px 20px;
              text-align: center;
               line-height: 100px;
              animation: box 2s linear 1s infinite alternate;
            }
        </style>
    </head>
        <body>
```

```
            <div>天天开心</div>
        </body>
</html>
```

使用浏览器预览，效果如图 5-39 所示。

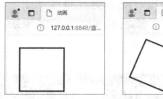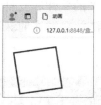

图 5-39　动画效果

上面示例代码中使用了 animation 属性组合定义实现动画效果，也可以使用 animation 属性的子属性实现动画效果。代码如下：

```
<!DOCTYPE html>
<html>
    <head>
        <meta charset="utf-8">
        <title>动画</title>
        <style type="text/css">
            @keyframes box {
                0% {transform: rotate(0);}
                50% {transform: rotate(0.5turn);}
                100% {transform: rotate(1turn);}
            }
            div {
                width: 100px;
                height: 100px;
                float: left;
                border: 3px solid black;
                margin: 20px 0px 0px 20px;
                text-align: center;
                line-height: 100px;
                animation-name: box;
                animation-duration: 2s;
                animation-timing-function: linear;
                animation-delay: 1s;
                animation-iteration-count: infinite;
                animation-direction: alternate;
            }
        </style>
    </head>
    <body>
        <div> </div>
    </body>
</html>
```

任务规划

通过制作的 HTML5 网页生动地展现出黄河沿线各具特色的自然风光、人文景观，以及黄河治理与保护的最新进展和成效，传达黄河流域生态保护的重要性，倡导绿色发展理念，促进公众对环境保护的关注和支持，从而让浏览者能够更加直观地了解黄河的历史、地理、生态及其对我国经济社会发展的深远影响。黄河景色展示网页的效果如图 5-40 所示。

图 5-40　黄河景色展示网页的效果

任务实施

（1）打开开发工具 VS Code，在本地磁盘中新建项目文件夹，并命名为 yellowRiver。在 VS Code 中打开项目文件夹 yellowRiver，在"资源管理器"窗格中的项目文件夹 yellowRiver 的名称上右击，在弹出的快捷菜单中选择"新建文件"命令，在文本框中输入文件的名称"index.html"，然后按 Tab 键或 Enter 键，完成 HTML 文件的创建。默认创建后的文件为空白文件，需要用户自行输入标签。为了方便起见，可以在 HTML 文件中输入"!"，然后按 Tab 键或 Enter 键，编辑器中会自动生成 HTML 文件的基本框架。

（2）单击项目文件夹 yellowRiver 下的 index.html 文件，进入代码编辑窗口。在\<title>\</title>标签对中设置网页的标题为"黄河壮丽景观——中华的母亲河之美"，并引入外部样式表文件。代码如下：

```html
<head>
    <meta charset="UTF-8">
    <link rel="stylesheet" href="css/styles.css">
    <title>黄河壮丽景观——中华的母亲河之美</title>
</head>
```

（3）在\<body>\</body>标签对中添加一个\<header>\</header>标签对，并在\<header>\</header>标签对中添加一级标题"黄河之美——中华的母亲河"。代码如下：

```html
<header class="header">
        <h1>黄河之美——中华的母亲河</h1>
        <!-- 导航栏等组件 -->
 </header>
```

（4）在\<body>\</body>标签对中添加一个\<main>\</main>标签对，在\<main>\</main>标签对中添加\<div>\</div>标签对，用于放置黄河景色图片，并设置好 class，同时将相关图片放置在项目文件夹 yellowRiver 下的 img 文件夹中。代码如下：

```
<main>
    <div class="carousel-container">
        <div class="carousel-slide animate">
            <img src="img/first.jpg" class="active" alt="黄河美景1">
            <img src="img/second.jpg" alt="黄河美景2">
            <img src="img/hukou.jpg" alt="黄河美景3">
                <img src="img/sec.jpg" alt="黄河美景4">
                <img src="img/shilin.jpg" alt="黄河美景5">
        </div>
        <div class="carousel-nav">
            <button aria-label="上一张"><</button>
            <button aria-label="下一张">></button>
        </div>
    </div>
</main>
```

（5）在\<body>\</body>标签对中添加一个\<footer>\</footer>标签对，并在\<footer>\</footer>标签对中添加版权相关内容。代码如下：

```
<footer class="footer">
 <p>&copy; 2024 黄河文化旅游网版权所有 | 联系我们 | 用户协议 | 隐私政策</p>
</footer>
```

（6）在"资源管理器"窗格中的项目文件夹 yellowRiver 的名称上右击，在弹出的快捷菜单中选择"新建文件夹"命令，在出现的文本框中输入文件夹的名称"css"，然后按 Tab 键或Enter 键，完成文件夹的创建。在 css 文件夹的名称上右击，在弹出的快捷菜单中选择"新建文件"命令，在出现的文本框中输入文件的名称"style.css"，然后按 Tab 键或 Enter 键，完成CSS 文件的创建。

（7）单击步骤（6）中新建的 style.css 文件，进入代码编辑窗口，设置网页全局样式和网页页眉样式。代码如下：

```
/* 网页全局样式 */
    * {
        box-sizing: border-box;
        margin: 0;
        padding: 0;
        font-family: Arial, '微软雅黑', sans-serif;
    }
    body {
        background-color: #f2f2f2;
        line-height: 1.6;
        color: #333;
    }
/* 网页页眉样式 */
    header.header {
```

```
    background-color: #003366;
    color: #fff;
    text-align: center;
    padding: 1rem;
    position: relative;
}
header.header h1 {
    font-size: 2.5rem;
    margin: 0;
    letter-spacing: 0.1em;
    text-shadow: 2px 2px rgba(0, 0, 0, 0.2);
}
```

（8）在 styles.css 文件中，设置轮播图区域及动画的样式。代码如下：

```
/* 设置轮播图区域及动画的样式 */
    .carousel-container {
        position: relative;
        overflow: hidden;
    }
    .carousel-slide {
        display: flex;
        width: 100%;
        height: 400px; /* 自定义高度 */
        transition: transform 0.5s ease;
    }
    .carousel-slide img {
        width: 100%;
        height: 100%;
        object-fit: cover;
        opacity: 0.8;
        transition: opacity 0.3s ease;
    }
    .carousel-slide img.active {
        opacity: 1;
    }
/* 设置轮播图区域动画自动切换样式 */
    .carousel-slide:before {
        content: "";
        display: block;
        padding-top: 100%; /* 维持正方形比例 */
    }
```

（9）在 styles.css 文件中，使用@keyframes 规则定义动画。代码如下：

```
/* 使用@keyframes 规则定义动画 */
    @keyframes carousel-animation {
        0% { transform: translateX(0); }
        100% { transform: translateX(-100%); }
```

```
    }
    .carousel-slide.animate {
        animation: carousel-animation 20s linear infinite;
    }
```

（10）在 styles.css 文件中，引入滑动按钮的样式（此处仅展示基础样式，具体交互逻辑需 JavaScript 配合实现），以及对底部版权信息的样式进行设置。代码如下：

```
/* 引入滑动按钮的样式 */
    .carousel-nav {
        position: absolute;
        bottom: 20px;
        left: 50%;
        transform: translateX(-50%);
        z-index: 1;
    }
    .carousel-nav button {
        background-color: rgba(255, 255, 255, 0.5);
        border: none;
        color: #333;
        cursor: pointer;
        font-size: 1.5rem;
        padding: 10px;
        margin: 0 10px;
        transition: background-color 0.3s ease;
    }
    .carousel-nav button:hover {
        background-color: rgba(255, 255, 255, 0.8);
    }
/* 底部版权信息的样式 */
    footer.footer {
        background-color: #333;
        color: #fff;
        padding: 1rem;
        text-align: center;
        font-size: 0.8rem;
    }
```

任务验证

在编辑器中的空白位置右击，在弹出的快捷菜单中选择"Open with Live Server"命令，系统默认的浏览器将会打开该文件，运行效果如图 5-40 所示。

（1）单击滑动按钮，查看黄河景色图片。

（2）修改 styles.css 文件中各部分的样式设置，刷新页面，查看页面样式的变化。

实战练习

在学习本模块的内容后，请完成如表 5-3 和表 5-4 所示的实战练习。

表 5-3　实战练习 1

实战练习 1	制作新年贺词网页	姓名		学号	
		评分人		评分	
操作提示：					

操作提示：

制作如图 5-41 所示的新年贺词网页。输入标题文本，设
置文字阴影；分别设置文本样式，包括字体样式、边框
样式及分栏效果，然后输入内容。

图 5-41　新年贺词网页

表 5-4　实战练习 2

实战练习 2	制作旅游资讯网页	姓名		学号	
		评分人		评分	

操作提示：

制作如图 5-42 所示的旅游资讯网页，使用 HTML5 中的语义化标签和<div>标签创建页面的整体框架，创建 CSS 文件，定义各
个布局块的外观。

图 5-42　旅游资讯网页

课后练习

一、选择题

1．在 CSS 中，如果要设置盒子内容溢出时按需出现滚动条，则需要设置 overflow 属性的值为（   ）。

  A．auto   B．visible   C．hidden   D．scroll

2．利用清除属性可以设置某个元素的周围是否有浮动元素，如果仅仅在左侧不允许有浮动元素，则应设置为（   ）。

  A．clear:both; B．clear:left;   C．clear:right;   D．clear:none;

3．在使用 CSS 的 position 属性进行定位时，（   ）表示相对定位。

  A．static   B．relative   C．absolute   D．fixed

4．在使用 CSS 的 position 属性进行定位时，（   ）用于定义元素相对于其父元素右边线的距离。

  A．top   B．right   C．bottom   D．left

5．CSS3 中的哪个属性可以控制元素在堆叠上下文中的显示顺序？（   ）

  A．z-index   B．stack-order   C．stacking-context D．stacking-order

6．CSS3 中的哪个属性用于实现元素的渐变背景效果？（   ）

  A．background-gradient   B．background-color

  C．background-image   D．background-linear-gradient

7．CSS3 中的哪个属性用于实现 2D 变形效果？（   ）

  A．transform   B．transition   C．translate   D．rotate

8．（多选）CSS3 中的哪些属性可以用于实现元素的动画效果？

  A．transition   B．animation   C．transform   D．keyframes

二、问答题

1．什么是 CSS 盒子模型？

2．简述浮动的作用。

3．怎样处理元素的溢出内容？

4．简述 transform、translate、transition 分别是什么属性。

5．描述 position 属性的 4 个值的意思。

6．怎么可以让动画效果延迟 2 秒出现？

模块6 HTML5 的表单及应用

知识目标

1. 了解表单及创建方法。
2. 掌握 input 元素的用法。
3. 掌握其他表单元素的用法。
4. 掌握 HTML5 中新增的表单属性。

能力目标

能够利用各种表单元素创建按钮、单选按钮、复选框、下拉列表、文本区域等常见的表单。

任务 6.1 制作"读者会员注册"网页

任务描述

随着数字化时代的来临,越来越多的读者倾向于在线获取图书资源、参与线上活动,以及享受个性化的阅读服务。为了更好地管理和服务这批读者,建立一个读者会员系统变得尤为重要。使用 HTML5 制作"读者会员注册"网页,可以方便、快捷地收集读者的个人信息,实现读者身份的认证与管理,从而为读者提供定制化的内容推送、积分管理、阅读记录保存等一系列功能。

任务分析

通过对本任务的学习,了解 HTML5 表单的结构与功能,能够利用所学知识制作"读者会员注册"网页。

相关知识

6.1.1 表单及创建方法

表单是一种特殊的网页容器标签。用户既可以插入各种普通的网页标签,也可以插入各种表单交互组件,从而获取用户输入的文本,或者选择某些特殊项目等信息。

表单支持客户端/服务器关系中的客户端。用户在 Web 浏览器(客户端)的表单中输入信息后单击"提交"按钮,这些信息将被发送到服务器,然后服务器中的服务器端脚本或应用程序会对这些信息进行处理。

服务器向用户(或客户端)返回所请求的信息或基于该表单内容执行某些操作,以此进行响应。

表单既可以与多种类型的编程语言进行结合,也可以与前台的脚本语言合作,通过脚本语言快速控制表单内容。

在互联网中,很多网站都通过表单技术进行人机交互,包括各种注册网页、登录网页、搜索网页等。例如,图 6-1 所示为百度登录界面。

图 6-1 百度登录界面

一个表单有 3 个基本组成部分：表单标签、表单域（表单控件）、表单按钮。

（1）表单标签：包含了处理表单数据所用的 URL 及数据提交到服务器的方式。

（2）表单域（表单控件）：包含了文本框、密码框、隐藏域、多行文本框、复选框、单选框、下拉选择框和文件上传框等。

（3）表单按钮：包括提交按钮、复位（重置）按钮和一般按钮；用于将数据传送到服务器或取消输入，还可以用表单按钮来控制其他定义了处理脚本的处理工作。

表单标签为<form></form>，其基本语法如下：

```
<form action="url" method="get|post" ></form>
```

属性说明如下：

- action：用于指定提交表单数据的请求 URL。
- method：用于指定表单数据发送至服务器的方法，常用的方法是 GET、POST。使用 GET 方法提交的用户输入信息会显示在浏览器的地址栏中，因此这种方法不够安全，并且对请求内容的长度有一定的限制。GET 方法的优势在于请求速度较快。例如，像京东、百度和淘宝等网站首页的搜索功能都使用 GET 方法提交用户输入信息。相比之下，使用 POST 方法提交的用户输入信息不会显示在地址栏中，因此这种方法更加安全。POST 方法对请求内容的长度没有限制，适用于处理含有重要数据的情况。POST 方法的缺点是请求速度相对较慢。例如，用户注册和用户登录等敏感操作通常使用 POST 方法提交用户输入信息。

6.1.2　input 元素及用法

input 元素用来定义输入控件。它可以实现各种各样的表单控件效果。根据不同的 type 属性值，输入字段拥有很多种形式，可以是文本字段、密码框、复选框、单选按钮、普通按钮、提交按钮等。

1．文本框

在 HTML 中，可以通过添加文本框的方法来添加单行文本域。在网页中，用户可以在所添加的文本框中输入相应的内容，如输入姓名、年龄、地址等文本。语法格式如下：

```
<input type="text" name="..." size="..." maxlength="..." value="...">
```

属性说明如下：

- type：用于定义表单输入类型，该属性的值"text"表示文本框类型。
- name：用于定义文本框的名称。
- size：用于定义文本框的宽度。
- maxlength：用于定义输入的字符的最大数。
- value：用于定义文本框的初始值。

2．密码框

在创建登录页面时，需要创建一个密码类型的文本域，即密码框，以便用户通过网站验证获取所使用的网页权限。

密码框与其他文本域在形式上是一样的，但用户在向文本域内输入内容时，密码类型的文本域中不会显示输入的实际内容，只会显示输入内容的位数。语法格式如下：

```
<input type="password" name="..." size="..." maxlength="...">
```

属性说明如下：

- type：用于定义表单输入类型，该属性的值"password"表示密码类型。
- size：用于定义密码框的宽度。
- maxlength：用于定义输入的字符的最大数。

创建文本框和密码框的示例代码如下：

```
<!DOCTYPE html>
<html>
    <head>
        <meta charset="utf-8">
        <title>文本框和密码框</title>
    </head>
    <body>
    <form>
        用户名：<input type="text" name="user"> <br>
        密码：<input type="password" name="usepw">
    </form>
    </body>
</html>
```

使用浏览器预览，效果如图6-2所示。

图6-2　创建文本框和密码框后的效果

3．普通按钮

普通按钮需要绑定事件才可以用于提交数据。语法格式如下：

```
<input type="button" name="..."  value="..." onclick="...">
```

属性说明如下：

- value：用于定义按钮的显示文字。
- onclick：用于定义按钮的单击事件。

4．提交按钮

提交按钮主要用于提交表单。语法格式如下：

```
<input type="submit" name="..."  value="...">
```

5．重置按钮

重置按钮主要用于恢复表单中的信息。语法格式如下：

```
<input type="reset" name="..." value="...">
```

创建普通按钮、提交按钮和重置按钮的示例代码如下：

```
<!DOCTYPE html>
<html>
    <head>
        <meta charset="utf-8">
        <title>按钮</title>
```

```
    </head>
    <body>
    <form>
        用户名：<input type="text" name="user"> <br>
        密码：<input type="password" name="usepw">
<p>

        <input type="button" name="dx" value="普通按钮">
        <input type="submit" name="dx" value="提交按钮">
        <input type="reset" name="dx" value="重置按钮">
    </form>
    </body>
</html>
```

使用浏览器预览，效果如图 6-3 所示。

图 6-3　创建普通按钮、提交按钮和重置按钮后的效果

6．复选框

复选框是一种允许用户同时选择多项内容的选择性表单对象，它在浏览器中显示为矩形框。在插入复选框时，用户可以先插入一个域集，再将复选框或复选框组插入域集，以表示为这些复选框添加标题信息。语法格式如下：

```
<input type="checkbox" name="..." value="...">
```

其中，value 属性用于定义复选框的值。

创建复选框的示例代码如下：

```
<!DOCTYPE html>
<html>
    <head>
        <meta charset="utf-8">
        <title>复选框</title>
    </head>
    <body>
    <form>
        请选择所学专业：
<br>
        <input type="checkbox" name="user" value="会计"/>会计<br>
        <input type="checkbox" name="user" value="法学"/>法学<br>
        <input type="checkbox" name="user" value="机械"/>机械<br>
        <input type="checkbox" name="user" value="新闻"/>新闻<br>
    </form>
    </body>
</html>
```

使用浏览器预览，效果如图 6-4 所示。

7．单选按钮

单选按钮也是一种选择性表单对象，它以组的方式出现，只允许用户同时选中其中一个单选按钮。当用户选中某个单选按钮时，其他单选按钮将自动转换为未选中状态。语法格式如下：

```
<input type="radio" name="..." value="...">
```

创建单选按钮的示例代码如下：

```
<!DOCTYPE html>
<html>
    <head>
        <meta charset="utf-8">
        <title>单选按钮</title>
    </head>
    <body>
    <form>
        请选择所学专业：
        <br>
        <input type="radio" name="user" value="会计" checked="checked"/>会计<br>
        <input type="radio" name="user" value="法学"/>法学<br>
        <input type="radio" name="user" value="机械"/>机械<br>
        <input type="radio" name="user" value="新闻"/>新闻<br>
    </form>
    </body>
</html>
```

使用浏览器预览，效果如图 6-5 所示。网页打开后默认"会计"单选按钮被选中，是因为在 input 元素中设置了 checked 属性。

图 6-4　创建复选框后的效果

图 6-5　创建单选按钮后的效果

HTML5 中新增了多个表单输入类型，如表 6-1 所示。

表 6-1　HTML5 中新增的表单输入类型

控件名称	type 属性值	说明
电子邮箱	email	用于输入包含 E-mail 地址的字段
拾色器	color	用于选取颜色
日期	datetime-local	设置年、月、日、时间（本地时间）
	month	设置年、月
	week	设置年中的周数
	time	设置时间

续表

控件名称	type 属性值	说明
数值框	number	用于输入包含数字值的字段，可以设置可接受数字的限制。使用 min 属性和 max 属性分别设置最小值和最大值，使用 step 属性设置数字间隔
数值滑块空间	range	用于输入包含一定范围内数字值的字段。range 类型显示为滑动条。使用 min 属性和 max 属性分别设置最小值和最大值，使用 step 属性设置数字间隔
搜索框	search	用于输入搜索字段，如站内搜索或谷歌搜索等
电话号码框	tel	用于输入电话号码字段，但是不会进行校验
URL 地址	url	用于输入包含 URL 地址的字段。会在提交表单时对 url 字段的值自动进行验证

6.1.3　其他表单元素

在 HTML 中，不仅可以用 input 元素添加文本框、按钮、复选框和单选按钮，还可以用 textarea 元素添加文本区域，用 select 元素添加下拉列表。

1. textarea 元素

通过 textarea 元素可以定义文本区域，用于需要大量文字的地方，如留言、自我介绍等。文本区域中可容纳无限数量的文本，其中的文本的默认字体是等宽字体。语法格式如下：

```
<textarea name="..." cols="..." rows="..." wrap="..."></textarea>
```

属性说明如下：

- cols：用于定义文本区域的宽度。
- rows：用于定义文本区域的高度。
- wrap：用于定义当内容超出文本区域时内容的显示方式。

创建文本区域的示例代码如下：

```
<!DOCTYPE html>
<html>
    <head>
        <meta charset="utf-8">
        <title>文本区域</title>
    </head>
    <body>
      <form>
        个人简介：
        <br>
        <textarea name="textarea cols="50" rows="10"></textarea>
      </form>
    </body>
</html>
```

使用浏览器预览，效果如图 6-6 所示。

2. select 元素和 option 元素

通过 select 元素可以定义下拉列表，通过 option 元素可以定义下拉列表中的选项。语法格式如下：

```
<select name="..." size="..." multiple>
    <option value="..." selected>
```

```
    ...
    </option>
</select>
```

属性说明如下:

- name: 用于定义下拉列表的名称。
- multiple: 当该属性的值为 true 时,可选择多个选项。
- size: 用于定义下拉列表中可见选项的数目。

创建下拉列表的示例代码如下:

```
<!DOCTYPE html>
<html>
    <head>
        <meta charset="utf-8">
        <title>下拉列表</title>
    </head>
    <body>
      <form>
        请选择所需专业:
        <br>
        <select>
        <option value="会计">会计</option>
        <option value="法学">法学</option>
        <option value="机械">机械</option>
        <option value="会计">新闻</option>
        </select>
      </form>
    </body>
</html>
```

使用浏览器预览,效果如图 6-7 所示。

图 6-6　创建文本区域后的效果

图 6-7　创建下拉列表后的效果

6.1.4　HTML5 中新增的表单属性

HTML5 引入了许多新的表单属性,这些属性为开发者提供了更多的控制和功能,使创建与处理表单变得更加简单和灵活。

1．input 元素新增的属性

1）required 属性

required 属性用于指定一个输入字段是否必须填写。当用户提交表单时，如果该字段未填写，则浏览器会显示一个提示消息，要求用户填写该字段。这个属性可以应用于各种类型的输入元素，如文本框、下拉选择框等。

required 属性规定必须在提交表单之前填写输入域（不能为空）。它适用于 text、search、url、tel、email、password、number、checkbox、radio、file 等表单输入类型。

使用 required 属性的示例代码如下：

```
<!DOCTYPE html>
<html>
    <head>
        <meta charset="utf-8">
        <title></title>
    </head>
    <body>
    <form>
        <label for="name">姓名: </label>
        <input type="text" id="name" name="name" required>
        <br><br>
        <label for="email">电子邮件: </label>
        <input type="email" id="email" name="email" required>
        <br><br>
        <input type="submit" value="提交">
        </form>
    </body>
</html>
```

使用浏览器预览，效果如图 6-8 所示。上述示例代码中指定"姓名"字段和"电子邮件"字段都必须填写。当用户尝试提交表单时，如果这两个字段未填写，则浏览器会显示一个提示消息，要求用户填写这两个字段。

图 6-8　使用 required 属性后的效果

2）autocomplete 属性

autocomplete 属性用于指定表单是否应该启用自动完成功能。当用户在某些文本框中输入过一些内容时，如果再次在这些文本框中输入内容，则这些文本框会出现一个下拉框显示出以前输入过的内容。它适用于 text、search、url、tel、email、password、range、color 等表单输入类型。语法格式如下：

```
<form autocomplete="on|off">
```

autocomplete 属性的默认值为 on，即启用自动完成功能。当该属性的值为 off 时，表示禁用自动完成功能。

使用 autocomplete 属性的示例代码如下：

```
<!DOCTYPE html>
<html>
    <head>
        <meta charset="utf-8">
        <title></title>
    </head>
    <body>
    <form>
        <label for="username">用户名：</label>
        <input type="text" id="username" name="username" autocomplete="on">
        <br><br>
        <label for="password">密码：</label>
        <input type="password" id="password" name="password" autocomplete="off">
        <br><br>
        <input type="submit" value="登录">
    </form>
    </body>
</html>
```

使用浏览器预览，效果如图 6-9 所示。上述示例代码中设置了浏览器自动填写用户名。

3）autofocus 属性

autofocus 属性可以在页面加载时使某个表单控件自动获得焦点，它适用于 text、checkbox、radio 和 button 等表单输入类型。语法格式如下：

```
<input type="text" name=" " autofocus="autofocus">
```

使用 autofocus 属性的示例代码如下：

```
<!DOCTYPE html>
<html>
    <head>
        <meta charset="utf-8">
        <title></title>
    </head>
    <body>
    <form>
        <label for="username">用户名：</label>
        <input type="text" id="username" name="username" autofocus>
        <br><br>
        <label for="password">密码：</label>
        <input type="password" id="password" name="password">
        <br><br>
        <input type="submit" value="登录">
    </form>
```

```
    </body>
</html>
```

使用浏览器预览，效果如图 6-10 所示。当用户打开页面时，光标会自动定位到"用户名"文本框中，方便用户直接开始输入内容。

图 6-9　使用 autocomplete 属性后的效果 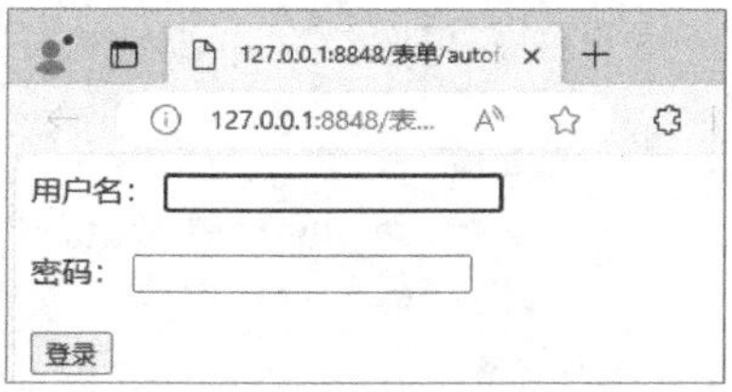　　　　图 6-10　使用 autofocus 属性后的效果

4）placeholder 属性

placeholder 属性用于在输入字段中显示一个占位符文本，以指导用户如何填写该字段。当用户开始输入内容时，占位符文本会自动消失。这个属性对于提供清晰的输入指示非常有用，尤其是在复杂的表单中。它适用于 text、search、url、tel、email、password 等表单输入类型。

使用 placeholder 属性的示例代码如下：

```
<!DOCTYPE html>
<html>
    <head>
        <meta charset="utf-8">
        <title></title>
    </head>
    <body>
    <form>
        <label for="username">用户名：</label>
        <input type="text" id="username" name="username" placeholder="请输入用户名">
        <br><br>
        <label for="password">密码：</label>
        <input type="password" id="password" name="password" placeholder="请输入密码">
        <br><br>
        <input type="submit" value="登录">
    </form>
    </body>
</html>
```

使用浏览器预览，效果如图 6-11 所示。当用户输入内容时，占位符文本会自动消失。

图 6-11　使用 placeholder 属性后的效果

5）list 属性

list 属性用于指定输入域的 datalist，datalist 是输入域的选项列表。它适用于 text、search、url、tel、email、number、rang、color 等表单输入类型。

使用 list 属性的示例代码如下：

```html
<!DOCTYPE html>
<html>
    <head>
        <meta charset="utf-8">
        <title></title>
    </head>
    <body>
    <form>
        <label for="browser">选择你喜欢的学科：</label>
        <input list="browsers" id="browser" name="browser">
        <datalist id="browsers">
          <option value="高等数学">
          <option value="大学语文">
          <option value="计算机基础">
          <option value="Web 前端开发">
          <option value="大学英语">
        </datalist>
        <br><br>
        <input type="submit" value="提交">
    </form>
    </body>
</html>
```

使用浏览器预览，效果如图 6-12 所示。当用户输入内容时，浏览器会显示与输入内容匹配的选项列表供用户选择。

图 6-12　使用 list 属性后的效果

7）pattern 属性

pattern 属性允许用户定义一个正则表达式模式，用于验证输入字段的值是否符合预期的格式。例如，可以使用 pattern 属性来限制用户输入的电话号码格式或电子邮件地址格式。如果输入的值不符合指定的模式，则浏览器会显示一个错误消息。

pattern 属性描述了一个正则表达式，用于验证 input 元素的值。它适用于 text、search、

url、tel、email、password 等表单输入类型。

使用 pattern 属性的示例代码如下：

```
<!DOCTYPE html>
<html>
    <head>
        <meta charset="utf-8">
        <title></title>
    </head>
    <body>
        <form>
          <label for="phone">电话号码: </label>
          <input type="text" id="phone" name="phone" pattern="[0-9]{3}-[0-9]{3}-
[0-9]{4}" required>
            <br><br>
            <input type="submit" value="提交">
        </form>
    </body>
</html>
```

使用浏览器预览，效果如图 6-13 所示。上述示例代码要求电话号码的格式为 3 个数字、连字符、3 个数字、连字符和 4 个数字，如 123-456-7890。如果用户输入的电话号码不符合这个模式，则浏览器会显示一个错误消息。

2．form 元素新增的属性

HTML5 中新增了 form 元素的 novalidate 属性，该属性规定在提交表单时不应该验证 form 或 input 域。

使用 novalidate 属性的示例代码如下：

```
<!DOCTYPE html>
<html>
    <head>
        <meta charset="utf-8">
        <title></title>
    </head>
    <body>
    <form novalidate>
        <label for="username">用户名: </label>
        <input type="text" id="username" name="username" required>
        <br><br>
        <label for="password">密码: </label>
        <input type="password" id="password" name="password" required>
        <br><br>
        <input type="submit" value="登录">
        </form>
    </body>
</html>
```

使用浏览器预览，效果如图 6-14 所示。

图 6-13　使用 pattern 属性后的效果

图 6-14　使用 novalidate 属性后的效果

任务规划

使用 HTML5 制作"读者会员注册"网页的主要目标是建立一个高效、安全且符合现代互联网标准的读者入口，便于图书馆、电子书店或其他阅读类服务平台吸引、保留和发展高质量的读者群。"读者会员注册"网页的最终效果如图 6-15 所示。

图 6-15　"读者会员注册"网页的最终效果

任务实施

（1）打开开发工具 VS Code，在本地磁盘中新建项目文件夹，并命名为 reading。

（2）在 VS Code 中打开项目文件夹 reading，在"资源管理器"窗格中的项目文件夹 reading 的名称上右击，在弹出的快捷菜单中选择"新建文件"命令，在出现的文本框中输入"register.html"，然后按 Tab 键或 Enter 键，完成 HTML 文件的创建。默认创建后的文件为空白文件，需要自行输入标签。为了方便起见，可以在 HTML 文件中输入"！"，然后按 Tab 键或 Enter 键，编辑器中会自动生成 HTML 文件的基本框架。

（3）单击 register.html 文件，进入代码编辑窗口。在<title></title>标签对中设置网页的标题为"读者会员注册"，并引入外部样式表文件。代码如下：

```
<head>
    <meta charset="UTF-8">
    <title>读者会员注册</title>
    <link rel="stylesheet" href="css/style.css">
</head>
```

（4）在<body></body>标签对中添加一个<div></div>标签对，并在<div></div>标签对中添加一级标题"读者会员注册"和一个<form></form>标签对。代码如下：

```
<div class="registration-form">
    <h1>读者会员注册</h1>
    <form action="/register" method="post">


    </form>
</div>
```

（5）在<form></form>标签对中添加一个<div></div>标签对，在<div></div>标签对中添加一个<label></label>标签对和一个<input>标签，分别用于放置用户名及输入用户名的文本框，并设置好相关属性。代码如下：

```
<div class="form-input">
    <label for="username">用户名</label>
    <input type="text" id="username" name="username" placeholder="请输入用户名" required>
</div>
```

（6）仿照步骤（5），在<form></form>标签对中继续添加 3 个<div></div>标签对，分别用于放置邮箱地址及输入邮箱地址的文本框、密码及输入密码的文本框、确认密码及输入确认密码的文本框，并设置好相关属性。代码如下：

```
<div class="form-input">
    <label for="email">邮箱地址</label>
    <input type="email" id="email" name="email" placeholder="请输入邮箱地址" required>
</div>
<div class="form-input">
    <label for="password">密码</label>
    <input type="password" id="password" name="password" placeholder="请输入密码"
required>
</div>
<div class="form-input">
    <label for="confirm_password">确认密码</label>
    <input type="password" id="confirm_password" name="confirm_password" placeholder=
"请再次输入密码" required>
</div>
```

（7）在<form></form>标签对中再次添加一个<div></div>标签对，在<div></div>标签对中放置复选框，以及文本"我已阅读并同意《用户协议》和《隐私政策》"，并将文本"《用户协议》"和"《隐私政策》"设置为文本链接。代码如下：

```
<div class="terms">
  <input type="checkbox" id="terms_agree" name="terms_agree" required>
  <label for="terms_agree">
    我已阅读并同意<a href="#">《用户协议》</a>和<a href="#">《隐私政策》</a>
```

```
        </label>
    </div>
```

（8）在<form></form>标签对中添加一个<button></button>标签对，定义提交按钮，该按钮上显示文字"立即注册"。代码如下：

```
<button type="submit">立即注册</button>
```

（9）在"资源管理器"窗格中的项目文件夹 reading 的名称上右击，在弹出的快捷菜单中选择"新建文件夹"命令，在出现的文本框中输入文件夹的名称"css"，然后按 Tab 键或 Enter 键，完成文件夹的创建。在 css 文件夹的名称上右击，在弹出的快捷菜单中选择"新建文件"命令，在出现的文本框中输入文件的名称"style.css"，然后按 Tab 键或 Enter 键，完成 CSS 文件的创建。

（10）单击步骤（9）中新建的 style.css 文件，进入代码编辑窗口，设置页面基本样式。代码如下：

```
body {
            font-family: Arial, sans-serif;
            background-color: #f0f0f0;
            margin: 0;
            padding: 0;
            display: flex;
            min-height: 100vh;
            justify-content: center;
            align-items: center;
            background-image: url("background.jpg");
            background-repeat: no-repeat;
            background-position: center;
            background-size: cover;
}
.registration-form {
    max-width: 500px;
    background-color: rgba(255, 255, 255, 0.9);
    border-radius: 10px;
    padding: 3rem;
    box-shadow: 0 0 10px rgba(0, 0, 0, 0.1);
}
h1 {
    text-align: center;
    color: #333;
    margin-bottom: 2rem;
    font-weight: bold;
    letter-spacing: 1px;
}
```

（11）在 style.css 文件中，设置表单内的输入框、按钮等其他页面元素的样式。代码如下：

```
form {
    display: grid;
    grid-template-columns: 1fr;
```

```
      grid-gap: 1rem;
      margin-bottom: 2rem;
}
.form-input {
      display: flex;
      flex-direction: column;
      gap: 0.5rem;
}
.form-input label {
      color: #666;
      font-size: 0.9rem;
      text-transform: uppercase;
      letter-spacing: 0.5px;
}
input[type="text"],
input[type="email"],
input[type="password"] {
      width: 100%;
      padding: 1rem;
      border: 1px solid #ccc;
      border-radius: 4px;
      outline: none;
      font-size: 1rem;
      transition: border-color 0.3s ease;
}
input[type="text"]:focus,
input[type="email"]:focus,
input[type="password"]:focus {
      border-color: #007bff;
}
button[type="submit"] {
      width: 100%;
      padding: 1rem;
      background-color: #007bff;
      color: #fff;
      border: none;
      border-radius: 4px;
      cursor: pointer;
      font-size: 16px;
      text-transform: uppercase;
      transition: background-color 0.3s ease;
}
button[type="submit"]:hover {
      background-color: #0056b3;
}
.terms {
```

```
    display: flex;
    align-items: center;
    justify-content: space-between;
    margin-top: 1rem;
}
.terms label {
    cursor: pointer;
    user-select: none;
}
.terms input[type="checkbox"] {
    margin-right: 0.5rem;
}
/* 隐藏默认的复选框样式 */
.terms input[type="checkbox"] {
    appearance: none;
    -webkit-appearance: none;
    -moz-appearance: none;
    width: 16px;
    height: 16px;
    border: 1px solid #ccc;
    border-radius: 2px;
    margin-right: 0.5rem;
}
.terms input[type="checkbox"]:checked {
    background-color: #007bff;
    border-color: #007bff;
}
/* 提示信息 */
.form-message {
    color: #dc3545;
    font-size: 0.9rem;
    text-align: center;
    margin-top: 1rem;
}
```

任务验证

在编辑器中的空白位置右击，在弹出的快捷菜单中选择"Open with Live Server"命令，系统默认的浏览器将会打开该文件，运行效果如图 6-15 所示。

（1）在"用户名"文本框中输入字符，查看是否有最大长度限制。给各个文本框增加最大长度限制。

（2）在页面中的所有文本框内不填写任何信息，单击"立即注册"按钮查看效果。

（3）在"邮箱地址"文本框中随便输入任何信息，在其他文本框中正确填写信息，单击"立即注册"按钮查看效果。

实战练习

在学习本模块的内容后，请完成如表 6-2 所示的实战练习。

表 6-2　实战练习

实战练习	制作网站登录页面	姓名		学号	
		评分人		评分	

操作提示：

制作如图 6-16 所示的网站登录页面。

提示：利用表单中的各个元素创建页面中的文本框、单选按钮、复选框、按钮等。

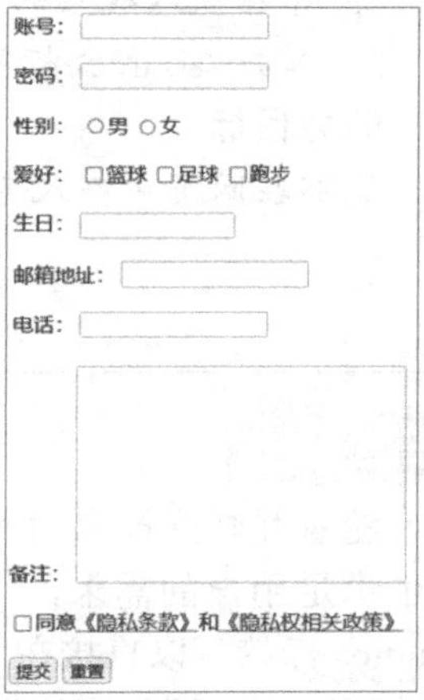

图 6-16　网站登录页面

课后练习

一、选择题

1. 一个最基本的表单由一组（　　）标签对构成，它们是构成表单的基础。

　　A．\<form>\</form>　　　　　　　　　　B．\<input >\</input >

　　C．\<textarea>\</textarea>　　　　　　　D．\<select>\</select>

2. 要指定处理表单数据的程序文件所在的位置，可以用 form 元素的（　　）属性。

　　A．id　　　　　　B．action　　　　　　C．name　　　　　　D．method

3. 在 HTML 中，当将表单中 input 元素的 type 属性的值设置为（　　）时，可以创建重置按钮。

　　A．button　　　　B．submit　　　　　C．reset　　　　　D．image

4. 当 input 元素的 type 属性的值为（　　）时，就会呈现为密码框。

　　A．text　　　　　B．password　　　　C．image　　　　　D．select

5. HTML5 提供了 type 属性的值为（　　）时的 input 表单控件，这种新型表单控件限制只能输入合法的数字。

　　A．text　　　　　B．number　　　　　C．range　　　　　D．tel

二、问答题

1. 表单由哪几部分组成？

2. required 属性适用于哪些表单输入类型？

3. 简述 autofocus 属性的作用。

模块 7　网页多媒体元素及应用

知识目标

1. 掌握嵌入音频的语法。
2. 掌握嵌入视频的语法。
3. 掌握<source>标签的语法。

能力目标

能够在网页中嵌入音频和视频等多媒体文件。

任务 7.1　制作音乐播放器网页

任务描述

随着互联网技术的飞速发展和移动设备的普及，用户对在线音乐播放的需求日益增长。为了满足用户的需求，HTML5 作为现代网页开发的标准，提供了丰富的多媒体功能，其中<audio>标签可以直接在网页中播放音频文件，无须依赖插件。因此，使用 HTML5 制作音乐播放器网页，不仅可以满足用户随时随地欣赏音乐的需求，还可以借此机会锻炼和展示开发者的技术实力，同时顺应了 Web 技术发展的潮流。

任务分析

通过对本任务的学习，掌握嵌入音频与视频的基本语法和属性，掌握<source>标签的基本语法和属性，能够利用所学知识制作音乐播放器网页。

相关知识

7.1.1　嵌入音频

音频在网页中的作用是多方面的，它极大地丰富了用户的互动体验和情感参与。首先，音频可以作为背景音乐，营造网页的特定氛围，增强用户的情感沉浸感。例如，一个拥有轻松旋律的音乐背景可以让浏览者在浏览产品展示页面时感到放松，而紧张刺激的音乐背景可能适合游戏或活动推广页面。其次，音频作为一种信息传递方式，可以用于播客、新闻广播和有声读物等内容的分享。这使得用户可以在做其他事情的同时获取信息，如在通勤途中听新闻或在健身时学习新知识。此外，音频还可以提供即时反馈和指导。例如，在教育平台上，音频可以帮助解释复杂的概念，或者在电商平台上，通过产品描述的语音说明来辅助视觉内容，增加信息的可及性。

HTML5 中引入了<audio>标签作为一种多媒体容器，使得在网页中嵌入音频内容变得简单。通过<audio>标签，用户可以直接在浏览器中播放音乐、声音片段等音频文件，而无须下载额外的播放器软件。

使用<audio>标签，网页可以提供丰富的音频体验，如背景音乐、播客、有声读物等。该标签支持多种音频格式，如 MP3、WAV、Ogg 等，以确保音频在不同浏览器上的广泛兼容性和访问性。其基本语法如下：

```
<audio src="..." controls="..." autoplay="..." loop="..." muted="..." preload="...">
</audio>
```

属性说明如下:

- src: 设置要播放的音频的 URL,不能省略。
- controls: 如果设置该属性,则向用户显示控件(如播放按钮)。
- autoplay: 如果设置该属性,则音频在网页中加载完成后会自动播放。
- loop: 如果设置该属性,则每当音频播放结束时就重新开始播放。
- muted: 如果设置该属性,则音频播放时会被静音。
- preload: 设置浏览器是否加载音频,如果设置了 autoplay 属性,则忽略该属性。该属性有 3 个值,分别为 auto、none 和 metadata。
  - ➤ auto: 表示当页面加载后载入整个音频。
  - ➤ none: 表示不加载任何音频。
  - ➤ metadata: 表示仅加载音频的元数据。

嵌入音频的示例代码如下:

```
<!DOCTYPE html>
<html>
    <head>
        <meta charset="utf-8">
        <title>嵌入音频</title>
        </head>
        <body>
        <audio src="medias/test.mp3"
controls="controls">
        </audio>
        </body>
</html>
```

图 7-1　嵌入音频后的效果

使用浏览器预览,效果如图 7-1 所示。

7.1.2　嵌入视频

视频不仅能够提供视觉上的吸引力,还能够以更加直观和动态的方式传达信息。视频可以极大地提升用户的参与度。动态的画面和声音的结合往往比静态的文本或图像更能吸引用户的注意力,使得网页内容更加生动和有趣。例如,一个产品介绍视频可以更直观地展示产品的功能和特点,从而激发用户的购买欲望。通过视频,品牌方可以讲述其背后的故事,传递价值观和文化,建立与用户之间的情感联系。这种叙事方式可以帮助用户更好地记住品牌信息,增强品牌形象。

HTML5 中引入了<video>标签,这使得在网页中嵌入视频变得简单。与<audio>标签类似,<video>标签支持多种视频格式,如 MP4、WebM 等,确保了广泛的浏览器兼容性。它还提供播放控制功能,包括播放、暂停、全屏等,使用户能够根据个人偏好控制视频的播放。其基本语法如下。

```
<video src="..." controls="..." autoplay="..." width="..." height="..." loop="..."
muted="..." poster="..." preload="...">
    </video>
```

属性说明如下：

- src：设置要播放的视频的 URL，不能省略。
- controls：如果设置该属性，则向用户显示控件（如播放按钮）。
- autoplay：如果设置该属性，则视频在网页中加载完成后会自动播放。
- width：设置视频播放时视频播放器的宽度。
- height：设置视频播放时视频播放器的高度。
- loop：如果设置该属性，则每当视频播放结束时就重新开始播放。
- muted：如果设置该属性，则视频播放时会被静音。
- poster：指定视频加载时要显示的图像（而不显示视频的第一帧），接受所需图像文件的 URL。如果设置了 autoplay 属性，则忽略该属性。
- preload：设置浏览器是否加载视频，如果设置了 autoplay 属性，则忽略该属性。该属性有 3 个值，分别为 auto、none 和 metadata。
  - auto：表示页面加载时自动加载视频，以便准备播放。这是默认值。
  - none：表示不预加载视频。这意味着视频只会在用户单击播放按钮时进行加载。这可以节省带宽和加载时间，但用户单击播放按钮后可能有一定的延迟。
  - metadata：表示仅加载视频的元数据，如时长、尺寸等信息，而不加载整个视频。这可以提高页面的加载速度，但用户单击播放按钮后需要等待视频加载完成才能开始播放。

视频格式有多种类型，其中常见的包括 MP4、AVI、MOV、RMVB、Ogg、WebM 等。目前<video>标签支持的视频格式有 MP4、Ogg 和 WebM，这 3 种视频格式在不同的浏览器中的兼容性不同。例如，MP4 格式不支持 Firefox 和 Opera 浏览器，Ogg 格式不支持 IE 和 Safari 浏览器，WebM 格式不支持 IE 和 Safari 浏览器等。因此，为了确保视频在各种浏览器中得到正确播放，开发者需要考虑兼容性问题，并根据浏览器的支持情况选择合适的视频格式或提供备用的视频格式。

嵌入视频的示例代码如下：

```
<!DOCTYPE html>
<html>
    <head>
        <meta charset="utf-8">
        <title>嵌入视频</title>
    </head>
    <body>
        <video src="medias/test.mp4"
controls="controls" width="400">
        </video>
    </body>
</html>
```

图 7-2　嵌入视频后的效果

使用浏览器预览，效果如图 7-2 所示。

7.1.3　<source>标签

由于不同的浏览器对 HTML5 的支持程度不同，因此为了确保所有兼容 HTML5 的浏览器都能正常播放音频或视频，需要提供两种格式以上的媒体文件。那么如何实现呢？这时就要用到 HTML5 的<source>标签了。通常，<source>标签用于定义一个以上的媒体元素。

<source>标签可以链接不同的媒体文件，如音频文件和视频文件等。其基本语法如下：

```
<source src="..." type="...">
```

属性说明如下：

- src：用于设置要播放的音频/视频的 URL，不能省略。
- type：用于指定媒体资源的类型，常用的媒体类型有 Video/Ogg、Vided/MP4、Video/WebM 等。

<source>标签通常与其他媒体标签（如<video>、<audio>和<picture>）一起使用，以便提供不同格式的备用媒体资源。

<video></video> 或<audio></audio>标签对中可以指定多个<source>标签，浏览器按<source>标签的顺序检测指定的音频/视频是否能够播放，如果不能播放（可能是格式不支持、文件不存在等），则换下一个，此方法多用于兼容不同的浏览器。示例代码如下：

```
<body>
    <video controls="controls" width="700px" height="400px">
        <source src="medias/test.mp4" type="video/mp4">
        <source src="medias/test.ogg" type="video/ogg">
        您的浏览器不支持<video>标签
    </video>
</body>
```

在上述示例代码中，如果使用 Safari 浏览器，则会选择第一个源文件；如果使用 Firefox 浏览器，则会选择第二个源文件。如果既不使用 Safari 浏览器，也不使用 Firefox 浏览器，则将显示"您的浏览器不支持<video>标签"的提示信息。

任务规划

使用 HTML5 制作一个功能完备、界面友好、用户体验良好的音乐播放器网页，以此实现技术进步、内容传播和品牌形象塑造等多重价值。设计并实现一个具有良好用户体验的音乐播放器，包括但不限于歌曲列表展示、播放/暂停、上一曲/下一曲切换、音量控制、进度条拖曳等功能，让用户在浏览网页的同时享受到便捷的音乐播放服务。同时，音乐播放器网页还可以方便地集成到各类网站或应用程序中，便于音乐内容的分发和分享，扩大音乐作品的影响力。音乐播放器网页的最终效果如图 7-3 所示。

任务实施

（1）打开开发工具 VS Code，在本地磁盘中新建项目文件夹，并命名为 music。

（2）在 VS Code 中打开项目文件夹 music，在"资源管理器"窗格中的项目文件夹 music 的名称上右击，在弹出的快捷菜单中选择"新建文件"命令，在出现的文本框中输入"index.html"，然后按 Tab 键或 Enter 键，完成 HTML 文件的创建。默认创建后的文件为空白文件，需要自行输入标签。为了方便起见，可以在 HTML 文件中输入"!"，然后按 Tab 键或 Enter 键，编辑器中会自动生成 HTML 文件的基本框架。

图 7-3　音乐播放器网页的最终效果

（3）单击项目文件夹 music 下的 index.html 文件，进入代码编辑窗口。在<title></title>标签对中设置网页的标题为"精美音乐播放器"，并引入外部样式表文件，同时引入第三方图标库 Font Awesome。代码如下：

```
<head>
    <meta charset="UTF-8">
    <link rel="stylesheet" href="https://cdnjs.cloudfl***.com/ajax/libs/font-
awesome/6.1.0/css/all.min.css" integrity="..." crossorigin="anonymous">
    <link rel="stylesheet" href="css/style.css">
    <title>精美音乐播放器</title>
</head>
```

（4）在<body></body>标签对中添加一个<div></div>标签对，用于放置音乐播放器，并设置好 class。代码如下：

```
<div class="music-player">

</div>
```

（5）在音乐播放器<div></div>标签对中添加一个<div></div>标签对，作为播放器的头部，用来显示歌曲的名称及作者相关信息。代码如下：

```
<div class="player-header">
    <h2 id="currentTrackTitle">当前歌曲：夜曲</h2>
    <div class="artist">艺术家：周杰伦</div>
</div>
```

（6）在音乐播放器<div></div>标签对中继续添加两个<div></div>标签对，分别用于放置播放器的控制按钮和时间显示部分，并设置好样式和属性。代码如下：

```
<div class="player-controls">
    <button class="prev-track" title="上一曲"><i class="fas fa-step-backward"></i></button>
    <button class="play-pause-btn" id="playPauseBtn">
        <i class="fas fa-play"></i>
```

```
        <i class="fas fa-pause d-none"></i>
      </button>
      <button class="next-track" title="下一曲"><i class="fas fa-step-forward"></i></button>
      <div class="volume-control">
        <input type="range" id="volumeSlider" min="0" max="1" step="0.1" value="0.5">
      </div>
      <div class="progress-bar">
        <div class="progress-indicator" id="progressBar"></div>
      </div>
    </div>
  </div>
    <div class="time-display">
      <span id="currentTime">00:00</span>/<span id="totalTime">00:00</span>
    </div>
```

（7）在音乐播放器<div></div>标签对中添加一个<audio></audio>标签对，并在<audio></audio>标签对中添加一个<source>标签，用于放置音频文件，并设置好相关属性，同时在项目文件夹 music 下新建文件夹 audio，并将音频源文件放置在 audio 文件夹中。代码如下：

```
<audio id="audioPlayer">
        <source src="audio/yequ.mp3" type="audio/mpeg">
            您的浏览器不支持<audio>标签。
</audio>
```

（8）在<body></body>标签对中再次添加一个<div></div>标签对，并在<div></div>标签对中添加一个<video></video>标签对，用于放置视频文件，同时将下载好的视频文件放置到 audio 文件夹中。代码如下：

```
<div class="video-player">
        <video id="videoPlayer" controls preload="auto">
            <source src="audio/bukeyi.mp4" type="video/mp4">
            您的浏览器不支持<video>标签。
        </video>
</div>
```

（9）在"资源管理器"窗格中的项目文件夹 music 的名称上右击，在弹出的快捷菜单中选择"新建文件夹"命令，在出现的文本框中输入文件夹的名称"css"，然后按 Tab 键或 Enter 键，完成文件夹的创建。在 css 文件夹的名称上右击，在弹出的快捷菜单中选择"新建文件"命令，在出现的文本框中输入文件的名称"style.css"，然后按 Tab 键或 Enter 键，完成 CSS 文件的创建。

（10）单击步骤（9）中新建的 style.css 文件，进入代码编辑窗口，设置播放器（包括音乐播放器和视频播放器）的具体样式。代码如下：

```
body {
    font-family: Arial, sans-serif;
    background-color: #f5f5f5;
}

.music-player {
    width: 100%;
    max-width: 600px;
    margin: 50px auto;
```

```
        background-color: #fff;
        border-radius: 10px;
        box-shadow: 0 2px 10px rgba(0, 0, 0, 0.1);
        padding: 20px;
        position: relative;
    }
    .video-player{
        width: 100%;
        max-width: 600px;
        margin: 50px auto;
        border-radius: 10px;
        box-shadow: 0 2px 10px rgba(0, 0, 0, 0.1);
        padding: 10px;
        position: relative;
    }
    .player-header {
        display: flex;
        align-items: center;
        justify-content: space-between;
        margin-bottom: 10px;
    }
    .artist {
        color: #999;
        font-size: 0.9rem;
    }
    .player-controls {
        display: flex;
        align-items: center;
        gap: 10px;
    }
    .player-controls button {
        cursor: pointer;
        border: none;
        background-color: transparent;
        font-size: 1.5rem;
        color: #666;
        transition: color 0.3s;
    }
    .player-controls button:hover {
        color: #007BFF;
    }
    .volume-control {
        flex-grow: 1;
        margin-left: 10px;
    }
    .volume-control input[type="range"] {
```

```css
    width: 100%;
    height: 10px;
    background-color: #ddd;
    border-radius: 5px;
    outline: none;
    -webkit-appearance: none;
    appearance: none;
}
.progress-bar {
    width: 100%;
    height: 10px;
    background-color: #ddd;
    border-radius: 5px;
    overflow: hidden;
}
.progress-indicator {
    height: 100%;
    width: 0%;
    background-color: #007BFF;
    transition: width 0.3s;
}
.time-display {
    font-size: 0.8rem;
    color: #999;
    margin-top: 10px;
}
.d-none {
    display: none;
}
```

（11）在"资源管理器"窗格中的项目文件夹 music 的名称上右击，在弹出的快捷菜单中选择"新建文件夹"命令，在出现的文本框中输入文件夹的名称"js"，然后按 Tab 键或 Enter键，完成文件夹的创建。在 js 文件夹的名称上右击，在弹出的快捷菜单中选择"新建文件"命令，在出现的文本框中输入文件的名称"scripts.js"，然后按 Tab 键或 Enter 键，完成JavaScript 文件的创建。

（12）单击步骤（11）中新建的 scripts.js 文件，进入代码编辑窗口，设置音乐播放器中各个按钮的单击效果（JavaScript 部分知识点详见模块 8）。代码如下：

```javascript
//获取 DOM 元素
const playPauseBtn = document.getElementById('playPauseBtn');
const audioPlayer = document.getElementById('audioPlayer');
const currentTimeDisplay = document.getElementById('currentTime');
const totalTimeDisplay = document.getElementById('totalTime');
const progressBar = document.querySelector('.progress-bar .progress-indicator');
const volumeSlider = document.getElementById('volumeSlider');
//初始化音乐播放器的状态
let isPlaying = false;
```

```
//更新播放进度条
function updateProgress() {
    const percentPlayed = (audioPlayer.currentTime / audioPlayer.duration) * 100;
    progressBar.style.width = `${percentPlayed}%`;
    currentTimeDisplay.textContent = formatTime(audioPlayer.currentTime);
}
//格式化时间显示
function formatTime(seconds) {
    const minutes = Math.floor(seconds / 60);
    const secondsRemaining = Math.floor(seconds % 60);
    return `${minutes}:${secondsRemaining.toString().padStart(2, '0')}`;
}
//监听播放/暂停按钮单击事件
playPauseBtn.addEventListener('click', () => {
    if (isPlaying) {
        audioPlayer.pause();
        playPauseBtn.querySelector('.fas.fa-play').classList.remove('d-none');
        playPauseBtn.querySelector('.fas.fa-pause').classList.add('d-none');
        isPlaying = false;
    } else {
        audioPlayer.play();
        playPauseBtn.querySelector('.fas.fa-play').classList.add('d-none');
        playPauseBtn.querySelector('.fas.fa-pause').classList.remove('d-none');
        isPlaying = true;
    }
});
//监听音频播放事件
audioPlayer.addEventListener('play', () => {
    isPlaying = true;
    //更新时间显示和进度条
    updateProgress();
    setInterval(updateProgress, 1000);
});
//监听音频暂停事件
audioPlayer.addEventListener('pause', () => {
    isPlaying = false;
});
//监听音频时间更新事件
audioPlayer.addEventListener('timeupdate', updateProgress);
//监听音量滑块变动事件
volumeSlider.addEventListener('input', function(){
    audioPlayer.volume = this.value;
});
//设置初始音量
audioPlayer.volume = volumeSlider.value;
//加载音频时初始化总时间
```

```
audioPlayer.addEventListener('loadedmetadata',()=>{
    totalTimeDisplay.textContent = formatTime(audioPlayer.duration);
});
```

任务验证

在编辑器中的空白位置右击，在弹出的快捷菜单中选择"Open with Live Server"命令，系统默认的浏览器将会打开该文件，查看运行效果。

（1）分别单击音乐播放器中的"播放/暂停"、"上一曲"和"下一曲"按钮，查看效果。

（2）单击视频播放器中的各个功能按钮，查看效果。

实战练习

在学习本模块的内容后，请完成如表 7-1 所示的实战练习。

表 7-1　实战练习

实战练习	制作汽车展示网页	姓名		学号	
		评分人		评分	
操作提示： 制作如图 7-4 所示的汽车展示网页，在相应的页面位置嵌入 HTML5 视频。  图 7-4　汽车展示网页					

课后练习

一、选择题

1. HTML5 中用于嵌入音频文件的标签是什么？（　　）
   A．<img>　　　　　　B．<video>　　　　　　C．<audio>　　　　　　D．<source>

2. HTML5 中用于嵌入视频文件的标签是什么？（　　）
   A．<img>　　　　　　B．<video>　　　　　　C．<audio>　　　　　　D．<source>

3. HTML5 中用于指定不同的媒体资源的标签是什么？（　　）
   A．<img>　　　　　　B．<video>　　　　　　C．<audio>　　　　　　D．<source>

4. 下列哪个属性可以用来设置音频和视频的播放显示控件？（　　）
   A．controls　　　　　B．autoplay　　　　　C．loop　　　　　　　D．preload

5. 在 HTML5 中，<video>标签不支持的视频格式是（　　）。
   A．MP4　　　　　　　B．Ogg　　　　　　　C．WebM　　　　　　D．FLV

二、问答题

1. 在网页中嵌入视频的基本语法是什么？<video>标签的各个属性的作用分别是什么？
2. 简述<source>标签的作用。

模块 8　JavaScript 基础

知识目标

1. 了解 JavaScript 的特点和语法结构。
2. 掌握 BOM 和 DOM 对象的用法。
3. 掌握 JavaScript 中各种函数的语法。
4. 掌握 JavaScript 中各种对象的语法。
5. 掌握 jQuery 选择器的用法。
6. 掌握 jQuery 的 DOM 操作。

能力目标

能够利用 JavaScript 编写程序，并能够在 HTML 中引入 JavaScript 来制作网页；能够下载与引入 jQuery 制作网页。

任务 8.1　制作"精选图书模块"网页

任务描述

在数字化阅读日益普遍的时代背景下，线上图书馆、电子书城等平台逐渐成为人们获取知识、享受阅读的重要途径。使用 HTML5 和 JavaScript 为某个线上阅读平台或教育项目开发一个精选图书模块。这个模块将展示一系列经过精挑细选的书籍，用户可以通过这个模块轻松地浏览、查找和深入了解这些书籍，从而增强用户在平台上的阅读体验，推广优秀作品，传播知识。

任务分析

通过对本任务的学习，了解 JavaScript 的特点，掌握 JavaScript 的基本语法和属性，掌握 BOM 和 DOM 对象中的各种语法和属性，掌握 JavaScript 中各种函数的语法，了解事件的分类并掌握事件的调用方法，掌握 JavaScript 中各种对象的基本语法和属性，能够利用所学知识制作"精选图书模块"网页。

相关知识

8.1.1　JavaScript 语言基础

JavaScript 是一种基于对象和事件驱动并具有安全性的解释性脚本语言，已经被广泛用于 Web 应用开发。它不需要进行编译，而是直接嵌入页面，把静态页面转变成支持用户交互并响应应用事件的动态页面，JavaScript 代码可以使用记事本直接进行编写。

1. JavaScript 的特点

JavaScript 适用于静态或动态网页，是一种被广泛使用的客户端脚本语言。它具有解释性、基于对象、事件驱动、安全性和跨平台等特点，下面进行详细介绍。

（1）解释性：JavaScript 是一种解释性语言，这意味着代码在运行时逐行解释执行，而无须事先编译。这使得开发者能够快速调试和修改代码。

（2）基于对象：JavaScript 是基于对象的语言，它支持面向对象的编程范式。开发者可以创建对象、定义属性和方法，并通过对象之间的交互实现复杂的功能。

（3）事件驱动：JavaScript 可以以事件驱动的方式直接对客户端的输入做出响应，无须经过服务器端程序。

（4）安全性：JavaScript 具有良好的安全性，浏览器会限制脚本对用户计算机的访问权限，以防止恶意行为。此外，JavaScript 还提供了一些安全机制，如同源策略，以确保脚本只能与来自同一源的资源进行交互。

（5）跨平台：JavaScript 依赖于浏览器本身，与操作系统无关，JavaScript 代码可以在几乎所有的现代浏览器上运行，只要浏览器支持 JavaScript，JavaScript 代码就可以正确执行。

2．JavaScript 的语法

JavaScript 是一种具有独特语法特点和规范的编程语言，它用于在网页中添加交互和动态功能。在开始制作网页之前，了解 JavaScript 的基础语法是非常重要的。

在 HTML 中，使用<script></script>标签对来嵌入 JavaScript 代码。这个标签可以放置在网页的任何位置，但一般会将它放置在<head></head>标签对中。

<script></script>标签对的主要作用是告诉浏览器：它需要开始解析标签对之间的内容，并将其作为 JavaScript 脚本来运行。在<script></script>标签对中，可以编写 JavaScript 代码，包括变量声明、函数定义、条件语句、循环等。

JavaScript 的语法结构如下：

```
<script>
…
</script>
```

1）JavaScript 中的注释

JavaScript 中的注释主要用于解释代码功能，以及阻止代码执行，其自身并不参与代码执行。

（1）单行注释：单行注释以双斜杠"//"开始，结束于该行末尾。

（2）多行注释：多行注释以"/*"开始，以"*/"结尾，用于注释一段代码。

2）JavaScript 中的数据结构

JavaScript 中的数据结构包括标识符、常量、变量和关键字等。

（1）标识符。

JavaScript 中的标识符就是一个名称，是用户为一些要素进行定义的名称，包括变量名和函数名。在定义标识符时，用户需要遵循以下规则：

- 标识符必须由英文字母、数字、下画线和美元符号组成。
- 标识符的中间不能包含空格、标点符号和运算符等其他符号。
- 标识符需要严格区分大小写。
- 标识符的首字符必须为英文字母、下画线或美元符号，不能以数字开头。
- 标识符不能与 JavaScript 中的关键字相同。

此外，需要注意的是，虽然标识符可以包含中文字符，但是在实际开发中并不推荐将中文用作标识符，因为这可能导致代码在不同环境下的兼容性问题，并且降低代码的可读性和维护性。

（2）常量。

常量也被称为"常数"，在 JavaScript 代码运行时，值不能被改变的量为常量，主要为程序提供固定且精确的值。例如，数字、逻辑值（true 和 false）等都是常量。JavaScript 中的常量包括下列 6 种基本类型。

- 数字（Number）：包括整数和浮点数，如"const PI = 3.14;"。
- 逻辑值（Boolean）：只有两个值，分别为 true 和 false，如"const IS_ACTIVE = true;"。
- 字符串（String）：一系列字符的集合，如"const GREETING = "Hello";"。
- 空（Null）：表示空或不存在的值，如"const EMPTY = null;"。
- 未定义（Undefined）：表示声明了变量但未赋值的情况，如"const UNDEFINED_VALUE = undefined;"。
- 符号（Symbol）：JavaScript 中新增的数据类型，表示唯一的标识符，如"const KEY = Symbol();"。

表 8-1 所示为 JavaScript 中一些可以在表达式中使用的预定义常量。

表 8-1　JavaScript 中一些可以在表达式中使用的预定义常量

常量	描述	对象
e	数字常量 e，自然对数的底	math
infinity	大于最大浮点数的值	window
LN2	2 的自然对数	math
LN10	10 的自然对数	math
LOG2E	以 2 为底的 e 的对数	math
LOG10E	以 10 为底的 e 的对数	math
MAX_VALUE	表示最大数字	number
MIN_VALUE	表示最小数字	number
NaN	表示算术表达式返回非数字的值	number
NaN（全局）	表示表达式返回非数字的值	window
Null	不指向有效数字的变量	window
PI	圆的周长与直径的比值，即圆周率	math
SQRTI_2	0.5 的平方根	math
SQRT2	2 的平方根	math

JavaScript 中的常量通常使用关键字 const 来声明，语法格式如下：

```
const 常量名=值;
```

（3）变量。

变量是存取数字、提供存放信息的单元。对于变量，必须明确变量的命名、变量的声明与赋值、变量的作用域。

在 JavaScript 中，虽然可以不用声明变量，但是不进行声明的变量无法作为存储单元。声明变量就是对变量进行命名。在一般情况下，可以使用关键字 var 对变量进行命名，语法格式如下：

```
var 标识符;
```

在使用关键字 var 声明变量时，在函数体外声明的变量为全局变量，在函数体内声明的变量为局部变量。

在使用关键字 var 同时声明多个变量时，每个变量的名称之间需要使用逗号隔开。

如果要为变量赋值，则需要使用 JavaScript 中的赋值运算符"="。在 JavaScript 中，也可以直接为未声明的变量赋值。

在 JavaScript 中，变量的名称也是一个标识符，其可以为任意长度。另外，在对变量进行命名时，还需要遵循下列规则。

- 长度：变量名可以是任意长度的，但通常建议选择具有描述性且简洁的名称，以提高代码的可读性和可维护性。
- 组成字符：变量名可以包含英文字母、数字、下画线（_）和美元符号（$）。但变量名的第一个字符不能是数字，只能是英文字母、下画线或美元符号。
- 区分大小写：JavaScript 是区分大小写的语言，因此变量名中的大小写英文字母被视为不同的字符。例如，myVar 和 MyVar 是两个不同的变量名。
- 不能使用关键字：变量名不能与 JavaScript 中的关键字相同，如 var、function、if 等。
- 建议使用驼峰命名法：在 JavaScript 中，通常使用驼峰命名法（camelCase）来命名变量，其中第一个单词的首字母采用小写形式，后续单词的首字母采用大写形式，如 myVariable。

变量的作用域是指变量在程序中的有效范围。在 JavaScript 中，根据变量的作用域可以将变量分为全局变量和局部变量两种。全局变量是声明在所有函数之外，作用于整个脚本代码的变量；局部变量是声明在函数体内，只作用于函数体内的变量。

（4）关键字。

JavaScript 中的关键字是指在 JavaScript 中具有特定含义的、可以成为 JavaScript 语法中一部分的字符。

关键字用于标识 JavaScript 语句的开头和结尾，不能作为变量名或函数名，但可保留。JavaScript 中常用的关键字如表 8-2 所示。

表 8-2　JavaScript 中常用的关键字

var	function	break	case	catch	class	const
continue	debugger	default	delete	do	else	export
extends	finally	for	if	import	in	instanceof
new	return	super	switch	this	throw	try
typeof	void	while	with	yield	true	false

3）JavaScript 中的基本数据类型

JavaScript 中的基本数据类型比较简单，主要有数值型、字符型、布尔型、空值（null）和未定义（undefined）值 5 种，下面分别进行介绍。

（1）数值型。

JavaScript 中的数值型数据可以分为整型数据和浮点型数据两种，下面分别进行介绍。

①整型数据。

JavaScript 中的整型数据可以是正整数、负整数和 0，并且可以采用十进制、八进制或十六进制来表示。示例如下：

```
729                  //表示十进制的 729
071                  //表示八进制的 71
0x9405B              //表示十六进制的 9405B
```

②浮点型数据。

浮点型数据由整数部分和小数部分组成，只能采用十进制，但是可以采用标准方法或科学记数法表示。示例如下：

```
3.1415926            //采用标准方法表示
1.6E5                //采用科学记数法表示，表示 1.6×10⁵
```

（2）字符型。

字符型数据是使用单引号或双引号括起来的一个或多个字符。

①单引号括起来的一个或多个字符，示例如下：

```
'a'
'保护环境从自我做起'
```

②双引号括起来的一个或多个字符，示例如下：

```
"b"
"系统公告："
```

③使用单引号定界的字符串中可以含有双引号，示例如下：

```
'<td width="25%" align="center" bgcolor="#F0F0F0">注册时间</td>'
```

④使用双引号定界的字符串中可以含有单引号，示例如下：

```
"<td bgcolor='#FFFFFF'>"
```

（3）布尔型。

布尔型数据只有两个值，分别为 true 或 false，主要用来说明或表示一种状态或标志。在 JavaScript 中，也可以使用整数 0 表示 false，使用非 0 的整数表示 true。

（4）空值。

JavaScript 中有一个空值（null），用于定义空的或不存在的引用。

提示：空值不等于空的字符串（""）或 0。

（5）未定义值。

当使用了一个已经声明但没有赋值的变量时，将返回未定义值（undefined）。

4）JavaScript 中的运算符

JavaScript 中的运算符是完成运算的一系列符号，其功能类似于 Excel 中的运算符，主要用于为变量赋值。JavaScript 中的运算符大体可以分为 6 种，包括算术运算符、比较运算符、位运算符、逻辑运算符、条件运算符和赋值运算符。

（1）算术运算符。

算术运算符用于进行基本的数字运算，包括+（加）、-（减）、*（乘）、/（除）、%（求模）、++（自增）和--（自减）7 种运算符。JavaScript 中常用的算术运算符如表 8-3 所示。

表 8-3 JavaScript 中常用的算术运算符

运算符	说明	示例
+	加运算符	4+6 //运算结果为 10
-	减运算符	7-2 //运算结果为 5
*	乘运算符	7*3 //运算结果为 21
/	除运算符	12/3 //运算结果为 4
%	求模运算符，也被称为"取余运算符"	7%4 //运算结果为 3

续表

运算符	说明	示例	
++	自增运算符。该运算符有两种情况：i++（在使用变量 i 之后，使变量 i 的值加 1）、++i（在使用变量 i 之前，使变量 i 的值加 1）	i=1; j=i++	//变量 j 的值为 1，变量 i 的值为 2
		i=1; j=++i	//变量 j 的值为 2，变量 i 的值为 2
--	自减运算符。该运算符有两种情况：i--（在使用变量 i 之后，使变量 i 的值减 1）、--i（在使用变量 i 之前，使变量 i 的值减 1）	i=6; j=i--	//变量 j 的值为 6，变量 i 的值为 5
		i=6; j=--i	//变量 j 的值为 5，变量 i 的值为 5

使用算术运算符计算商品金额的示例代码如下：

```
<!DOCTYPE html>
<html>
    <head>
        <meta charset="utf-8">
        <title>计算商品金额</title>
    </head>
    <body>
    <script>
        var price=992;              //定义商品单价
        var number=10;              //定义商品数量
        var sum=price*number;       //计算商品金额
        alert(sum);                 //显示商品金额
    </script>
    </body>
</html>
```

运行结果如图 8-1 所示。

（2）比较运算符。

比较运算符又被称为"关系运算符"，用于对数据进行逻辑比较，根据比较结果返回布尔值 true 或 false。比较运算符主要包括<（小于）、>（大于）、<=（小于或等于）、>=（大于或等于）、==（等

图 8-1 显示商品金额

于）、===（绝对等于）、!=（不等于）、!==（不绝对等于）8 种运算符。JavaScript 中常用的比较运算符如表 8-4 所示。

表 8-4 JavaScript 中常用的比较运算符

运算符	说明	示例	
<	小于	1<6	//返回值为 true
>	大于	7>10	//返回值为 false
<=	小于或等于	10<=10	//返回值为 true
>=	大于或等于	3>=6	//返回值为 false
==	等于。只根据表面值进行判断，不涉及数据类型	"17"==17	//返回值为 true
===	绝对等于。根据表面值和数据类型同时进行判断	"17"===17	//返回值为 false
!=	不等于。只根据表面值进行判断，不涉及数据类型	"17"!=17	//返回值为 false
!==	不绝对等于。根据表面值和数据类型同时进行判断	"17"!==17	//返回值为 true

使用比较运算符的示例代码如下：

```
<!DOCTYPE html>
<head>
    <title>比较运算符</title>
</head>
<body>
    <script>
    var a = 2 > 3;
    var b = 4 < 5;
    var c = 3 >= 1;
    var d = 3 <= 1;
    var e = 4 == 0;
    var f = 5 != 4;
    var g = 0 !== true;
    var h = 0 === true;
    document.write("2 > 3 的结果为 " + a + "<br>"); //因为2小于3，所以结果为false
    document.write("4 < 5 的结果为 " + b + "<br>"); //因为4小于5，所以结果为true
    document.write("3 >= 1 的结果为 " + c + "<br>"); //因为3大于或等于1，所以结果为true
    document.write("3 <= 1 的结果为 " + d + "<br>"); //因为3不小于或等于1，所以结果为false
    document.write("4 == 0 的结果为 " + e + "<br>"); //4 不等于 0，所以结果为false
    document.write("5 != 4 的结果为 " + f + "<br>"); //5 不等于 4，所以结果为true
    document.write("0 !== true 的结果为 " + g + "<br>"); //0 不绝对等于 true，所以结果为true
    document.write("0 === true 的结果为 " + h); //0 不绝对等于 true，所以结果为false
    </script></body>
</html>
```

运行结果如 8-2 所示。

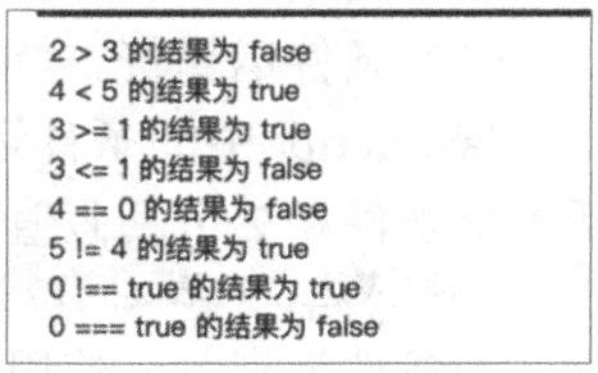

（3）位运算符。

位运算符是一种针对两个二进制位进行逻辑运算的运算符，主要包括&（位与）、|（位或）、^（位异或）、~（取反）、<<（左移）、>>（右移）6 种运算符。JavaScript 中常用的位运算符如表 8-5 所示。

```
2 > 3 的结果为 false
4 < 5 的结果为 true
3 >= 1 的结果为 true
3 <= 1 的结果为 false
4 == 0 的结果为 false
5 != 4 的结果为 true
0 !== true 的结果为 true
0 === true 的结果为 false
```

图 8-2　比较运算符的运行结果

表 8-5　JavaScript 中常用的位运算符

运算符	说明	示例	
&	位与。如果两个相应的二进制位都为 1，则该位的结果值为 1，否则为 0	5&1	//值为 1
|	位或。两个相应的二进制位中只要有一个为 1，该位的结果值就为 1	5|1	//值为 5
^	位异或。如果两个相应的二进制位相同，则该位的结果值为 0，否则为 1	5^1	//值为 4
~	取反。~是一元运算符，用来对一个数的各个二进制位按位取反，即将 0 变 1，将 1 变 0	~5	//值为-6
<<	左移。将一个数的各个二进制位全部左移 N 位，右补 0	5<<1	//值为 10
>>	右移。将一个数的各个二进制位右移 N 位，移到右端的低位被舍弃，对于无符号数，高位补 0	5>>1	//值为 2

（4）逻辑运算符。

逻辑运算符通常和比较运算符一起使用，用来表示复杂的比较运算，它用于确定变量或值之间的逻辑关系。JavaScript 中常用的逻辑运算符包括!（逻辑非）、&&（逻辑与）、||（逻辑

或）3 种运算符，如表 8-6 所示。

表 8-6　JavaScript 中常用的逻辑运算符

运算符	说明	示例
!	逻辑非。否定条件，即!假=真，!真=假	!true　//值为 false
&&	逻辑与。只有当两个操作数的值都为 true 时，值才为 true	true && false　//值为 false
||	逻辑或。只要两个操作数其中之一为 true，值就为 true	true || false　//值为 true

使用逻辑运算符的示例代码如下：

```html
<!DOCTYPE html>
<html lang="en">
  <head>
    <title>逻辑运算符</title>
    <script>
      var a = 0 && 1; //对 0 和 1 做逻辑与运算，结果为 0
      var b = 0 || 1; //对 0 和 1 做逻辑或运算，结果为 1
      var c = !1; //对 1 做逻辑非运算，结果为 false
      document.write("0 && 1 的结果为 " + a + "<br>");
      document.write("0 || 1 的结果为 " + b + "<br>");
      document.write("!1 的结果为 " + c + "<br>");
    </script>
  </head>
  <body></body>
</html>
```

运行结果如 8-3 所示。

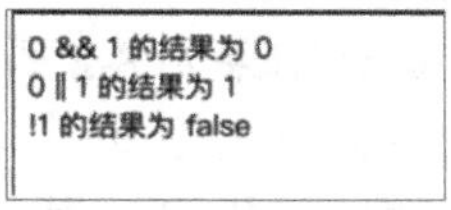

（5）条件运算符。

JavaScript 中的条件运算符用于基于条件的赋值运算，包括 1 个条件和 2 个真假值，语法格式如下：

```
0 && 1 的结果为 0
0 || 1 的结果为 1
!1 的结果为 false
```

图 8-3　逻辑运算符的运行结果

条件?表达式 1:表达式 2

当条件为真时，使用表达式 1 的值，否则使用表达式 2 的值。例如，使用条件运算符计算两个数中的最大数，并赋值给另一个变量。代码如下：

```
var a=26;
var b=30;
var m=a>b?a:b       //变量 m 的值为 30
```

（6）赋值运算符。

赋值运算符用于将数值赋给变量，在使用该运算符时，需要保证运算符两侧的操作数的类型一致。JavaScript 中常用的赋值运算符如表 8-7 所示。

表 8-7　JavaScript 中常用的赋值运算符

运算符	示例	等价于	结果
=	x=10 y=5 x=y		x=5
+=	x=10 y=5 x+=y	x=x+y	x=15
*=	x=10 y=5 x*=y	x=x*y	x=50
/=	x=10 y=5 x/=y	x=x/y	x=2
%=	x=10 y=5 x%=y	x=x%y	x=0
-=	x=10 y=5 x-=y	x=x-y	x=5

（7）运算符的优先级。

JavaScript 中的各个运算符会构成不同的表达式，而一个表达式中往往又会包含多种运算符。在使用多种运算符时，JavaScript 就会根据运算符的优先级决定运算的顺序。因此，在使用运算符参与运算之前，还需要先了解一下运算符的优先级。表 8-8 中以从上到下的顺序排列优先级从高到低的各种运算符。

表 8-8　运算符的优先级

运算符	说明	接合性
()	括号	从左到右
++、--	自增、自减	从右到左
*、/、%	乘、除、求模	从左到右
+、-	加、减	从左到右
<、<=、>、>=	小于、小于或等于、大于、大于或等于	从左到右
==、!=	等于、不等于	从左到右
&&	逻辑与	从左到右
||	逻辑或	从左到右
=、+=、*=、/=、%=、-=	赋值运算和快捷运算	从右到左

在书写表达式时，如果要更改求值的顺序，则可以将表达式中先参与运算的部分用括号括起来，如果无法确定运算符的顺序，则尽量使用括号参与运算以保证运算的顺序。

使用运算符的优先级的示例代码如下：

```
<!DOCTYPE html>
<html>
    <head>
        <meta charset="utf-8">
        <title>运算符的优先级</title>
    </head>
    <body>
        <script>
            var x1=100+25*2/20;
            var x2=(100+25)*2/20;
            alert("x1="+x1+"\nx2="+x2);
        </script>
    </body>
</html>
```

运行结果如图 8-4 所示。

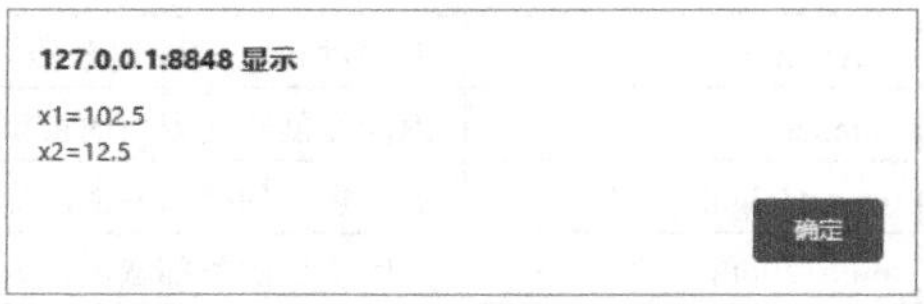

127.0.0.1:8848 显示

x1=102.5
x2=12.5

确定

图 8-4　使用运算符的优先级后的运算结果

8.1.2　BOM 对象和 DOM 对象

JavaScript 中的 BOM（浏览器对象模型）和 DOM（文档对象模型）的结合使用，赋予了 JavaScript 实现丰富网页交互功能的能力。通过 BOM，用户可以操作浏览器窗口，实现页面的滚动、大小调整等交互功能。通过 DOM，用户可以动态地改变页面的内容和样式，实现更加灵活和交互性强的网页体验。这两者在网页开发中扮演了至关重要的角色。

1．BOM 对象

BOM（Browser Object Model，浏览器对象模型）提供了一组用于与浏览器窗口进行交互的对象和方法。BOM 并没有一个明确定义的标准,其中最核心的对象是 window 对象。window 对象既在 JavaScript 中充当访问浏览器功能的 API,也在 ECMAScript 中作为 Global 对象的身份存在。BOM 与浏览器之间存在密切的关系,通过 JavaScript 可以控制浏览器的许多功能,如打开窗口、打开选项卡、关闭页面、操作收藏夹等。这些功能与网页的具体内容无关,而与浏览器本身相关。由于缺乏明确的标准规范,不同的浏览器会以不同的方式实现相同的功能。因此,开发人员需要根据特定浏览器的实现差异来编写代码,以确保在不同浏览器上的一致性和兼容性。

1)window 对象

window 对象在 JavaScript 中用于控制浏览器窗口的大小和位置、弹出对话框等功能。与其他对象类似,window 对象拥有自己的属性和方法。其访问属性和方法的语法格式如下:

```
window.属性名(方法名)
```

如果访问的是当前浏览器窗口中的 window 对象,则可以省略"window",直接使用属性名或方法名即可。

除 window 对象的属性和方法以外,还可以使用 frames 数组来引用其他相关的对象。其中,frames 数组的语法格式如下:

```
frames[]
```

frames 数组是 window 对象的数组,表示返回窗口中所有命名的框架。

(1)对象属性。

window 对象中包含多种属性,如表 8-9 所示。

表 8-9　window 对象的对象属性

属性	说明	语法
closed	返回布尔值,该值声明了窗口是否已关闭,为可读属性	window.closed
document	返回对 document 对象的只读引用	window.document
history	返回对 history 对象的只读引用	window.history
innerHeight	返回窗口的文档显示区的高度,单位为像素(px)	window.innerHeight
innerWidth	返回窗口的文档显示区的宽度,单位为像素(px)	window.innerWidth
length	设置或返回窗口中的框架数量	window.length
location	返回对 location 对象的只读引用	window.location
name	设置或返回窗口的名称	window.name=name
navigator	返回对 navigator 对象的只读引用	window.navigator
opener	返回对创建此窗口的窗口的引用,为可读、可写属性	window.opener
outerHeight	返回窗口的外部高度,为只读整数	window.outerHeight=pixels
outerWidth	返回窗口的外部宽度,为只读整数	window.outerWidth=pixels
pageXOffset	设置或返回当前页面相对于窗口显示区左上角的 X 坐标	window.pageXOffset
pageYOffset	设置或返回当前页面相对于窗口显示区左上角的 Y 坐标	window.pageYOffset
parent	返回父窗口	window.parent
screen	返回对 screen 对象的只读引用,包含有关客户端的屏幕信息	window.screen
self	返回对当前窗口的只读引用,等价于 window 属性	window.self
status	设置或返回窗口状态栏的文本	window.status
top	返回最顶层的先辈窗口	window.top
window	window 属性等价于 self 属性,它包含了对窗口自身的引用	

（2）对象方法。

window 对象中提供多种方法，用于实现与浏览器窗口交互的功能，如表 8-10 所示。

表 8-10　window 对象的对象方法

方法	说明	语法
alert()	显示带有一段消息和一个确认按钮的警告框	alert(message)
blur()	把键盘焦点从顶层窗口移开	window.blur()
clearInterval()	取消由 setInterval()方法设置的定时操作	clearInterval(id_of_setInterval)
clearTimeout()	取消由 setTimeout()方法设置的定时操作	clearTimeout(id_of_settimeout)
close()	关闭浏览器窗口	window.close()
confirm()	显示带有指定消息及确认按钮和取消按钮的对话框	confirm(message)
focus()	把键盘焦点给予一个窗口	window.focus()
moveBy()	相对窗口的当前坐标，把窗口移动指定的像素	window.moveBy(x,y)
moveTo()	把窗口的左上角移动到一个指定的坐标	window.moveTo(x,y)
open()	打开一个新的浏览器窗口，或者查找一个已命名的窗口	window.open(URL,name,features,replace)
print()	打印当前窗口的内容	window.print()
prompt()	显示可提示用户输入的对话框	prompt(text,defaultText)
resizeBy()	按照指定的像素来调整窗口的大小	resizeBy(width,height)
resizeTo()	把窗口的大小调整到指定的宽度和高度	resize To(width,height)
scrollBy()	按照指定的像素来滚动内容	scrollBy(xnum,ynum)
scrollTo()	把内容滚动到指定的坐标	scrollTo(xpos,ypos)
setInterval()	按照指定的周期（以毫秒计）来调用函数或计算表达式	setInterval(code,millisec[,"lang"])
setTimeout()	在指定的毫秒数后调用函数或计算表达式	setTimeout(code,millisec)

使用 open()方法打开窗口的示例代码如下：

```html
<!DOCTYPE html>
<html>
    <head>
        <meta charset="utf-8">
        <title></title>
    </head>
    <body>
        <script>
        {
            window.open("http://www.baid*.com")
        }
        </script>
    </body>
</html>
```

上面代码的运行结果如图 8-5 所示。

图 8-5　打开百度窗口

2）应用状态栏

状态栏显示在浏览器的底部，主要用于显示提示信息或任务状态。用户可以使用 window 对象的一些属性来设置状态栏所显示的信息类型，包括默认信息和瞬间信息两种类型。

（1）设置默认信息。

默认信息是在没有任何动作发生时状态栏中显示的内容。用户可以使用 window 对象的 defaultStatus 属性来设置。

（2）设置瞬间信息。

瞬间信息只有在应用触发事件时才会显示，如将鼠标指针放置在链接上时。用户可以使用 window 对象的 status 属性来设置。

2．DOM 对象

DOM（Document Object Model，文档对象模型）提供了对 HTML 文档的结构、内容和样式的操作方法。DOM 是 W3C 标准，它的最根本对象是 document 对象（window.document），这个对象实际上是 window 对象的属性，该对象的独特之处是它是唯一一个既属于 BOM 又属于 DOM 的对象。

每个载入浏览器的 HTML 文档都会成为 document 对象，通过该对象，用户可以从脚本中对 HTML 页面中的所有元素进行访问。document 对象不仅拥有多个属性和方法，还拥有对象集合。

1）对象属性

document 对象主要包括 domain 属性、title 属性、URL 属性等 7 种常用属性，如表 8-11 所示。

表 8-11　document 对象的对象属性

属性	说明	语法
cookie	设置或返回与当前文档有关的 cookie	document.cookie
domain	返回当前文档的域名	document.domain
lastModified	返回文档被最后修改的日期和时间	document.lastModified
referrer	返回载入当前文档的文档的 URL	document.referrer
title	返回当前文档的标题	document.title
URL	返回当前文档的 URL	document.URL
body	提供对 body 元素的直接访问，对于定义了框架集的文档，该属性引用最外层的 frameset 元素	

使用 document 对象的属性的示例代码如下：

```
<!DOCTYPE html>
<html>
    <head>
        <meta charset="utf-8">
        <title>设置对象属性</title>
    </head>
    <body>
        <h3>该文档的标题：</h3>
        <script>
            document.write(document.title);
        </script>
    </body>
</html>
```

使用浏览器预览，效果如图 8-6 所示。

2）对象方法

document 对象主要包括 getElementsByName()方法、getElementsByTagName()方法、write()方法等 7 种常用方法，如表 8-12 所示。

图 8-6　使用 document 对象的属性后的效果

表 8-12　DOM 对象的对象方法

方法	说明	语法
close()	关闭用 document.open()方法打开的输出流，并显示选定的数据	document.close()
getElementById()	返回对拥有指定 id 的第一个对象的引用	document.getElementById(id)
getElementsByName()	返回带有指定名称的对象集合	getElementsByName(name)
getElementsByTagName()	返回带有指定标签名的对象集合	document.getElementsByTagName(tagname)
open()	打开一个流，以收集来自任何 document.write()或 document.writeln()方法的输出	document.open(mimetype,replace)
write()	向文档写 HTML 表达式或 JavaScript 代码	document.write(exp1,exp2,exp3)
writeln()	等同 write()方法，不同的是在每个表达式之后写一个换行符	document.writeln(exp1,exp2,exp3)

使用 document 对象的方法的示例代码如下：

```
<!DOCTYPE html>
<html>
    <head>
        <meta charset="utf-8">
        <title></title>
        <script>
            function getElements()
            {
                var A=document.getElementsByName("B");
```

```
                    alert(A.length);
                }
        </script>
    </head>
    <body>
        <input name="B" type="color" size="30"/><br/>
        <input name="B" type="text" size="30"/><br/>
        <input name="B" type="button" size="30"/><br/>
        <input name="B" type="password" size="30"/><br/>
        <br/>
        <input type="button" onclick="getElements()"value="名称为 B 的元素总数"/>
    </body>
</html>
```

使用浏览器预览，在打开的页面中单击"名称为 B 的元素总数"按钮，效果如图 8-7 所示。

图 8-7　使用 document 对象的方法后的效果

3）对象集合

document 对象的对象集合主要用于对一些其他对象的引用，包括 HTML 元素、anchor 对象、form 对象、image 对象、link 对象等常用对象，如表 8-13 所示。

表 8-13　document 对象的对象集合

对象集合	说明	语法
all[]	提供对文档中所有 HTML 元素的访问	document.all[i] document.all[name] document.all.tags[tagname]
anchors[]	返回对文档中所有 anchor 对象的引用	document.anchors[]
forms[]	返回对文档中所有 form 对象的引用	document.forms[]
images[]	返回对文档中所有 image 对象的引用	document.images[]
links[]	返回对文档中所有 link 对象的引用	document.links[]

使用 document 对象的对象集合的示例代码如下：

```
<!DOCTYPE html>
<html>
    <head>
        <meta charset="utf-8">
        <title></title>
    </head>
```

```
<body>
    <a name="A">高数</a><br/>
    <a name="B">大学英语</a><br/>
    <a name="A">计算机基础</a><br/>
    <h3>学科数量：</h3>
    <script>
        document.write(document.anchors.length);
    </script>
</body>
</html>
```

使用浏览器预览，效果如图 8-8 所示。

8.1.3   JavaScript 函数

JavaScript 中的函数是具有某种特定功能的
一系列的代码集合，可以完成特定的任务并返回
数据，但只有当函数被调用时，函数体内的代码
才会被执行。

图 8-8　使用 document 对象的对象集合后的效果

在编写程序时，可以将程序中的大部分功能拆解成一个一个的函数，从而使程序的结构
更加清晰。而函数中的代码执行结果并不是一成不变的，可以通过向函数中传递参数，通过
函数返回的值来解决不同情况下的问题。

在 JavaScript 中，定义函数一般包括关键字定义和变量定义两种方式。

1）关键字定义

关键字定义是使用关键字 function 定义函数，语法格式如下：

```
function 函数名(参数1,参数2,…)
{
    [语句组]
    return[表达式]
}
```

在上述代码中，function 为定义函数使用的关键字，函数名为合法的 JavaScript 标识符，都
为必选项；参数为合法的 JavaScript 标识符，语句组为 JavaScript 程序语句，表达式的值可以作
为函数的范围值，它们都为可选项；return 也为可选项，表示函数遇到该指令执行结束并返回。

例如，定义一个用于计算商品金额的函数 account()，该函数有两个参数，用于指定商品
的单价和数量，返回值为计算后的金额。具体代码如下：

```
function account(price,number){
    var sum=price*number;            //计算金额
    return sum;                      //返回计算后的金额
}
```

2）变量定义

JavaScript 中的函数对象对应的类型是 Function，可以通过 new Function() 来创建一个函数
对象进行变量定义，语法格式如下：

```
var 变量名=new Function([参数1,参数2,…],函数体);
```

在上述代码中，变量名为必选项，表示函数名称；参数为可选项，表示函数参数的字符串；

函数体为可选项，表示字符串，相当于函数中的程序语句系列，各语句之间使用逗号隔开。

JavaScript 中的内置函数包括 eval()函数、isFinite()函数和 isNaN()函数等，使用内置函数可以提高编程效率。

1）eval()函数

eval()函数用于计算某个字符串，并执行其中的 JavaScript 代码，它的返回值是通过计算输入的字符串得到的值，语法格式如下：

```
eval(string)
```

eval()函数只接受原始字符串作为参数，参数 string 为必选参数，表示所需要计算的字符串，包含 JavaScript 表达式或需要执行的语句。如果参数不是表达式，没有值，则会返回"undefined"。

使用 eval()函数的示例代码如下：

```
<!DOCTYPE html>
<html>
    <head>
        <meta charset="utf-8">
        <title></title>
    </head>
    <body>
        <script>
            eval("x=15;y=30;document.write(x*y)");
            document.write("<br>" + eval("2+2"));
            document.write("<br>" + eval(x+17));
        </script>
    </body>
</html>
```

使用浏览器预览，效果如图 8-9 所示。

2）isFinite()函数

isFinite()函数用于检查给定参数的有限数值，语法格式如下：

```
isFinite(number)
```

图 8-9　使用 eval()函数后的效果

参数 number 为必选参数，可以是任意的数值。如果该参数是非数字、正无穷数或负无穷数，则返回 false，否则返回 true；如果该参数是字符串类型的数字，则 JavaScript 会自动将该参数转化为数字型。

使用 isFinite()函数的示例代码如下：

```
<!DOCTYPE html>
<html>
    <head>
        <meta charset="utf-8">
        <title></title>
    </head>
    <body>
        <script>
            document.write(isFinite(123)+"<br>");
```

```
            document.write(isFinite(-1.23)+"<br>");
            document.write(isFinite(5-2)+"<br>");
            document.write(isFinite(0)+"<br>");
            document.write(isFinite("Hello")+"<br>");
            document.write(isFinite("2023/12/12")+"<br>");
        </script>
    </body>
</html>
```

使用浏览器预览，效果如图 8-10 所示。

3）isNaN()函数

isNaN()函数用于检查给定的参数是否为非数字值，语法格式如下：

```
isNaN(x)
```

参数 x 为必选参数，表示需要检查的值。如果参数 x 为非数字值 NaN，则返回 true；如果参数 x 为其他值，则返回 false。

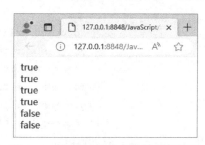

图 8-10　使用 isFinite()函数后的效果

使用 isNaN()函数的示例代码如下：

```
<!DOCTYPE html>
<html>
    <head>
        <meta charset="utf-8">
        <title></title>
    </head>
    <body>
        <script>
            document.write(isNaN(123)+"<br>");
            document.write(isNaN(-1.23)+"<br>");
            document.write(isNaN(5-2)+"<br>");
            document.write(isNaN(0)+"<br>");
            document.write(isNaN("Hello")+"<br>");
            document.write(isNaN("2023/12/12")+"<br>");
        </script>
    </body>
</html>
```

使用浏览器预览，效果如图 8-11 所示。

4）parseInt()函数

parseInt()函数用于将字符串转换为一个整数，语法格式如下：

```
parseInt(string,radix)
```

参数 string 为必选参数，表示需要被转换的字符串。参数 radix 为可选参数，表示要转换的数字的基数，该值介于 2~36 之间；如果省略该参数或其值为 0，则数字将以 10 为基数进行转换；如果该参数以 "0x" 或 "0x" 开头，则数字将以 16 为基数进行转换；如果该参数小于 2 或大于 36，则该函数将返回 NaN。

使用 parseInt()函数的示例代码如下：

```
<!DOCTYPE html>
<html>
    <head>
        <meta charset="utf-8">
        <title>parseInt()函数</title>
    </head>
    <body>
        <script>
            document.write(parseInt("10")+"<br>");
            document.write(parseInt("10.33")+"<br>");
            document.write(parseInt("34 45 66")+"<br>");
            document.write(parseInt("60")+"<br>");
            document.write(parseInt("40 years")+"<br>");
            document.write(parseInt("He was 40")+"<br>");
        </script>
    </body>
</html>
```

使用浏览器预览，效果如图 8-12 所示。

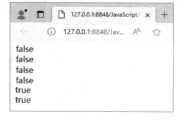

图 8-11　使用 isNaN()函数后的效果

图 8-12　使用 parseInt()函数后的效果

5）parseFloat()函数

parseFloat()函数用于将字符串转换为一个浮点数，语法格式如下：

```
parseFloat(string)
```

参数 string 为必选参数，表示需要被转换的字符串。如果该函数指定字符串中的首个字符为数字，则对该字符串进行转换，直到到达数字的末端，然后以数字形式返回该数字，而不是以字符串形式返回该数字。

parseFloat()函数如果在转换过程中遇到了除正负号、数字（0～9）、小数点、科学记数法中的指数（e 或 E）以外的字符，则它会忽略该字符及其之后的所有字符，返回当前已经转换到的浮点数。同时参数字符串首位的空白字符会被忽略。

使用 parseFloat()函数的示例代码如下：

```
<!DOCTYPE html>
<html>
    <head>
        <meta charset="utf-8">
        <title></title>
```

```
    </head>
    <body>
        <script>
            document.write(parseFloat("10")+"<br>");
            document.write(parseFloat("10.33")+"<br>");
            document.write(parseFloat("34 45 66")+"<br>");
            document.write(parseFloat("60")+"<br>");
            document.write(parseFloat("40 years")+"<br>");
            document.write(parseFloat("He was 40")+"<br>");
        </script>
    </body>
</html>
```

使用浏览器预览，效果如图 8-13 所示。

6）Number()函数

Number()函数用于将对象的值转换为数字，语法格式如下：

```
Number(object)
```

参数 object 为必选参数，表示需要转换的对象。如果参数为 Date 对象，则该函数将返回从 1970 年 1 月 1 日 0 时 0 分 0 秒至今的毫秒数；如果参数的值无法转换为数字，则该函数将返回 NaN。

使用 Number()函数的示例代码如下：

```
<!DOCTYPE html>
<html>
    <head>
        <meta charset="utf-8">
        <title></title>
    </head>
    <body>
        <script>
            var test1=new Boolean(true);
            var test2=new Boolean(false);
            var test3=new Date();
            var test4=new String("999");
            var test5=new String("999 888");
            document.write(Number(test1)+"<br>");
            document.write(Number(test2)+"<br>");
            document.write(Number(test3)+"<br>");
            document.write(Number(test4)+"<br>");
            document.write(Number(test5)+"<br>");
        </script>
    </body>
</html>
```

使用浏览器预览，效果如图 8-14 所示。

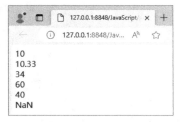
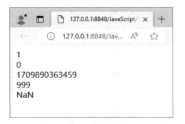

图 8-13　使用 parseFloat()函数后的效果　　　　图 8-14　使用 Number()函数后的效果

7）String()函数

String()函数用于将对象的值转换为字符串，语法格式如下：

```
String(object)
```

参数 object 为必选参数，表示需要转换的对象。

使用 String()函数的示例代码如下：

```html
<!DOCTYPE html>
<html>
    <head>
        <meta charset="utf-8">
        <title></title>
    </head>
    <body>
        <script>
var test1 = new Boolean(1);
            var test2 = new Boolean(0);
            var test3 = new Boolean(true);
            var test4 = new Boolean(false);
            var test5 = new Date();
            var test6 = new String("995.88");
            var test7 = 2468;
            document.write(String(test1)+ "<br>");
            document.write(String(test2)+ "<br>");
            document.write(String(test3)+ "<br>");
            document.write(String(test4)+ "<br>");
            document.write(String(test5)+ "<br>");
            document.write(String(test6)+ "<br>");
            document.write(String(test7)+ "<br>");
        </script>
    </body>
</html>
```

使用浏览器预览，效果如图 8-15 所示。

8）escape()函数

escape()函数用于对字符串进行编码，以便可以在所有计算机中读取该字符串，语法格式如下：

```
escape(string)
```

参数 string 为必选参数，表示需要被编码的字符串。需要注意的是，该函数既不会对 ASCII

字母或数字进行编码，也不会对特定的 ASCII 标点符号（如*、@、-、_、+、/等）进行编码。

使用 escape()函数的示例代码如下：

```html
<!DOCTYPE html>
<html>
    <head>
        <meta charset="utf-8">
        <title></title>
    </head>
    <body>
        <script>
            document.write(escape("Hello,World!"));
        </script>
    </body>
</html>
```

使用浏览器预览，效果如图 8-16 所示。

图 8-15　使用 String()函数后的效果

图 8-16　使用 escape()函数后的效果

9）unescape()函数

unescape()函数用于对通过 escape()函数编码的字符串进行解码，语法格式如下：

```
unescape(string)
```

参数 string 为必选参数，表示需要被解码的字符串。

8.1.4　事件

事件是用户通过鼠标或键盘执行的操作，对事件做出响应的代码称为"事件处理程序"，事件的发生使得响应的事件处理程序被执行称为"事件驱动"。

1．事件的分类

JavaScript 中的事件可以分为鼠标事件（Mouse Events）、键盘事件（Keyboard Events）、表单事件（Form Events）、窗口事件（Window Events）等。

1）鼠标事件

鼠标事件是指当用户单击或移动鼠标时触发的事件，此时事件指定的事件处理程序或代码将被调用执行。鼠标事件包括以下事件：

● onclick：当用户单击鼠标按钮时触发。

● ondblclick：当用户双击鼠标按钮时触发。

● onmouseover：当鼠标指针移动到元素上时触发。

● onmouseout：当鼠标指针移出元素时触发。

·201·

- onmousemove：当鼠标指针在元素上移动时触发。
- onmousedown：当鼠标按钮被按下时触发。
- onmouseup：当鼠标按钮被释放时触发。

2）键盘事件

键盘事件是指在文本框中输入文本时触发的事件，包含以下事件：

- onkeydown：当键盘按键被按下时触发。
- onkeyup：当键盘按键被释放时触发。
- onkeypress：当字符被输入时触发。

3）表单事件

表单事件是指在 HTML 表单元素（如 form、input、select 等）上发生特定动作时触发的事件，包含以下事件：

- onsubmit：当表单提交时触发。
- onreset：当表单重置时触发。
- onfocus：当元素获得焦点时触发。
- onblur：当元素失去焦点时触发。
- onchange：当元素的值改变时触发。
- onselect：当用户通过鼠标或键盘选择文本框或文本区域中的文本时触发。

4）窗口事件

窗口事件是指当浏览器窗口改变或文档加载时触发的事件，包含以下事件：

- onload：当文档加载完成时触发。
- onunload：当文档卸载完成时触发。
- onresize：当浏览器窗口的大小改变时触发。
- onscroll：当浏览器窗口滚动时触发。

2．关联事件与处理代码

在 JavaScript 中，事件是由浏览器来通知程序对事件进行响应的。当事件产生时，浏览器会直接调用 JavaScript 程序来响应事件。

事件处理程序既可以是任意的 JavaScript 语句，也可以是特定的自定义函数。在一般情况下，可以通过下列 3 种方法来指定事件处理函数。

1）HTML 属性绑定

在 HTML 元素中直接使用事件属性（如 onclick、onmouseover、onchange 等）来绑定相应的事件处理函数，语法格式如下：

```
<标签 事件名="事件处理函数"></标签>
```

2）DOM 属性绑定

使用 JavaScript 在 DOM 元素上直接设置事件属性，将事件处理函数赋给相应的事件属性，语法格式如下：

```
元素对象.事件=事件处理函数
```

3）addEventListener()方法

使用 addEventListener()方法来为 DOM 元素添加事件监听器，可以同时绑定多个事件处理函数，并且可以指定事件的冒泡或捕获阶段，语法格式如下：

```
元素对象.addEventListener("事件名",事件处理函数,布尔值)
```

3．调用事件

在 JavaScript 中，可以运用函数和代码来调用事件，也就是自定义响应事件，从而增加了网页的交互性。

运用函数调用事件是将一个函数作为事件的处理程序，在调用函数时需要先定义函数，再调用该函数。

运用代码调用事件是将代码作为事件的处理程序，对于比较简单的事件响应，可以将响应代码直接写入事件，而不必写入<script></script>标签对。

在处理事件时，除运用函数和代码来调用事件以外，还可以将事件绑定到对象中。该绑定属于动态绑定，需要结合 DOM 对象一起使用。

在 HTML 中分配事件处理程序，只需要在 HTML 标签中添加相应的事件，并在其中指定要执行的代码或函数名即可。

调用事件的示例代码如下：

```
<!DOCTYPE html>
<html>
    <head>
        <meta charset="utf-8">
        <title></title>
        <script>
                function test()
                {
                alert("欢迎进入此页面！");
                }
        </script>
    </head>
    <body onload="test()">
        <form>
            <input type="button"
value="单击" onclick="test()">
        </form>
    </body>
</html>
```

使用浏览器预览，效果如图 8-17 所示。

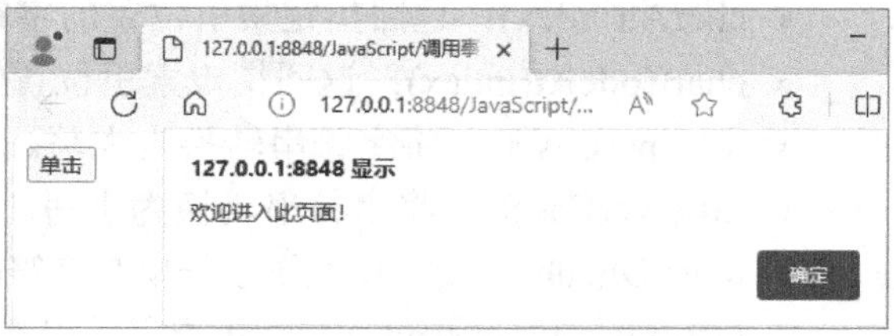

图 8-17　调用事件的效果

8.1.5　JavaScript 对象

JavaScript 中的所有事物都是对象，如字符串、数值、日期、数组等，用户还可以创建自定义对象。

创建对象的语法格式如下：

```
var object=new objectName();
```

var 表示声明对象的变量，object 表示声明对象的名称，new 表示关键字，objectName 表示构造函数的名称。

JavaScript 中的对象是数据（变量），拥有独特的属性和方法。其中，属性是与对象相关的值，用于描述对象的特征；方法是能够在对象上执行的动作。

属性可以使用"对象名.属性名"方法来表示，调用属性的语法格式如下：

```
objectName.propertyName
```

对象的方法是一种可以在对象上执行的动作，调用方法的语法格式如下：

```
objectName.methodName
```

1. 字符串对象

在 JavaScript 中，使用 String 对象表示字符串对象，既可以直接声明 String 对象，也可以使用关键字 new 来创建 String 对象。

1）直接声明

直接声明 String 对象类似于声明函数，使用关键字 var 对其进行声明，语法格式如下：

```
var 字符串变量=字符串;
```

2）使用关键字 new

除了直接声明 String 对象，还可以使用关键字 new 来创建 String 对象，语法格式如下：

```
var 字符串变量=new String(字符串)
```

在上述代码中，字符串的构造函数的名称"String"中的首字母必须为大写字母。

String 对象的属性比较少，包括 length 属性、constructor 属性和 prototype 属性，每种属性的具体说明如下所述。

- length 属性：表示字符串的长度。
- constructor 属性：表示对创建 String 对象的函数的引用。
- prototype 属性：表示向 String 对象添加新的属性和方法。

String 对象的属性的语法格式如下：

```
对象名.属性名                  //获取对象的属性
对象名.属性名=值               //赋值给对象的属性
```

String 对象的方法是字符串中常用的方法，以下是常见的方法。

- length()：返回字符串的长度。
- charAt(index)：返回指定索引位置的字符。
- charCodeAt(index)：返回指定索引位置的字符的 Unicode 编码。
- toUpperCase()：将字符串转换为大写。
- toLowerCase()：将字符串转换为小写。
- indexOf(substring)：返回子字符串在字符串中第一次出现的位置，如果不存在，则返回-1。
- lastIndexOf(substring)：返回子字符串在字符串中最后一次出现的位置，如果不存在，则返回-1。
- substring(startIndex,endIndex)：返回指定索引范围内的子字符串（不包括 endIndex）。
- substr(startIndex,length)：返回从指定索引位置开始指定长度的子字符串。
- slice(startIndex,endIndex)：返回指定索引范围内的子字符串（包括 startIndex，但不包括 endIndex）。
- replace(searchValue,replaceValue)：替换字符串中的匹配项。
- trim()：移除字符串两端的空白字符。
- split(separator)：将字符串拆分为子字符串数组。
- concat(string1,string2,...)：连接多个字符串并返回新字符串。

- startsWith(searchString)：判断字符串是否以指定字符串开头。
- endsWith(searchString)：判断字符串是否以指定字符串结尾。
- includes(searchString)：判断字符串是否包含指定的字符串。

2．数值对象

JavaScript 中内置了大量的数值对象的属性和方法，包括求平方根、求绝对值、取整等。在 JavaScript 中，使用 Math 对象表示数值对象，语法格式如下：

```
Math.[{property|method}]
```

其中，参数 property 表示对象的属性名，参数 method 表示对象的方法名。

Math 对象的属性为数学中的一些常数，用户可以通过引用属性来获取数学常数。Math 对象常用的属性如表 8-14 所示。

表 8-14　Math 对象常用的属性

属性	说明	语法
E	返回自然对数的底数	Math.E
LN2	返回 2 的自然对数	Math.LN2
LN10	返回 10 的自然对数	Math.LN10
LOG2E	返回以 2 为底的 e 的对数	Math.LOG2E
LOG10E	返回以 10 为底的 e 的对数	Math.LOG10E
PI	返回圆周率	Math.PI
SQRTI_2	返回 2 的平方根的倒数	Math.SQRTI_2
SQRT2	返回 2 的平方根	Math.SQRT2

Math 对象的方法是数学中常用的函数，如表 8-15 所示。

表 8-15　Math 对象的方法

属性	描述	示例	
abs(x)	返回 x 的绝对值	Math.abs(-10);	//返回值为 10
ceil(x)	返回大于或等于 x 的最小整数	Math.ceil(1.05);	//返回值为 2
		Math.ceil(-1.05);	//返回值为-1
cos(x)	返回 x 的余弦值	Math.cos(0);	//返回值为 1
exp(x)	返回 e 的 x 次乘方	Math.exp(4);	//返回值为 54.598 150 033 144 236
floor(x)	返回小于或等于 x 的最大整数	Math.floor(1.05);	//返回值为 1
		Math.floor(-1.05);	//返回值为-2
log(x)	返回 x 的自然对数	Math.log(1);	//返回值为 0
max(x,y)	返回 x 和 y 中的最大数	Math.max(2,4);	//返回值为 4
min(x,y)	返回 x 和 y 中的最小数	Math.min(2,4);	//返回值为 2
pow(x,y)	返回 x 的 y 次乘方	Math.pow(2,4);	//返回值为 16
random()	返回 0 和 1 之间的随机数	Math.random();	//返回值为类似 0.886 705 699 783 971 5 的随机数
round(x)	返回最接近 x 的整数，即四舍五入函数	Math.round(1.05);	//返回值为 1
		Math.round(-1.05);	//返回值为-1
sqrt(x)	返回 x 的平方根	Math.sqrt(2);	//返回值为 1.4142135623730951

3．日期对象

在 Web 程序开发过程中，可以使用 JavaScript 的日期对象来对日期和时间进行操作。例如，如果想在网页中显示计时的时钟，就可以使用日期对象来获取当前系统的时间，并按照指定的格式进行显示。

在 JavaScript 中，使用 Date 对象表示日期对象。可以使用下列 4 种方法创建 Date 对象：

```
var myDate=new Date()
var myDate=new Date(日期字符串)
var myDate=new Date(年,月,日[时,分,秒,[毫秒]])
var myDate=new Date(毫秒)
```

Date 对象的属性比较少，如表 8-16 所示。

表 8-16　Date 对象的属性

属性	说明	语法
constructor	返回对创建此对象的 Date()函数的引用	object.constructor
prototype	向对象添加属性和方法	object.prototype.name=value

Date 对象没有提供直接访问的属性，只具有获取与设置日期和时间的方法。Date 对象常用的方法如表 8-17 所示。

表 8-17　Date 对象常用的方法

方法	描述	示例
get[UTC]FullYear()	返回 Date 对象中的年份，用 4 位数表示（[]表示可选项，如果不写该项，则表示采用默认值，即采用本地时间，否则表示采用世界时间）	new Date().getFullYear(); //返回值为"2024"
get[UTC]Month()	返回 Date 对象中的月份（0～11）（[]表示可选项，如果不写该项，则表示采用默认值，即采用本地时间，否则表示采用世界时间）	new Date().getMonth(); //返回值为"4"
get[UTC]Date()	返回 Date 对象中的日（1～31）（[]表示可选项，如果不写该项，则表示采用默认值，即采用本地时间，否则表示采用世界时间）	new Date().getDate(); //返回值为"18"
get[UTC]Day()	返回 Date 对象中的星期（0～6）（[]表示可选项，如果不写该项，则表示采用默认值，即采用本地时间，否则表示采用世界时间）	new Date().getDay(); //返回值为"1"
get[UTC]Hours()	返回 Date 对象中的小时数（0～23）（[]表示可选项，如果不写该项，则表示采用默认值，即采用本地时间，否则表示采用世界时间）	new Date().getHours(); //返回值为"9"
get[UTC]Minutes()	返回 Date 对象中的分钟数（0～59）（[]表示可选项，如果不写该项，则表示采用默认值，即采用本地时间，否则表示采用世界时间）	new Date().getMinutes();//返回值为"39"
get[UTC]Seconds()	返回 Date 对象中的秒数（0～59）（[]表示可选项，如果不写该项，则表示采用默认值，即采用本地时间，否则表示采用世界时间）	new Date().getSeconds(); //返回值为"43"
get[UTC]Milliseconds()	返回 Date 对象中的毫秒数（[]表示可选项，如果不写该项，则表示采用默认值，即采用本地时间，否则表示采用世界时间）	new Date().getMilliseconds();//返回值为"281"
getTimezoneOffset()	返回日期的本地时间和 UTC 时间之间的时差，以分钟为单位	new Date().getTimezoneOffset(); //返回值为"-480"

方法	描述	示例
getTime()	返回 Date 对象的内部毫秒表示。注意，该值独立于时区，所以没有单独的 getUTCTime()方法	new Date().getTime();　//返回值为"1 242 612 357 734"
set[UTC]FullYear()	设置 Date 对象中的年份，用 4 位数表示（[]表示可选项，如果不写该项，则表示采用默认值，即采用本地时间，否则表示采用世界时间）	new Date().setFullYear("2024");　// 设 置 为 2024 年
set[UTC]Month()	设置 Date 对象中的月（[]表示可选项，如果不写该项，则表示采用默认值，即采用本地时间，否则表示采用世界时间）	new Date().setMonth(5);　//设置为 6 月
set[UTC]Date()	设置 Date 对象中的日（[]表示可选项，如果不写该项，则表示采用默认值，即采用本地时间，否则表示采用世界时间）	new Date().setDate(17);　//设置为 17 日
set[UTC]Hours()	设置 Date 对象中的小时数（[]表示可选项，如果不写该项，则表示采用默认值，即采用本地时间，否则表示采用世界时间）	new Date().setHours(10);　//设置为 10 时
set[UTC]Minutes()	设置 Date 对象中的分钟数（[]表示可选项，如果不写该项，则表示采用默认值，即采用本地时间，否则表示采用世界时间）	new Date().setMinutes(15);　//设置为 15 分
set[UTC]Seconds()	设置 Date 对象中的秒数（[]表示可选项，如果不写该项，则表示采用默认值，即采用本地时间，否则表示采用世界时间）	new Date().setSeconds(17);　//设置为 17 秒
set[UTC]Milliseconds()	设置 Date 对象中的毫秒数（[]表示可选项，如果不写该项，则表示采用默认值，即采用本地时间，否则表示采用世界时间）	new Date().setMilliseconds(17);　//设置为 17 毫秒
toDateString()	返回日期部分的字符串表示，采用本地日期	new Date().toDateString();　//返回值为"Mon May 18 2009"
toUTCString()	将 Date 对象转换成一个字符串，采用世界时间	new Date().toUTCString();　//返回值为"Mon, 18 May 2009 02:22:31 UTC"
toLocaleDateString()	返回日期部分的字符串，采用本地日期	new Date().toLocaleDateString();　//返回值为"星期一 2009 年 5 月 18 日"
toLocaleTimeString()	返回时间部分的字符串，采用本地时间	new Date().toLocaleTimeString();　//返回值为"10:23:34"
toTimeString()	返回时间部分的字符串表示，采用本地时间	new Date().toTimeString();　//返回值为"10:23:34 UTC +0800"
valueOf()	将 Date 对象转换成其内部毫秒表示	new Date().valueOf();　//返回值为"1 242 613 489 906"

实时显示系统时间的示例代码如下：

```
<!DOCTYPE html>
<html>
    <head>
        <meta charset="utf-8">
        <title>Date</title>
        <div id="clock"></div>
```

```
        </head>
        <body>
            <script>
                function realSysTime(clock){
                    var now=new Date();
                    var year=now.getFullYear();
                    var month=now.getMonth();
                    var date=now.getDate();
                    var day=now.getDay();
                    var hour=now.getHours();
                    var minu=now.getMinutes();
                    var sec=now.getSeconds();
                    month=month+1;
                    var arr_week=new Array("星期日","星期一","星期二","星期三","星期四","
星期五","星期六");
                    var week=arr_week[day];
                    var time=year+"年"+month+"月"+date+"日 "+week+"
"+hour+":"+minu+":"+sec;
                    clock.innerHTML="当前时间: "+time;
                    }
                window.onload=function(){
                    window.setInterval("realSysTime(clock)",1000);
                    }
            </script>

        </body>
</html>
```

使用浏览器预览，效果如图 8-18 所示。

在 JavaScript 中，日期也可以进行运算，包括加法运算和减法运算。其中，加法运算是为一个 Date 对象加上整数的年、月、日，减法运算是对两个 Date 对象进行相减运算。

图 8-18　实时显示系统时间的效果

1）加法运算

在对 Date 对象进行加法运算时，只能对整数年、月和日进行相加。

在 JavaScript 中，可以通过下面的方法对 Date 对象进行加法运算：

```
date.setDate(date.getDate()+value);
date.setMonth(date.getMonth()+value);
date.setFullYear(date.getFullYear()+value);
```

2）减法运算

在 JavaScript 中，两个日期相减会返回两个日期之间的毫秒数，但可以将毫秒转换为天、小时、分或秒等。

4．数组对象

在 JavaScript 中，使用 **Array** 对象表示数组对象，用于在单个变量中存储多个值，语法格式如下：

```
new Array();
new Array(size)
new Array(element0,element1,...,element);
```

其中，参数 size 表示期望的数组个数，参数 element0,element1,…,elementn 表示参数列表。

在使用 Array 对象时，需要注意下列事项：

（1）使用构造函数 Array() 可以返回新创建并初始化了的数组。

（2）如果在调用构造函数 Array() 时没有设置参数，则返回空数组。

（3）如果在调用构造函数 Array() 时只设置一个数字参数，则返回具有指定个数且元素为 undefined 的数组。

（4）如果使用其他参数调用构造函数 Array()，则该构造函数会使用参数指定的值初始化数组。

在 JavaScript 中，Array 对象的属性如表 8-18 所示。

表 8-18　Array 对象的属性

属性	说明	语法
constructor	返回对创建此对象的数组函数的引用	object.constructor
prototype	向对象添加属性和方法	object.prototype.name=value
length	返回数组中元素的数目	arrayObject.length

Array 对象常用的方法如下所述。

1）增加/删除元素

- push(element1,element2,...)：向数组的末尾添加一个或多个元素，并返回新数组的长度。
- pop()：删除数组末尾的元素，并返回被删除的元素。
- unshift(element1,element2,...)：向数组的开头添加一个或多个元素，并返回新数组的长度。
- shift()：删除数组开头的元素，并返回被删除的元素。
- splice(startIndex,deleteCount,element1,element2,...)：从指定的索引位置删除或添加元素。

2）连接/拆分数组

- concat(array1,array2,...)：连接多个数组，并返回新数组。
- join(separator)：使用指定的分隔符将数组元素连接成一个字符串。
- slice(startIndex, endIndex)：返回指定索引范围内的子数组（不包括 endIndex）。

3）查找/排序元素

- indexOf(searchElement,fromIndex)：返回数组中第一个匹配元素的索引，如果不存在，则返回-1。
- lastIndexOf(searchElement,fromIndex)：返回数组中最后一个匹配元素的索引，如果不存在，则返回-1。
- includes(searchElement,fromIndex)：判断数组是否包含指定的元素。
- sort(compareFunction)：对数组中的元素进行排序。
- reverse()：颠倒数组中元素的顺序。

4）遍历数组

- forEach(callback)：对数组中的每个元素执行指定的操作。

- map(callback)：对数组中的每个元素执行指定的操作，并返回新数组。
- filter(callback)：返回由符合条件的元素组成的新数组。
- reduce(callback,initialValue)：累加器函数，将数组中的元素累加为单个值。

5）其他常用的方法

- toString()：将数组转换为字符串。
- toLocaleString()：返回数组的本地化字符串表示。
- isArray(value)：判断一个值是否为数组。

使用数组对象的示例代码如下：

```html
<!DOCTYPE html>
<html>
    <head>
        <meta charset="utf-8">
        <title></title>
    </head>
    <body>
        <script>
            var x1=new Array(3)
            x1[0]="10"
            x1[1]="11"
            x1[2]="12"
            var x2=new Array(3)
            x2[0]="20"
            x2[1]="21"
            x2[2]="22"
            var x3=new Array(3)
            x3[0]="30"
            x3[1]="31"
            x3[2]="32"
            document.write(x1.concat(x2,x3)+"<br/>")
        </script>
    </body>
</html>
```

使用浏览器预览，效果如图8-19所示。

图8-19　使用数组对象后的效果

任务规划

通过制作"精选图书模块"网页，不仅能提升开发者对HTML5和JavaScript的实际应用能力，还能为用户提供一个直观、便捷、内容丰富的阅读空间，有助于提升平台的整体品质和市场竞争力。"精选图书模块"网页的最终效果如图8-20所示。

图 8-20　"精选图书模块"网页的最终效果

任务实施

（1）打开开发工具 VS Code，在本地磁盘中新建项目文件夹，并命名为 book。

（2）在 VS Code 中打开项目文件夹 book，在"资源管理器"窗格中的项目文件夹 book 的名称上右击，在弹出的快捷菜单中选择"新建文件"命令，在出现的文本框中输入文件的名称"list.html"，然后按 Tab 键或 Enter 键，完成 HTML 文件的创建。默认创建后的文件为空白文件，需要自行输入标签。为了方便起见，可以在 HTML 文件中输入"！"，然后按 Tab 键或 Enter 键，编辑器中会自动生成 HTML 文件的基本框架。

（3）单击 list.html 文件，进入代码编辑窗口。在<title></title>标签对中设置网页的标题为"精选图书模块"，并引入外部样式表文件。代码如下：

```
<head>
    <meta charset="UTF-8">
    <link rel="stylesheet" href="css/style.css">
    <title>精选图书模块</title>
</head>
```

（4）在<body></body>标签对中添加一个<section></section>标签对，用于放置精选图书，并设置好 id，然后在<section></section>标签对中插入标题"精选图书• 感悟智慧的力量"和一个无序列表。代码如下：

```
<section id="selected-books">
        <h2 class="section-title">精选图书<span>•感悟智慧的力量</span></h2>
        <ul id="book-list">
          <!-- 动态生成的书籍列表 -->

        </ul>
 </section>
```

（5）在<body></body>标签对中引入 JavaScript 文件。代码如下：

```
<script src="js/scripts.js"></script>
```

（6）在"资源管理器"窗格中的项目文件夹 book 的名称上右击，在弹出的快捷菜单中选择"新建文件夹"命令，在出现的文本框中输入文件夹的名称"css"，然后按 Tab 键或 Enter 键，完成文件夹的创建。在 css 文件夹的名称上右击，在弹出的快捷菜单中选择"新建文件"命令，在出现的文本框中输入文件的名称"style.css"，然后按 Tab 键或 Enter 键，完成 CSS 文件的创建。

（7）单击步骤（6）中新建的 style.css 文件，进入代码编辑窗口，设置网页各部分内容的样式。代码如下：

```css
#selected-books {
    width: 80%;
    margin: 0 auto;
    text-align: center;
}
#book-list {
    list-style-type: none;
    padding: 0;
}
.book-item {
    display: inline-block;
    margin: 10px;
    padding: 10px;
    background-color: #f0f0f0;
    border: 1px solid #ccc;
    border-radius: 5px;
    text-align: left;
}
.book-title {
    font-weight: bold;
    margin-bottom: 5px;
}
.book-author {
    color: #666;
}
.book-cover {
    width: 100px;
    height: 150px;
    object-fit: cover;
    margin-right: 10px;
    float: left;
}
.read-more {
    background-color: #333;
    color: #fff;
    border: none;
    padding: 8px 15px;
    border-radius: 5px;
    cursor: pointer;
    font-size: 14px;
    text-transform: uppercase;
    transition: background-color 0.3s ease-in-out;
}
```

（8）在"资源管理器"窗格中的项目文件夹 book 的名称上右击，在弹出的快捷菜单中选择

"新建文件夹"命令，在出现的文本框中输入文件夹的名称"js"，然后按 Tab 键或 Enter 键，完成文件夹的创建。在 js 文件夹的名称上右击，在弹出的快捷菜单中选择"新建文件"命令，在出现的文本框中输入文件的名称"scripts.js"，然后按 Tab 键或 Enter 键，完成 JavaScript 文件的创建。

（9）单击 scripts.js 文件，进入代码编辑窗口，创建一个图书对象数组，对象包含书名、作者名等相关信息。代码如下：

```javascript
//假设有一个图书对象数组
var books = [
    {title: '红岩', author: '杨益言，罗广斌', coverUrl: 'img/hongyan.jpg' },
    {title: '苦难辉煌', author: '金一南', coverUrl: 'img/kunanhuihuang.jpg'},
    {title: '青春之歌', author: '杨沫', coverUrl: 'img/qingchunzhige.jpg' },
    {title: '平凡的世界', author: '路遥', coverUrl: 'img/pingfandeshijie.jpg'},
    //更多图书...
];
```

（10）在 scripts.js 文件中创建 DOM 元素，生成页面内容。代码如下：

```javascript
//创建 DOM 元素
function createBookElement(book) {
    var bookItem = document.createElement('li');
    bookItem.classList.add('book-item');

    var bookCover = document.createElement('img');
    bookCover.src = book.coverUrl;
    bookCover.classList.add('book-cover');
    bookItem.appendChild(bookCover);

    var bookInfo = document.createElement('div');
    bookInfo.innerHTML = `
        <h3 class="book-title">${book.title}</h3>
        <p class="book-author">${book.author}</p>
        <button class="read-more">查看详情</button>
    `;
    bookItem.appendChild(bookInfo);

    return bookItem;
}
```

（11）在 scripts.js 文件中绑定事件，在页面加载后立即生成精选图书列表。代码如下：

```javascript
//绑定事件
window.onload = function () {
    var bookList = document.getElementById('book-list');
    //动态生成精选图书列表
    for (var i = 0; i < books.length; i++) {
        var bookElement = createBookElement(books[i]);
        bookList.appendChild(bookElement);
    }
    //示例：假设需要为每本图书添加单击事件
    bookList.addEventListener('click', function(event) {
```

```
        if (event.target.classList.contains('book-item')) {
          console.log('点击了图书:', event.target.querySelector('.book-title').textContent);
        //在此处添加单击图书后的具体行为，如跳转详情页等
        }
    });
};
```

任务验证

在编辑器中的空白位置右击，在弹出的快捷菜单中选择"Open with Live Server"命令，系统默认的浏览器将会打开该文件，查看运行效果。

（1）修改 scripts.js 文件中的 DOM 元素（样式、标签），查看页面变化。

（2）在 scripts.js 文件中完善图书单击事件函数，查看页面变化。

任务 8.2 制作"美丽乡村信息网"网页

任务描述

我国近年来大力推行乡村振兴战略和生态文明建设。美丽乡村建设已成为推进农业现代化、农村经济社会全面发展的重要组成部分。使用 HTML5 制作"美丽乡村信息网"网页，旨在适应移动互联网时代的信息传播特点，通过数字化手段展示和推广各地的美丽乡村，吸引更多人关注乡村发展、参与乡村建设，带动乡村旅游和地方经济的发展。

任务分析

通过对本任务的学习，了解什么是 jQuery，能够下载和引入 jQuery，掌握 jQuery 中的各种选择器的用法，掌握 DOM 的制作步骤和方法，能够利用所学知识制作"美丽乡村信息网"网页。

相关知识

8.2.1 jQuery 简介

jQuery 是一款出色的 JavaScript 框架，在 Web 开发中广受欢迎。它以简洁的语法、跨浏览器兼容性和强大的功能而著名。jQuery 的主旨是"write less，do more"，即通过减少编写的代码量来实现更多的功能。作为一个轻量级的 JavaScript 库，它具有其他库所不具备的优势。

jQuery 由 John Resig 于 2006 年创建，它提供了快速且简洁的 JavaScript 解决方案。它简化了 JavaScript 代码的编写，使开发人员能够更轻松地处理 HTML 文档、处理事件、实现动画效果，并方便地为网站提供 AJAX 交互。通过使用 jQuery，开发人员可以更高效地开发出功能丰富且交互性强的网页。除了简洁性和功能强大，jQuery 的另一个显著优势是其完善的文档说明和详细的应用示例。jQuery 的文档非常全面，涵盖了框架的各个方面，包括核心功能、选择器、事件处理、动画效果、AJAX 交互等。这使得开发人员能够快速上手并深入理解jQuery 的使用方法。

此外，jQuery 社区也非常活跃，有大量的成熟插件可供选择和使用。这些插件提供了各种功能的扩展，如图形图表、表单验证、轮播图等，方便开发人员在项目中快速集成这些功能，节省了开发时间，并减少了工作量。

8.2.2　jQuery 的下载与引入

jQuery 是一个开源的脚本库，可以从它的官网上下载到最新版本的 jQuery 库。

（1）打开 jQuery 的官网界面，如图 8-21 所示。

图 8-21　jQuery 的官网界面

（2）选择"Download"选项卡，进入如图 8-22 所示的 jQuery 下载界面，右击"Download jQuery 3.7.1"按钮，在弹出的快捷菜单中选择"将链接另存为"命令，打开"另存为"对话框，设置保存路径，单击"保存"按钮，开始下载 jquery-3.7.1.min.js 文件。

图 8-22　jQuery 下载界面

（3）将 jquery-3.7.1.min.js 文件下载到本地计算机后，还需要在项目中配置 jQuery 库，即将下载后的 jquery-3.7.1.min.js 文件放置到项目的指定文件夹中，通常放置在 js 文件夹中。在 VS Code 中新建项目并创建 js 文件夹，将下载后的 jquery-3.7.1.min.js 文件放置到 js 文件夹中，如图 8-23 所示。

图 8-23　配置 jQuery 库

（4）在需要应用 jQuery 的页面中使用下面的语句，将其引入文件：

```
<script src="js/jquery-3.7.1.min.js" type="text/javascript"></script>
```

提示：将<script>标签的 src 属性的值设置为 jQuery 文件所在的确切路径，如果 jQuery 文件和当前的 HTML 文件放在同一个目录下，则可以直接写 jQuery 文件名；如果 jQuery 文件和 HTML 文件不在同一个目录下，则可以使用相对路径和绝对路径的方式引入 jQuery 文件。在 HTML5 中，<script>标签上可以不用添加 type="text/javascript"，因为 JavaScript 是 HTML5 及所有现代浏览器中的默认脚本语言。

8.2.3　jQuery 选择器

页面的任何操作都需要节点的支撑，用户如何快速、高效地找到指定的节点也是网页设计中的一个重点。jQuery 提供了一系列的选择器帮助用户达到这个目的，让用户可以更少地处理复杂选择过程与性能优化，更多地专注业务逻辑的编写。

1. 基本选择器

基本选择器是 jQuery 中最常用且最简单的选择器，它通过元素的 id、class 和标签名等来查找 DOM 元素。

1）id 选择器

id 选择器#id 用于根据给定的 id 匹配一个元素，返回单个元素。例如，"$("#test")"表示选取 id 为 test 的元素。

注意：id 是唯一的，每个 id 值在一个页面中只能使用一次。如果多个元素分配了相同的 id，则将只匹配该 id 选择集合中的第一个 DOM 元素。

使用 id 选择器的示例代码如下：

```
<!DOCTYPE html>
<html>
    <head>
        <meta charset="utf-8">
        <title>id 选择器</title>
        <script src="js/jquery-3.7.1.min.js" type="text/javascript" ></script>
            <p id="demo">文本</p>
            <button onclick="hide()">单击隐藏文本</button><br/>
            <button onclick="show()">单击显示文本</button>
        <script>
            function hide(){
                $("#demo").hide();
            }
            function show(){
                $("#demo").show();
            }
        </script>
    </head>
    <body>
    </body>
</html>
```

使用浏览器预览，效果如图 8-24 所示。

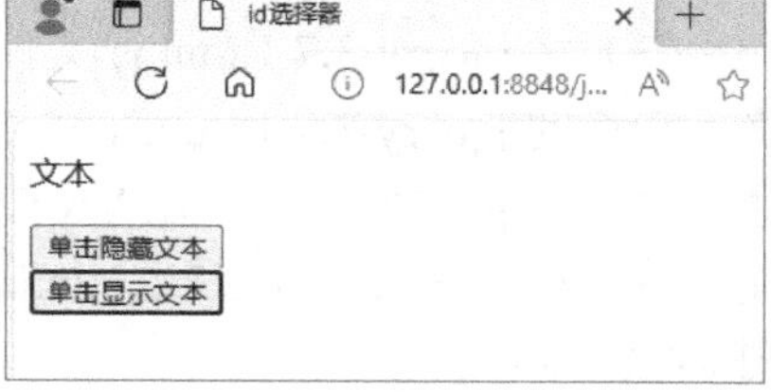

图 8-24　使用 id 选择器后的效果

2）类选择器

类选择器.class 用于根据给定的类名匹配元素，返回元素集合。例如，"$(".test")" 表示选择所有 class 为 test 的元素。相对 id 选择器来说，类选择器的效率会低一点，但是优势是可以多选。

3）元素（标签）选择器

元素（标签）选择器 element 用于根据给定的元素名匹配元素，返回元素集合。例如，"$("p")" 表示选择所有的 p 元素，"$("div")" 表示选择所有的 div 元素。

4）并集选择器

并集选择器 selector1,selector2,...,selectorN 用于将每个选择器匹配到的元素合并后一起返回，返回合并后的元素集合。例如，"$("p,span,p.myClass")" 表示选择所有的 p 元素、span 元素和 class 为 myClass 的 p 元素的元素集合。

5）全选选择器

全选选择器*用于匹配所有元素，返回元素集合。例如，"$("*")" 表示选择所有的元素。

2. 层次选择器

在文档中，节点之间存在着各种关系，类似于家族关系的传统概念。我们可以将这些关系类比为家族关系，并将文档树视为一个家谱。在这个家谱中，节点之间会存在父子关系、兄弟关系及祖孙关系。

层次选择器通过 DOM 元素之间的层次关系来选择元素，主要的层次关系包括父子关系、后代关系、相邻兄弟关系、一般兄弟关系，如表 8-19 所示。

表 8-19　层次选择器

选择器	示例	说明
后代选择器	$("p span")	选择给定的祖先元素的所有后代元素，一个元素的后代可能是该元素的一个孩子、孙子、曾孙等
子选择器	$("p>span")	选择所有 p 元素中的直接子元素 span
相邻兄弟选择器	$("prev + next")	选择所有紧接在 prev 元素后的 next 元素
一般兄弟选择器	$("prev~siblings")	选择 prev 元素之后的所有同辈的 siblings 元素

使用层次选择器的示例代码如下：

```html
<!DOCTYPE html>
<html>
    <head>
        <meta charset="utf-8">
        <title></title>
        <script src="js/jquery-3.7.1.min.js" type="text/javascript" ></script>
    <style type="text/css">
        div,span{
            width: 180px;
            height: 180px;
            margin: 20px;
            background: #9999CC;
            border: #000 1px solid;
            float: left;
            font-size: 17px;
```

```
                font-family: Roman;
            }
            div.mini{
                width: 60px;
                height: 60px;
                background: #CC66FF;
                border: #000 1px solid;
                font-size: 12px;
                font-family: Roman;
            }
            div.mini01{
                width: 60px;
                height: 60px;
                background: #CC66FF;
                border: #000 1px solid;
                font-size: 12px;
                font-family: Roman;
            }
            div.visible{
                display:none;
            }
        </style>
        <script type="text/javascript">
            $(function () {
              $("#b1").click(function () {
                $("body div").css("backgroundColor","pink");
            });
            $("#b2").click(function () {
                $("body > div").css("backgroundColor","pink");
            });
        </script>
    </head>
    <body>
        <input type="button" value="保存" />
        <input type="button" value="改变所有元素的背景"  id="b1"/>
        <input type="button" value="改变子元素的背景"  id="b2"/>
        <div id="one">
            title="title"
        </div>
        <div id="two" class="mini" title="test">
            title="test"
            <div class="mini">mini</div>
        </div>
        <div class="visible">
            <div class="mini">mini</div>
        </div>
```

```
            <div class="one" title="test02">
                title="test02"
                <div class="mini01">mini01</div>
                <div class="mini" style="margin-top:5px;">mini</div>
            </div>
        </body>
    </html>
```

使用浏览器预览，单击"改变子元素的背景"按钮，效果如图 8-25 所示。

图 8-25　使用层次选择器后的效果

3．过滤选择器

很多时候，用户不能直接通过基本选择器与层次选择器找到所需的元素，为此，jQuery 提供了一系列的过滤选择器，帮助用户可以更快捷地找到所需的 DOM 元素。过滤选择器很多都不是 CSS 的规范，而是 jQuery 为了用户的便利延展出来的选择器。

过滤选择器是根据某类过滤规则进行元素的匹配，其用法与 CSS 中的伪类选择器相似。过滤选择器用冒号（:）开头。在 jQuery 中，过滤选择器分为基本过滤选择器、内容过滤选择器、可见性过滤选择器、属性过滤选择器。

1）基本过滤选择器

基本过滤选择器是过滤选择器中使用最广泛的选择器，如表 8-20 所示。

表 8-20　基本过滤选择器

选择器	示例	说明
:first	$("p:first")	选择第一个元素，返回单个元素
:last	$("p:last")	选择最后一个元素，返回单个元素
:not(selector)	$("input:not(.myClass)")	去除所有与给定选择器匹配的元素，返回元素集合
:even	$(":even")	选择索引是偶数的所有元素，索引从 0 开始，返回元素集合
:odd	$(":odd")	选择索引是奇数的所有元素，索引从 0 开始，返回元素集合
:eq(index)	$(":eq(index)")	选择索引等于 index 的元素，索引从 0 开始，返回单个元素
:gt(index)	$(":gt(index)")	选择索引大于 index 的元素，索引从 0 开始，返回元素集合
:it(index)	$(":it(index)")	选择索引小于 index 的元素，索引从 0 开始，返回元素集合
:focus	$(":focus")	选择当前获取焦点的元素

2）内容过滤选择器

基本过滤选择器主要针对元素 DOM 节点进行操作，但如果希望通过内容来进行过滤，则 jQuery 也提供了一组内容过滤选择器，这些选择器的规则可以应用于所选元素的子元素或文本内容上，如表 8-21 所示。

表 8-21　内容过滤选择器

选择器	示例	说明
:contains(text)	$("p:contains('我')")	选择含有文本内容为 text 的元素，返回元素集合
:empty	$("p:empty")	选择含有选择器所匹配的元素的元素，返回元素集合
:has(selector)	$("p:has(p)")	去除所有与给定选择器匹配的元素，返回元素集合
:parent	$("p:parent")	选择含有选择器所匹配的元素的元素，返回元素集合

3）可见性过滤选择器

元素有显示状态与隐藏状态，jQuery 根据元素的状态扩展了可见性过滤选择器，如表 8-22 所示。

表 8-22　内容过滤选择器

选择器	示例	说明
:hidden	$(":hidden")	选择所有不可见的元素，返回元素集合
:visible	$(":visible")	选择所有可见的元素，返回元素集合

4）属性过滤选择器

属性过滤选择器允许用户根据元素的属性来定位它们。用户可以仅指定元素的某个属性，这样所有具有该属性的元素都会被选中，而不考虑属性值。属性过滤选择器如表 8-23 所示。

表 8-23　属性过滤选择器

选择器	示例	说明
[attribute]	$("p[id]")	选择所有具有指定属性的元素，该属性的值可以是任意值
[attribute=value]	$("input[name=text]")	选择指定属性的值是给定值的元素
[attribute!=value]	$("input[name!=text]")	选择不存在指定属性或指定属性的值不等于给定值的元素
[attribute^=value]	$("input[name^=text]")	选择指定属性的值是以给定字符串开始的元素
[attribute$=value]	$("input[name$=text]")	选择指定属性的值是以给定字符串结尾的元素
[attribute*=value]	$("input[name*=text]"	选择指定属性的值包含给定的子字符串的元素
[attribute~=value]	$("input[class~=text]")	选择指定属性用空格隔开的值中包含一个给定值的元素

使用属性过滤选择器的示例代码如下：

```
<!DOCTYPE html>
<html>
    <head>
    <meta charset="utf-8">
    <title></title>
    <script src="js/jquery-3.7.1.min.js" type="text/javascript" ></script>
    <style type="text/css">
        div,span{
            width: 180px;
            height: 180px;
            margin: 20px;
            background: #9999CC;
            border: #000 1px solid;
            float: left;
            font-size: 17px;
```

```
                font-family: Roman;
            }
        div.mini{
            width: 60px;
            height: 60px;
            background: #CC66FF;
            border: #000 1px solid;
            font-size: 12px;
            font-family: Roman;
            }
        div.mini01{
            width: 60px;
            height: 60px;
            background: #CC66FF;
            border: #000 1px solid;
            font-size: 12px;
            font-family: Roman;
            }
        div.visible{
            display:none;
            }
    </style>
    <script type="text/javascript">
        $(function () {
        //<input type="button" value="将 te 开始的 div 元素的背景颜色改为红色" id="b1"/>
          $("#b1").click(function () {
                $("div[title^='te']").css("backgroundColor","pink");
            });
        });
    </script>
</head>
<body>
    <input type="button" value="保存" class="mini" name="ok"/>
    <input type="button" value="将 te 开始的元素的背景颜色改为粉色" id="b1"/>
    <div id="one">
        title="title"
    </div>
    <div id="two" class="mini"  title="test">
        title="test"
        <div class="mini">mini</div>
    </div>
    <div class="visible">
        <div class="mini">mini</div>
    </div>
    <div class="one" title="test02">
        title="test02"
```

```
        <div class="mini01">mini01</div>
        <div class="mini" style="margin-top:5px;">mini</div>
    </div>
    </body>
</html>
```

使用浏览器预览，单击"将 te 开始的元素的背景颜色改为粉色"按钮，效果如图 8-26 所示。

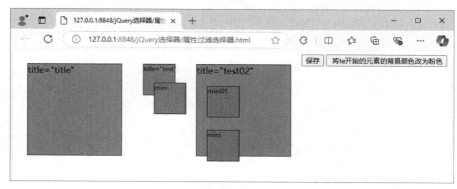

图 8-26　使用属性过滤选择器后的效果

4．表单元素选择器

无论是提交数据还是传递数据，表单元素在动态交互页面的作用是非常重要的。jQuery 中专门加入了表单元素选择器，从而能够极其方便地选择某个类型的表单元素，如表 8-24 所示。

表 8-24　表单元素选择器

选择器	示例	说明
:text	$(":text")	选择所有的单行文本框
:password	$(":password")	选择所有的密码框
:button	$(":button")	选择所有的按钮
:checkbox	$(":checkbox")	选择所有的复选框
:submit	$(":submit")	选择所有的提交按钮

使用表单元素选择器的示例代码如下：

```
<!DOCTYPE html>
<html>
    <head>
    <meta charset="utf-8">
    <title></title>
    <script src="js/jquery-3.7.1.min.js" type="text/javascript"></script>
        <script type="text/javascript">
            $(function () {
            //利用 jQuery 对象的 length 属性获取复选框选中的个数
            $("#b1").click(function () {
              alert($("input[type='checkbox']:checked").length);
              });
            });
        </script>
    </head>
```

```
    <body>
        <input type="button" value="复选框选中的个数"  id="b1"/>
        <br><br>
        <input type="checkbox" name="items" value="美容">机械
        <input type="checkbox" name="items" value="IT">IT
        <input type="checkbox" name="items" value="金融">金融
        <input type="checkbox" name="items" value="管理">管理
    </body>
</html>
```

使用浏览器预览，在勾选复选框后，单击"复选框选中的个数"按钮，效果如图 8-27 所示。

图 8-27　使用表单元素选择器后的效果

8.2.4　jQuery 的 DOM 操作

DOM（Document Object Model，文档对象模型）是一种与浏览器、平台和语言无关的接口，通过该接口可以方便地访问页面中的各个标准组件。在 DOM 中，可以把 HTML 看作文档树。在数据结构中，树是一种数据结构类型，它是通过节点来存储数据的，此时 DOM 树中的 DOM 为根节点，元素、文本和属性为叶子节点。根节点是固定的，下文中的节点均为叶子节点。

在 jQuery 中，DOM 操作是一个重要的功能领域，涵盖了新建、添加、删除、修改和查找等方面。

1. 新建节点

1）创建元素节点

在 jQuery 中，可以通过$(html)函数来创建元素节点。$(html)函数会根据传入的 HTML 标签字符串来创建一个 DOM 对象，并将这个 DOM 对象包装成一个 jQuery 对象后返回。示例如下：

```
$("<div></div>")
```

2）创建文本节点

与创建元素节点类似，可以直接把文本内容一并描述。示例如下：

```
$("<div>我是文本节点</div>")
```

3）创建属性节点

与创建元素节点类似。示例如下：

```
$("<div id-'test' class='aaron'>Ex</div>")
```

2. 添加节点

将新建的节点插入文档的方法有多个，如 append()、appendTo()、prepend()、prependTo()、after()、insertAfter()、before()、insertBefore()。

1）append()

append()方法用于向匹配的元素内部追加内容，语法格式如下：

```
$("target").append(element)
```

2）appendTo()

appendTo()方法用于将所有匹配的元素追加到指定的元素中，该方法是 append0 方法的颠倒（是操作主体的颠倒而不是操作结果的颠倒）操作，语法格式如下：

```
$(element).appendTo(target)
```

3）prepend()

prepend()方法用于将指定的元素添加到匹配的元素内部作为它的第一个子元素，语法格式如下：

```
$(target).prepend(element)
```

4）prependTo()

prependTo()方法用于将元素添加到指定的元素的内部开头位置，语法格式如下：

```
$(element).prependTo()
```

5）after()

after()方法用于向匹配的元素的后面添加元素，新添加的元素作为目标元素后的紧邻的兄弟元素，语法格式如下：

```
$(target).after(element);
```

6）insertAfter()

insertAfter()方法用于将新建的元素插入查找到的目标元素的后面，作为目标元素的兄弟元素，语法格式如下：

```
$(element).insertAfter(target);
```

7）before()

before()方法用于在每个匹配的元素的前面插入新建的元素，作为匹配元素的前一个兄弟元素，语法格式如下：

```
$(target).before(element);
```

8）insertBefore()

insertBefore()方法用于将新建的元素添加到目标元素的前面，作为目标元素的前一个兄弟元素，语法格式如下：

```
$(element).insertBefore(target);
```

添加节点的示例代码如下：

```
<!DOCTYPE html>
<html>
    <head>
    <meta charset="utf-8">
    <title>添加节点</title>
    <script src="js/jquery-3.7.1.min.js" type="text/javascript"></script>
    </head>
    <body>
        <div id="example">为了祖国的美好明天而努力！</div>
        <button id="btn">单击添加新段落</button>
```

```
            <script>
                $(document).ready(function(){
                    $("#btn").click(function(){
                        $("#example").append("<p>加油！</p>");
                    });
                });
            </script>
    </body>
</html>
```

使用浏览器预览，效果如图 8-28 所示。当单击一次"单击添加新段落"按钮时，就会将一个新的段落元素添加到 id 为 example 的 div 元素中。

图 8-28　添加节点的效果

3．删除节点

想要删除文档中的某个元素节点，jQuery 提供了两种删除节点的方法：remove()和 empty()。

1）remove()

remove()方法用于删除所有匹配的元素，传入的参数用于筛选元素，该方法能删除元素中的所有子节点，当匹配的元素及其子节点被删除后，该方法的返回值是指向被删除节点的引用，从而允许再次使用这些被删除的元素，语法格式如下：

```
$(element).remove();
```

2）empty()

严格来讲，empty()方法并不是删除节点，而是清空节点，它能清空元素中的所有子节点，语法格式如下：

```
$(element).empty();
```

删除节点的示例代码如下：

```
<!DOCTYPE html>
<html>
    <head>
    <meta charset="utf-8">
    <title></title>
    <script src="js/jquery-3.7.1.min.js" type="text/javascript"></script>
    </head>
    <body>
        <div id="example">此处错误。</div>
        <button id="btn">删除</button>
        <script>
```

```
            $(document).ready(function(){
                $("#btn").click(function(){
                    $("#example").remove();
                });
            });
            </script>
    </body>
</html>
```

使用浏览器预览,效果如图 8-29 所示。当单击"删除"按钮时,会将 id 为 example 的 div 元素中的内容删除。

图 8-29　删除节点的效果

4.修改节点

修改文档中的元素节点的方法有复制节点、替换节点、包裹节点。

1)复制节点

复制节点方法能够复制元素节点,并且能够根据参数决定是否复制元素节点的行为,语法格式如下:

```
$(element).clone(true);
```

2)替换节点

替换节点方法能够替换某个节点,有两种实现方法:replaceWith()和 replaceAll()。

replaceWith()方法用于使用后面的元素替换前面的元素,语法格式如下:

```
$(selector).replaceWith(content);
```

replaceAll()方法用于使用前面的元素替换后面的元素,语法格式如下:

```
$(content).replaceAll(selector);
```

3)包裹节点

包裹节点方法使用其他标签包起目标元素,从而改变元素的显示形式等,并且该操作不会破坏原始文档的词义。包裹节点有 3 种实现方法:wrap()、wrapAll()、wraplnner()。

(1)wrap():将元素用其他元素包裹起来,也就是给它增加一个父元素。例如,.wrap(wrappingElement)是指在集合中匹配的每个元素的周围包裹一个 HTML 结构。

(2)wrapAll():将集合中的元素用其他元素包裹起来,也就是给它们增加一个父元素。例如,.wrapAll(wrappingElement)是指给集合中匹配的元素增加一个外面包裹的 HTML 结构。

(3)wraplnner():将集合中的元素内部所有的子元素用其他元素包裹起来,并当作指定元素的子元素。例如,.wraplnner(wrappingElement)是指给集合中匹配的元素的内部增加包裹的 HTML 结构。

修改节点的示例代码如下:

```
<!DOCTYPE html>
<html>
```

```
<head>
<meta charset="utf-8">
<title>修改节点</title>
<script src="js/jquery-3.7.1.min.js" type="text/javascript"></script>
</head>
<body>
    <div id="example">天行健，君子以自强不息。</div>
        <button id="btn">替换</button>

    <script>
        $(document).ready(function(){
            $("#btn").click(function(){
                var newElement = $("<p>有志者事竟成</p>");
                $("#example").replaceWith(newElement);
            });
        });
    </script>
</body>
</html>
```

使用浏览器预览，效果如图 8-30 所示。当单击"替换"按钮时，会用一个新的段落元素替换 id 为 example 的 div 元素中的元素。

图 8-30　替换节点的效果

5．查找节点

查找节点的方法有多种，如 children()、find()、parent()、parents()、next()、prev()、siblings()。

1）children()

children()方法用于快速查找指定元素集合中匹配元素的直接子元素。

2）find()

find()方法用于快速查找 DOM 树中的匹配元素的后代元素。

children()方法是父子关系查找，find()方法是后代关系（包含父子关系）查找。示例如下：

```
<div class="div">
    <ul class="son">
        <li class="grandson">1</li>
    </ul>
</div>
```

如果代码是"$("div").children()"，则意味着只能找到 ul 元素，这是因为 div 元素与 ul 元素是父子关系，而 li 元素与 div 元素是祖辈关系，所以无法查找到 li 元素。

如果代码是"$("div").find("li")"，则因为 li 元素与 div 元素是祖辈关系，所以此时通过

find()方法可以快速地查找到 li 元素。

3）parent()

parent()方法用于快速查找指定元素集合中匹配元素的父级元素。

4）parents()

parents()方法用于快速查找指定元素集合中每个元素的所有祖辈元素。

5）next()

next()方法用于快速查找指定元素集合中每个元素紧邻的后面同辈元素的元素集合。

6）prev()

prev()方法用于快速查找指定元素集合中每个元素紧邻的前面同辈元素的元素集合。

7）siblings()

siblings()方法用于快速查找指定元素集合中每个元素的同辈元素。

查找节点的示例代码如下：

```
<!DOCTYPE html>
<html>
    <head>
    <meta charset="utf-8">
    <title></title>
    <script src="js/jquery-3.7.1.min.js" type="text/javascript"></script>
    </head>
    <body>
        <div id="example">
            <p>精诚所至，金石为开。</p>
        </div>
        <button id="btn">查找</button>

        <script>
            $(document).ready(function(){
                $("#btn").click(function(){
                    $("#example p").parent().css("border", "1px solid red");
                });
            });
        </script>
    </body>
</html>
```

使用浏览器预览，效果如图 8-31 所示。当单击"查找"按钮时，会将 id 为 example 的 div 元素中的 p 元素的父元素（div 元素本身）的边框设置为红色。

图 8-31　查找节点的效果

8.2.5　jQuery 事件

前面章节讲解了如何选择页面元素并对其进行各种处理，本节将介绍如何使用 jQuery 处理事件，以及如何使用 jQuery 让用户与页面进行交互。事件可以说是 JavaScript 引人注目的特性，因为它提供了一个平台，让用户不仅可以浏览页面中的内容，还可以与页面进行交互。使用 JavaScript 处理事件比较复杂，jQuery 被引入后，其对事件进行了统一的规范，并且提供了很多便捷的方法。

事件需要由 3 部分完成：触发事件的对象、触发事件的类型、事件处理函数。触发事件的对象就是前面学习的获取的元素。事件的类型包含以下常见的几种事件：

- blur()：当元素失去焦点时触发。
- focus()：当元素获得焦点时触发。
- change()：当表单元素的值发生变化时触发。
- click()：当鼠标单击元素时触发。
- dblclick()：当鼠标双击元素时触发。
- mouseover()：当鼠标指针移入元素时触发。
- mouseout()：当鼠标指针移出元素时触发。
- keydown()：当按下键盘上的任意键时触发。
- keyup()：当释放键盘上的任意键时触发。
- submit()：当提交表单时触发。

事件处理函数是在事件发生后执行的代码块，为了方便管理和重用，我们将其封装成函数。下面是完整的事件处理函数的书写格式：

```
jQuery 对象.事件名(事件处理函数);
```

当用户单击按钮时出现弹窗是一个常见的交互效果。以下是使用完整的事件处理函数的书写格式的示例代码：

```
<!DOCTYPE html>
<html lang="en">
<head>
    <meta charset="UTF-8">
    <meta name="viewport" content="width=device-width, initial-scale=1.0">
    <title>点击事件</title>
    <script src="./js/jquery-3.7.1.min.js"></script>
</head>
<body>
    <button>点我一下</button>

    <script>
        $('button').click(function(){
            alert("我被点击了")
        })
    </script>

</body>
</html>
```

单击"点我一下"按钮，会得到如图 8-32 所示的结果。

图 8-32　jQuery 单击按钮事件的效果

上面是比较常见的事件绑定方式，这种方式有些缺点，即它不能动态地添加和移除事件。绑定事件还有其他两种方法：on()方法和 bind()方法。在 jQuery 中，可以使用 on()或 bind()方法绑定一个或多个事件，语法格式如下：

```
jQuery 对象.on(事件类型, 事件处理函数);
jQuery 对象.bind(事件类型, 事件处理函数);
```

给一个 div 元素使用 on()或 bind()方法绑定事件的示例代码如下：

```
<!DOCTYPE html>
<html lang="en">
  <head>
    <meta charset="UTF-8" />
    <meta name="viewport" content="width=device-width, initial-scale=1.0" />
    <title>绑定事件 on</title>
    <style>
      div {
        width: 50px;
        height: 50px;
        background-color: #2e7aeb;
        margin-left: 50%;
      }
    </style>
    <script src="./js/jquery-3.7.1.min.js"></script>
  </head>
  <body>
    <div></div>
    <script>
        //需求:单击 div 元素后显示"hello jQuery! "
        //将 on()方法修改为 bind()方法后的效果一样
        $("div").on("click",function(){
          alert("hello jQuery! ");
        });
    </script>
  </body>
</html>
```

也可以同时绑定多个事件。给 div 元素同时绑定鼠标指针移入事件和鼠标指针移出事件，让 div 元素呈现不同的背景颜色的示例代码如下：

```
<!DOCTYPE html>
<html lang="en">
  <head>
```

```
    <meta charset="UTF-8" />
    <meta name="viewport" content="width=device-width, initial-scale=1.0" />
    <title>绑定多个事件</title>
    <style>
      div {
        width: 50px;
        height: 50px;
        background-color: #2e7aeb;
        margin-left: 50%;
      }
    </style>
  <script src="./js/jquery-3.7.1.min.js"></script>
  </head>
  <body>
    <div></div>
    <script>
        //需求：鼠标指针移入时 div 元素的背景颜色变为绿色，鼠标指针移出时 div 元素的背景颜色变为粉色
        //将 on()方法修改为 bind()方法后的效果一样
        $("div").on("mouseover mouseout", function(){
          if (event.type == "mouseover") {
            $(this).css("background-color", "green");
          } else {
            $(this).css("background-color", "pink");
          }
        });
    </script>
  </body>
</html>
```

事件绑定之后怎么解绑呢？解绑事件就是把元素已经绑定的事件移除。

在 jQuery 中，使用 on()方法绑定的事件需要使用 off()方法来解绑，语法格式如下：

```
jQuery 对象.off(事件类型);
```

在 jQuery 中，使用 bind()方法绑定的事件需要使用 unbind()方法来解绑，语法格式如下：

```
jQuery 对象.unbind(事件类型);
```

给 div 元素绑定单击事件，单击解绑按钮后给 div 元素解绑事件的示例代码如下：

```
<!DOCTYPE html>
<html lang="en">
  <head>
    <meta charset="UTF-8" />
    <meta name="viewport" content="width=device-width, initial-scale=1.0" />
    <title>解绑事件</title>
    <style>
      div {
        width: 50px;
        height: 50px;
        background-color: #2e7aeb;
```

```
    }
  </style>
  <script src="./js/jquery-3.7.1.min.js"></script>
</head>
<body>
  <div></div>
  <button>解绑</button>
  <script>
      //需求:单击div元素定义的色块会弹出弹窗,弹窗中会显示"我爱学习"
      //单击解绑按钮后,给div元素解除单击事件的绑定
      $("div").on("click",function(){
        alert("我爱学习! ");
      });
      $("button").click(function(){
        $("div").off("click");
      });

  </script>
</body>
</html>
```

打开页面,单击 div 元素定义的色块会弹出弹窗,弹窗中会显示"我爱学习";在单击解绑按钮后,再次单击 div 元素定义的色块,事件就失效了。

任务规划

通过搭建一个集展示、宣传、互动于一体的移动互联网平台,以及采用丰富的多媒体形式(如图文、交互等)来提升用户体验,让用户能更直观、生动地感受不同乡村的魅力,同时借助现代科技手段推动美丽乡村的建设与发展,促进城乡资源共享和均衡发展。"美丽乡村信息网"网页的效果如图 8-33 所示。

图 8-33 "美丽乡村信息网"网页的效果

任务实施

（1）打开开发工具 VS Code，在本地磁盘中新建项目文件夹，并命名为 village。

（2）在 VS Code 中打开项目文件夹 village，在"资源管理器"窗格中的项目文件夹 village 的名称上右击，在弹出的快捷菜单中选择"新建文件"命令，在出现的文本框中输入文件的名称"index.html"，然后按 Tab 键或 Enter 键，完成 HTML 文件的创建。默认创建后的文件为空白文件，需要自行输入标签。为了方便起见，可以在 HTML 文件中输入"!"，然后按 Tab 键或 Enter 键，编辑器中会自动生成 HTML 文件的基本框架。

（3）单击 index.html 文件，进入代码编辑窗口。在<title></title>标签对中设置网页的标题为"美丽乡村信息网"，并引入外部样式表文件。代码如下：

```
<head>
    <meta charset="UTF-8">
    <title>美丽乡村信息网</title>
    <link rel="stylesheet" href="css/style.css">
    <script src="https://code.jqu***.com/jquery-3.7.1.min.js"></script>
    <script src="js/scripts.js"></script>
</head>
```

（4）在<body></body>标签对中添加一个<header></header>标签对，在<header></header>标签对中添加一级标题"美丽乡村信息网"和导航链接。代码如下：

```
<header>
    <h1>美丽乡村信息网</h1>
    <nav>
     <ul class="menu">
       <li><a href="#introduction" class="scroll-link">乡村介绍</a></li>
       <li><a href="#scenery" class="scroll-link">美丽风景</a></li>
       <li><a href="#culture" class="scroll-link">乡土文化</a></li>
       <li><a href="#contact" class="scroll-link">联系我们</a></li>
     </ul>
    </nav>
</header>
```

（5）在<body></body>标签对中添加一个<main></main>标签对，在<main></main>标签对中添加一个<section></section>标签对，用于放置"乡村介绍"部分的内容，并设置好相关属性和样式。代码如下：

```
<main>
    <section id="introduction">
        <h2>乡村介绍</h2>
        <div class="content" id="village-intro">
        <p>欢迎来到美丽的乡村，这里有青山绿水，古朴民居，悠久的历史和丰富的文化底蕴...</p>
        <!-- 此处可以添加更多乡村介绍的具体内容，如地理位置、人口、历史沿革等 -->
        </div>
    </section>
</main>
```

（6）在<main></main>标签对中再次添加 3 个<section></section>标签对，分别用于放置"美丽风景"、"乡土文化"和"联系我们"部分的内容，并设置好相关属性和样式。代码如下：

```
<section id="scenery">
    <h2>美丽风景</h2>
    <div class="gallery" id="scenery-gallery">
        <img src="img/scenery1.jpg" alt="乡村风景 1">
        <img src="img/scenery2.jpg" alt="乡村风景 2">
        <img src="img/scenery3.jpg" alt="乡村风景 3">
        <img src="img/scenery4.jpg" alt="乡村风景 4">
        <img src="img/scenery5.jpg" alt="乡村风景 5">
        <img src="img/scenery6.jpg" alt="乡村风景 6">
        <!-- 更多风景图片... -->
    </div>
</section>
<section id="culture">
    <h2>乡土文化</h2>
    <div class="content" id="cultural-info">
        <article>
            <h3>民间艺术</h3>
            <p>介绍了当地的剪纸、刺绣、木雕等民间艺术及其传承故事...</p>
        </article>
        <article>
            <h3>节庆习俗</h3>
            <p>描述了春节、端午、中秋等传统节日的庆祝方式和特色活动...</p>
        </article>
        <!-- 更多文化内容... -->
    </div>
</section>
<section id="contact">
    <h2>联系我们</h2>
    <form id="contact-form">
        <input type="text" placeholder="您的姓名" required>
        <input type="email" placeholder="您的邮箱" required>
        <textarea placeholder="您的留言"></textarea>
        <button type="submit">提交</button>
    </form>
    <div id="contact-details">
        <p>地址：某省某市某县某乡</p>
        <p>电话：000-0000-0000</p>
        <p>Email：info@example.com</p>
    </div>
</section>
```

（7）在"资源管理器"窗格中的项目文件夹 village 的名称上右击，在弹出的快捷菜单中选择"新建文件夹"命令，在出现的文本框中输入文件夹的名称"css"，然后按 Tab 键或 Enter 键，完成文件夹的创建。在 css 文件夹的名称上右击，在弹出的快捷菜单中选择"新建文件"命令，在出现的文本框中输入文件的名称"style.css"，然后按 Tab 键或 Enter 键，完成 CSS 文件的创建。

（8）单击步骤（7）中新建的 style.css 文件，进入代码编辑窗口，设置网页各部分内容的样式。代码如下：

```css
/* 基础样式 */
body {
    font-family: Arial, sans-serif;
    line-height: 1.6;
    color: #333;
    margin: 0;
    padding: 0;
}
header {
    background-color: #4CAF50;
    color: white;
    padding: 1rem;
    text-align: center;
}
header h1 {
    margin: 0;
}
nav ul.menu {
    list-style: none;
    display: flex;
    justify-content: space-around;
    padding: 0;
}
nav a {
    color: white;
    text-decoration: none;
    transition: color 0.3s;
}
nav a:hover {
    color: #ddd;
}
section {
    padding: 2rem 0;
}
.gallery {
    display: grid;
    grid-template-columns: repeat(auto-fill, minmax(250px, 1fr));
    grid-gap: 1rem;
}
.gallery img {
    width: 100%;
    height: auto;
    object-fit: cover;
}
form input,
form textarea {
```

```
    display: block;
    width: 100%;
    padding: 0.5rem;
    margin-bottom: 1rem;
    border: 1px solid #ddd;
    border-radius: 4px;
}
form button {
    display: block;
    width: 100%;
    padding: 0.5rem;
    background-color: #4CAF50;
    color: white;
    border: none;
    border-radius: 4px;
    cursor: pointer;
    text-transform: uppercase;
    font-size: 0.875rem;
    transition: background-color 0.3s;
}
form button:hover {
    background-color: #3e8e41;
}
/* 平滑滚动效果 */
.scroll-link {
    position: relative;
}
.scroll-link::after {
    content: "";
    position: absolute;
    bottom: -5px;
    left: 50%;
    width: 0;
    height: 2px;
    background-color: #4CAF50;
    transform: translateX(-50%);
    opacity: 0;
    transition: all 0.3s;
}
.scroll-link:hover::after {
    width: 100%;
    opacity: 1;
}
/* section 元素的通用样式 */
section {
    padding: 1rem 2rem;
    background-color: #f5f5f5;
```

```css
    border-bottom: 1px solid #ddd;
    transition: background-color 0.3s;
}
section:hover {
    background-color: #e0e0e0;
}
section h2 {
    font-size: 2rem;
    margin-bottom: 1rem;
    color: #333;
    text-align: center;
    letter-spacing: 0.1em;
    text-transform: uppercase;
    position: relative;
}
section h2::before {
    content: "";
    position: absolute;
    top: 50%;
    left: 50%;
    transform: translate(-50%, -50%);
    width: 100px;
    height: 2px;
    transition: background-color 0.3s;
}
/* 乡村介绍 */
section#introduction .content {
    text-align: justify;
    line-height: 1.6;
    max-width: 700px;
    margin: 0 auto;
}
/* 美丽风景 */
section#scenery .gallery {
    display: grid;
    grid-template-columns: repeat(auto-fit, minmax(250px, 1fr));
    grid-gap: 1rem;
}
section#scenery .gallery img {
    width: 100%;
    height: 12.5rem;
    object-fit: cover;
    border-radius: 5px;
    box-shadow: 0 0 5px rgba(0, 0, 0, 0.1);
}
/* 乡土文化 */
section#culture .content article {
```

```
        margin-bottom: 2rem;
    }
    section#culture .content article h3 {
        margin-bottom: 1rem;
    }
    /* 活动公告 */
    section#events .content article {
        margin-bottom: 2rem;
    }
    /* 联系我们 */
    section#contact form {
        display: flex;
        flex-direction: column;
        align-items: center;
        max-width: 400px;
        margin: 0 auto;
    }
    section#contact form input,
    section#contact form textarea {
        padding: 0.75rem 1rem;
        margin-bottom: 1rem;
        border: 1px solid #ddd;
        border-radius: 4px;
        font-size: 0.9rem;
    }
    section#contact form button {
        padding: 0.75rem 1.5rem;
        font-size: 0.9rem;
        background-color: #4CAF50;
        color: white;
        border: none;
        border-radius: 4px;
        cursor: pointer;
        text-transform: uppercase;
        transition: background-color 0.3s;
    }
    section#contact form button:hover {
        background-color: #3e8e41;
    }
    section#contact #contact-details {
        text-align: center;
        margin-top: 2rem;
    }
    /* 响应式设计 */
    @media (max-width: 768px) {
        nav ul.menu {
            flex-direction: column;
```

```
    }
}
```

（9）在"资源管理器"窗格中的项目文件夹 village 的名称上右击，在弹出的快捷菜单中选择"新建文件夹"命令，在出现的文本框中输入文件夹的名称"js"，然后按 Tab 键或 Enter 键，完成文件夹的创建。在 js 文件夹的名称上右击，在弹出的快捷菜单中选择"新建文件"命令，在出现的文本框中输入文件的名称"scripts.js"，然后按 Tab 键或 Enter 键，完成 JavaScript 文件的创建。

（10）单击 scripts.js 文件，进入代码编辑窗口，对导航链接实现平滑滚动效果。代码如下：

```javascript
$(document).ready(function() {
    //平滑滚动效果
    $('.scroll-link').on('click', function(e) {
        e.preventDefault();
        let target = $(this).attr('href');
        $('html, body').animate({
            scrollTop: $(target).offset().top
        }, 1000);
    });
});
```

（11）在 scripts.js 文件中，也可以使用 AJAX 获取并填充乡村介绍内容、使用 jQuery 动态添加风景图片，以及实现表单的验证和提交逻辑。代码如下：

```javascript
//示例：使用 AJAX 获取并填充乡村介绍内容
$.ajax({
    url: 'your-api-url-for-introduction',
    type: 'GET',
    success: function(response) {
        $('#village-intro').html(response.content);
    },
    error: function() {
        $('#village-intro').text('加载失败，请稍后重试！');
    }
});
//示例：使用 jQuery 动态添加风景图片
var sceneryImages = ['image1.jpg', 'image2.jpg', 'image3.jpg'];
$.each(sceneryImages, function(index, image) {
    $('<img>', {src: image}).appendTo('#scenery-gallery');
});
//表单提交示例，此处仅为占位，在实际应用中需添加验证和提交逻辑
$('#contact-form').on('submit', function(e) {
    e.preventDefault();
    //提交表单逻辑...
});
```

任务验证

在编辑器中的空白位置右击，在弹出的快捷菜单中选择滚动"Open with Live Server"命令，系统默认的浏览器将会打开该文件，查看运行效果。

（1）单击页面中的导航链接，查看平滑滚动效果。

（2）修改 index.html 文件中的内容及完善 scripts.js 文件中的 AJAX 部分，实现内容动态填充，查看效果。

（3）完善 scripts.js 文件中的代码，实现使用 jQuery 动态添加风景图片，查看效果。

（4）完善 scripts.js 文件中的代码，给页面表单添加验证和提交逻辑，查看效果。

实战练习

在学习本模块的内容后，请完成如表 8-25 和表 8-26 所示的实战练习。

表 8-25　实战练习 1

实战练习 1	制作"用户注册"页面	姓名		学号	
		评分人		评分	
操作提示： 制作如图 8-34 所示的"用户注册"页面，让用户能够输入用户名、密码、电话和邮箱，使用 JavaScript 脚本完成密码校验、电话号码校验、邮箱校验和空内容校验。  图 8-34　"用户注册"页面					

表 8-26　实战练习 2

实战练习 2	制作简易相册	姓名		学号	
		评分人		评分	
操作提示： 制作如图 8-35 所示的简易相册，使用 jQuery 完成图片的显示和隐藏。  图 8-35　简易相册					

课后练习

一、选择题

1．JavaScript 代码必须出现在下面的哪个标签对中才可以被执行？（　　　）

    A．<body></body>　　　　　　　　　　B．<head></head>

    C．<div></div>　　　　　　　　　　　D．<script></script>

2．代码 "var sum = 10;for(var i=2;i<10;i++){sum = sum*0.05+ sum;}alert(parseInt(sum));" 的输出结果是（　　　）。

    A．11　　　　　　B．12　　　　　　C．13　　　　　　D．14

3．Number(true)的返回值为（　　　）。

    A．true　　　　　B．1　　　　　　C．0　　　　　　D．NaN

4．下列哪一项是最快、最高效的选择器？（　　　）

    A．类选择器　　　　　　　　　　　　B．通配符选择器

    C．id 选择器　　　　　　　　　　　　D．元素选择器

5．jQuery 选择器不包括下列选项中的（　　　）。

    A．基本选择器　　　　　　　　　　　B．后代选择器

    C．类选择器　　　　　　　　　　　　D．进一步选择器

6．选择器的名称$("parent>child")、$("prev+next")、$("ancestor descendant")、$("prev~siblings") 依次代表（　　　）。

    A．后代选择器、子选择器、相邻兄弟选择器、一般兄弟选择器

    B．子选择器、相邻兄弟选择器、后代选择器、一般兄弟选择器

    C．一般兄弟选择器、后代选择器、子选择器、相邻兄弟选择器

    D．相邻兄弟选择器、后代选择器、子选择器、一般兄弟选择器

7．现有一个表格，如果需要匹配所有行数为偶数，则可以用（　　　）选择器来实现；如果需要匹配所有行数为奇数，则可以用（　　　）选择器来实现。

    A．:even，:odd　　　　　　　　　　B．:first，:last

    C．:eader，:not　　　　　　　　　　D．:gt，:it

8．在属性过滤选择器中，用（　　　）可以获取指定属性的值是某个特定值的元素。

    A．[attribute]　　　　　　　　　　　B．[attribute=value]

    C．[attribute&l=value]　　　　　　　D．[attribute*=value]

9．在 jQuery 中，用（　　　）可以获取某个表单中所有的复选框元素集合。

    A．$("form:checkbox")　　　　　　　B．$("form:checked")

    C．$("inputcheckbox")　　　　　　　D．$("inputradio")

二、问答题

1．什么是 JavaScript？

2．JavaScript 脚本如何调用？JavaScript 有哪些常用的属性和方法？

3．什么是 jQuery？如何将 jQuery 引入 HTML 文件？

4．jQuery 有哪些选择器？

模块 9　综合实战

通过本模块的实战练习，读者将能够有效地控制页面的样式，包括布局、颜色、字体、间距等视觉元素，以确保网页的外观符合设计要求。同时，读者也将学会利用 JavaScript 来增强网页的交互性和功能性，如实现动态内容加载、表单验证、动画效果及其他用户界面互动。这要求读者不仅能够编写基本的脚本，还能够理解和应用更高级的概念，如事件处理、DOM 操作和异步编程。这些技能对于任何希望在前端开发领域取得成功的读者来说都是至关重要的。

实战 1　制作河南非遗推介展示网

河南作为中华文明的重要发祥地，拥有着丰富的非物质文化遗产（简称"非遗"），这些非遗不仅是历史的见证，还是中华民族文化自信的体现。河南非遗蕴含着深厚的历史文化底蕴，如纺纱、少林功夫茶、河南梆子等，这些非遗项目不仅承载着深厚的历史文化底蕴，也蕴含着中华民族的智慧和精神。通过制作河南非遗推介展示网，使浏览者在浏览网页的同时感受到中华文化的博大精深和独特魅力。通过介绍非遗项目的传承人不懈的努力和对中华民族优秀传统文化的坚守，体现出"爱国、敬业"的价值追求；通过展示非遗项目在促进社会和谐、增进人民福祉方面的积极作用，彰显"和谐、友善"的社会理念；通过非遗项目的创新发展，展现"富强、创新"的时代精神。

网页效果图

河南非遗推介展示网中各个网页的效果如图 9-1～图 9-6 所示。

图 9-1　"首页"页面的效果图

图 9-1 "首页"页面的效果图（续）

图 9-1 "首页"页面的效果图（续）

图 9-2 "非遗发布"页面的效果图

图 9-3　"新闻资讯"页面的效果图

图 9-4　"人物风采"页面的效果图

图 9-5　"巧夺天工"页面的效果图

图 9-6　"关于我们"页面的效果图

制作过程

1．制作"首页"页面 index.html

根据结构上网页遵循自顶向下的布局原则，我们把"首页"页面细分为 5 个区域：头部区域、轮播图区域、内容区域、页脚区域、在线客服浮动窗口组件。

1）头部区域

页面的头部（Header）区域是一个导航栏区域，包含网站 Logo、主导航菜单和"我要咨询"按钮。单击网站 Logo 可以回到首页，单击右侧的"我要咨询"按钮可以跳转至外部咨询页面。主导航菜单包括多个一级分类链接，如"首页""非遗发布""新闻资讯""人物风采""巧夺天工""关于我们""合作伙伴"等。通过 CSS 类来控制它们的位置和样式。

2）轮播图区域

页面的轮播图区域（Slider Section）可以通过使用 Swiper 库来实现全屏宽度的轮播图效果，背景采用大图填充，并且通过懒加载（Lazy Loading）功能来优化页面的加载速度。每张轮播图的下方可能包含文字介绍和其他交互元素。

3）内容区域

页面的内容区域（Content Blocks）为页面的主体部分，主要包括"非遗发布"、"新闻资讯"、"人物风采"和"巧夺天工"4 部分，在每部分的制作过程中，可以利用 jQuery 插件实现网格布局，单击内容区域中的相关内容可跳转至对应的详情页。

4）页脚区域

页面的页脚（Footer）区域主要包含导航链接、版权声明、友情链接等内容。

（1）布局：将底部区域的背景颜色设置为#F67280，将该区域中的文字设置为中心对齐。

（2）内部容器：将页脚区域的主要内容区域嵌套在一个 container 类容器中，以便内容能够适应屏幕的宽度并保持响应式布局。

（3）导航链接：将页脚区域中的导航链接指向网站的主要页面，如"首页""非遗发布""新闻资讯"等，以便用户快速访问各个主要模块。

（4）版权声明：该部分主要是版权信息，包括版权归属和电话号码等。

（5）友情链接：该部分主要用于展示友情链接的内容（本实战中仅列举了一个链接至网易邮箱的实例）。

5）在线客服浮动窗口组件

在页面的右下角设置一个在线客服浮动窗口组件，包含回顶部按钮、在线 QQ、电话号码、在线咨询链接和二维码关注入口。

在线客服浮动窗口组件应用浮动定位和列表布局。

（1）浮动定位：设置此区域相对于页面右下角的位置，距离右侧 5 像素，距离底部 20 像素，始终可见于可视窗口。

（2）列表布局：使用无序列表构建 5 个功能按钮或图标，包括回顶部按钮、在线 QQ、电话号码、在线咨询链接和二维码关注入口。

制作思路

（1）构建基本的 HTML 框架，定义文档类型、语言属性等基本信息。

（2）在<head></head>标签对中引用所需的 CSS 文件和 JavaScript 文件，用于控制页面样式、交互效果和功能实现。

（3）创建头部区域，包括网站 Logo、主导航菜单和"我要咨询"按钮，并通过 CSS 类来控制它们的位置和样式。

（4）设计主体内容区域，主要包括轮播图区域、"非遗发布"、"新闻资讯"、"人物风采"和"巧夺天工"5 部分。每部分均使用 HTML 标准标签进行结构化展示。

（5）配置页脚区域，添加必要的导航链接、版权声明及友情链接等信息。

（6）加入在线客服浮动窗口组件，确保其在页面滚动时始终保持可见。

（7）利用引入的 JavaScript 库（如 jQuery、SuperSlide、Wow 和 FancyBox 等）来增强页面的交互功能，如轮播、动画效果和弹窗等。

（8）测试页面在各种设备上的响应式布局和功能，确保页面整体美观、易用，并符合 SEO 优化原则，同时检查所有链接的有效性和脚本执行的正确性。

详细制作步骤

（1）打开开发工具 VS Code，在本地磁盘中新建项目文件夹，并命名为 feiyi。在 VS Code 中打开项目文件夹 feiyi，在"资源管理器"窗格中的项目文件夹 feiyi 的名称上右击，在弹出的快捷菜单中选择"新建文件"命令，在出现的文本框中输入"index.html"，然后按 Tab 键或 Enter 键，完成 HTML 文件的创建。默认创建后的文件为空白文件，需要自行输入标签。为了方便起见，可以在 HTML 文件中输入"!"，然后按 Tab 键或 Enter 键，编辑器中会自动生成 HTML 文件的基本框架。

（2）单击项目文件夹 feiyi 下的 index.html 文件，进入代码编辑窗口。在<title></title>标签对中设置网页的标题为"中国非遗"，并引入外部样式表文件和相关公共包。代码如下：

```html
<head>
    <meta charset="UTF-8">
    <meta name='viewport' content='width=device-width, initial-scale=1.0, maximum-scale=1.0' />
    <meta http-equiv="X-UA-Compatible" content="IE=edge">
    <title>中国非遗</title>
    <link rel="shortcut icon" href="img/logo.png" />
    <link rel="stylesheet" type="text/css" href="css/iconfont.css">
    <link rel="stylesheet" type="text/css" href="css/color.css">
    <link rel="stylesheet" type="text/css" href="css/global.css">
    <link rel="stylesheet" type="text/css" href="css/page.css">
    <link rel="stylesheet" type="text/css" href="css/uzlist.css">
    <link rel="stylesheet" type="text/css" href="css/animate.min.css">
    <link rel="stylesheet" type="text/css" href="css/fancybox.css" />
    <link rel="stylesheet" href="css/swiper.css" />
    <script type="text/javascript" src="js/jquery.min.js"></script>
    <script type="text/javascript" src="js/superslide.2.1.1.min.js"></script>
    <script type="text/javascript" src="js/wow.min.js"></script>
    <script type="text/javascript" src="js/fancybox.js"></script>
    <script type="text/javascript">
        var CATID = "0",
```

```
                BCID = "0",
                ONCONTEXT = 0,
                ONCOPY = 0,
                ONSELECT = 0;
        </script>
        <script type="text/javascript" src="js/common.js"></script>
    </head>
```

（3）在<body></body>标签对中添加<div></div>标签对，在<div></div>标签对中放置网站Logo 图片、"我要咨询"按钮和导航链接，并设置好样式。代码如下：

```
    <body>
    <div class="header">
        <div class="container">
            <div class="logo fl">
                <div class="logo-img"><a href="index.html"><img src="img/logo.png" />
</a></div>
            </div>
            <div class="contact-tel fr"> <a target="_blank" href="https://www.ihch***.
cn/#page6">
                <i class="icon5s s5zixun2"></i>我要咨询</a>
            </div>
            <div class="nav nav-a fr">
                <ul>
                    <li data-cid="0" class="on"> <a style="color:#000000" target="_self"
href="index.html">首页</a> </li>
                    <li data-cid="36"> <a style="color:#000000" target="_self" href="
feiyifabu.html">非遗发布</a> </li>
                    <li data-cid="29"> <a style="color:#000000" target="_self" href="
xinwenzixun.html">新闻资讯</a> </li>
                    <li data-cid="24"> <a style="color:#000000" target="_self" href="
renwufengcai.html">人物风采</a> </li>
                    <li data-cid="25"> <a style="color:#000000" target="_self" href="
qiaoduotiangong.html">巧夺天工</a> </li>
                    <li data-cid="19"> <a style="color:#000000" target="_self" href="
guanyuwomen.html">关于我们</a></li>
                    <li data-cid="30"> <a style="color:#000000" target="_self" href="
hezuohuoban.html">合作伙伴</a> </li>
                </ul>
            </div>
        </div>
    </div>
    </body>
```

（4）在<body></body>标签对中添加<div></div>标签对，在<div></div>标签对中放置"轮播图"部分的内容，设置好相关属性和样式并添加动态效果。代码如下：

```html
    <div class="swiper-container slide-usezans slide-usezans-b" style="background:
#ffffff">
        <div class="swiper-wrapper">
            <div class="swiper-slide swiper-lazy" data-background="img/66e62ec.jpg"
style="width:100%;min-width:1180px;height:870px;">
                <div class="wrapper-intro" style="height:870px;">
                    <div class="text-slide"> </div>
                    <img class="go-bottom" width="50" src="img/bottom-x.png" /> </div>
                <div class="swiper-lazy-preloader swiper-lazy-preloader-white"></div>
            </div>
            <div class="swiper-slide swiper-lazy" data-background="img/30d9114.jpg"
style="width:100%;min-width:1180px;height:870px;">
                <div class="wrapper-intro" style="height:870px;">
                    <div class="text-slide"> </div>
                    <img class="go-bottom" width="50" src="img/bottom-x.png" /> </div>
                <div class="swiper-lazy-preloader swiper-lazy-preloader-white"></div>
            </div>
        </div>
    </div>
    <script type="text/javascript">
        var swiper = new Swiper('.swiper-container', {
            pagination: '.swiper-pagination',
            paginationClickable: true,
            nextButton: '.swiper-button-next',
            prevButton: '.swiper-button-prev',
            effect: "fade",
            lazyLoading: true,
            lazyLoadingInPrevNext: true,
            lazyLoadingInPrevNextAmount: 2,
            lazyLoadingOnTransitionStart: true,
            autoplay: 3000,
            autoplayDisableOnInteraction: false,
            direction: 'horizontal',
            mousewheelControl: false,
            mousewheelReleaseOnEdges: true,
            keyboardControl: true,
            onInit: function(swiper) {
                swiperAnimateCache(swiper);
                swiperAnimate(swiper)
            },
            onSlideChangeEnd: function(swiper) {
                swiperAnimate(swiper)
            }
        });
    </script>
```

（5）在<body></body>标签对中再次添加<div></div>标签对，分别用于放置"人物风采""巧夺天工""非遗发布""新闻资讯"部分的内容，并设置好相关属性和样式。代码如下：

```
<div class="plate">
    <script type="text/javascript">
            $(".parc-slide-28").slide({
                mainCell: ".bd ul",
                autoPage: true,
                effect: "left",
                autoPlay: true,
                vis: 5,
                trigger: "click",
                interTime: 5000,
                pnLoop: false
            });
    </script>
<div class="plate-pic picture-a after tb80 back-black" style='background:#f8a135;'>
        <div class="container">
            <div class="comm-title">
                <div class="title">
                    <h3>人物风采</h3>
                    <p>非遗文化传承人</p>
                </div>
            </div>
            <div class="picture-lists">
                <ul class="wul105">
                    <li>
                        <a target="_self" href="zhongliansheng.html">
                            <div class="posi-img"> <img src="img/renwufengcai/
17032071174676b80.jpg"/> </div>
                            <div class="remark">
                                <h5>钟连盛</h5>
                                <p>勇于创新的景泰蓝艺术大师</p>
                            </div>
                        </a>
                    </li>
                    <li>
                        <a target="_self" href="dujianyi.html">
                            <div class="posi-img"> <img src="img/renwufengcai/
17032071271906e4.png"/> </div>
                            <div class="remark">
                                <h5>杜建毅</h5>
                                <p>花丝镶嵌的美妙世界</p>
                            </div>
                        </a>
```

```
                    </li>
                    <li>
                        <a target="_self" href="jinwen.html">
                            <div class="posi-img"> <img src="img/renwufengcai/
170320683273cfab.jpg"/> </div>
                            <div class="remark">
                                <h5>金文</h5>
                                <p>云锦妙手世人赞影</p>
                            </div>
                        </a>
                    </li>
                    <li>
                        <a target="_self" href="zhangmeifang.html">
                            <div class="posi-img"> <img src="img/renwufengcai/
1703206784d2ca9b.png"/> </div>
                            <div class="remark">
                                <h5>张美芳</h5>
                                <p>苏绣绣出锦绣人间</p>
                            </div>
                        </a>
                    </li>
                    <li>
                        <a target="_self" href="hefuli.html">
                            <div class="posi-img"> <img src="img/renwufengcai/
1703206713f2cd96.jpg"/> </div>
                            <div class="remark">
                                <h5>何福礼</h5>
                                <p>从小篾匠到竹编技艺大师</p>
                            </div>
                        </a>
                    </li>
                    <li>
                        <a target="_self" href="lidingning.html">
                            <div class="posi-img"> <img src="img/renwufengcai/
170320665679549a.jpg"/> </div>
                            <div class="remark">
                                <h5>李定宁</h5>
                                <p>精美绝伦的象牙雕塑大师</p>
                            </div>
                        </a>
                    </li>
                </ul>
            </div>
        </div>
```

```html
        </div>
        <div class="plate-pic picture-a after tb80 back-white" style='background:#fff;'>
            <div class="container">
                <div class="comm-title">
                    <div class="title">
                        <h3>巧夺天工</h3>
                        <p>用心打造每个作品</p>
                    </div>
                </div>
                <div class="picture-lists">
                    <ul class="wul105">
                        <li>
                            <a target="_self" href="qiaoduotiangong-detail.html">
                                <div class="posi-img"> <img src="img/qiaoduotiangong/
d0e83d82f1f88fb.png"/> </div>
                                <div class="remark">
                                    <h5>美玉再现英雄魂</h5>
                                    <p>揭阳，一个并不产玉的地方，如今却被称为"玉都"...</p>
                                </div>
                            </a>
                        </li>
                        <li>
                            <a target="_self" href="qiaoduotiangong-detail.html">
                                <div class="posi-img"> <img src="img/qiaoduotiangong/
80e81bda61ef21c.png"/> </div>
                                <div class="remark">
                                    <h5>箜篌弦歌</h5>
                                    <p>一架很大的箜篌旁边，传承人吴茜正在演奏器乐剧...</p>
                                </div>
                            </a>
                        </li>
                        <li>
                            <a target="_self" href="qiaoduotiangong-detail.html">
                                <div class="posi-img"> <img src="img/qiaoduotiangong/
1a0ae9cb4c7f4c1.jpg"/> </div>
                                <div class="remark">
                                    <h5>潮州金漆木雕</h5>
                                    <p>这是一个潮州木雕的作品，美轮美奂，工艺繁复...</p>
                                </div>
                            </a>
                        </li>
                        <li>
                            <a target="_self" href="qiaoduotiangong-detail.html">
                                <div class="posi-img"> <img src="img/qiaoduotiangong/
```

```
6a30595172d3fe0.png"/> </div>
                                <div class="remark">
                                    <h5>黄杨木雕巧夺天工</h5>
                                    <p>一根黄杨木，被雕刻成一具身躯曼妙的美女...</p>
                                </div>
                            </a>
                        </li>
                        <li>
                            <a target="_self" href="qiaoduotiangong-detail.html">
                                <div class="posi-img"> <img src="img/qiaoduotiangong/
0c102c15a4f8b50.png"/> </div>
                                <div class="remark">
                                    <h5>枫溪瓷</h5>
                                    <p>在枫溪的境内，有一片龙窑遗址，这里曾经诞生了...</p>
                                </div>
                            </a>
                        </li>
                        <li>
                            <a target="_self" href="qiaoduotiangong-detail.html">
                                <div class="posi-img"> <img src="img/qiaoduotiangong/
da8cd51aec72c63.png" /> </div>
                                <div class="remark">
                                    <h5>东昌葫芦雕刻</h5>
                                    <p>几十年前，七个葫芦娃的动画片获得了大众的喜爱...</p>
                                </div>
                            </a>
                        </li>
                    </ul>
                </div>
            </div>
        </div>
        <div class="plate-team team-b after tb80 back-black" style='background:#f36348;'>
            <div class="container">
                <div class="comm-title">
                    <div class="title">
                        <h3>非遗发布</h3>
                        <p>全方位介绍中国非遗文化</p>
                    </div>
                </div>
                <div class="team-lists teamb-slide-38">
                    <div class="hd"> <a class="prev icon5s s5you1"></a>
                        <a class="next icon5s s5zou1"></a> </div>
                    <div class="bd">
                        <ul class="wul105">
```

```
                                    <li> <span class="bor-img click-more-team"><img src="img/
feiyifabu/gongfucha.jpg"/></span>
                                        <div class="remark">
                                        <h5>少林功夫茶</h5>
                                        <span class="position">饮食</span>
                                        <p class="desc">中国功夫茶是一种独特的饮品，以其丰富的文化内
涵和独特的制作工艺而闻名于世...</p>
                                        <a class="click-more-team">了解详情</a> </div>
                                    <div class="dask-team hide"> <span class="team-colse
icon5s s5guanbi1"></span>
                                        <div class="tit">
                                            <h5>少林功夫茶<span>饮食</span></h5>
                                        </div>
                                        <div class="dask-remark">
                                            <div class="t-left fl"> <img src="img/feiyifabu/
gongfucha.jpg" /> </div>
                                            <div class="t-right fr">
                                                <h6>简介</h6>
                                                <p>少林功夫茶：中国功夫茶是一种独特的饮品，以其丰富的文
化内涵和独特的制作工艺而闻名于世。在中国茶文化中，有四大流派被誉为传承千年的瑰宝。这些流派分别是武当、峨
眉、少林和华山。少林功夫茶起源于河南省少林寺，是武术文化与茶文化相结合的产物。这种茶注重锻炼身体、提高人
们的体质，并强调心意合一、精神集中。制作过程中讲究用力去感受每个动作，以达到强身健体、增加力量和灵活性的
目标。</p>
                                            </div>
                                        </div>
                                    </div>
                                </li>
                                <li> <span class="bor-img click-more-team"><img src="img/
feiyifabu/henanbangzi.jpg"/></span>
                                        <div class="remark">
                                        <h5>河南梆子</h5>
                                        <span class="position">戏曲</span>
                                        <p class="desc">河南梆子：豫剧，是中国五大戏曲剧种之一、流传
中国各地的传统戏剧...</p>
                                        <a class="click-more-team">了解详情</a> </div>
                                    <div class="dask-team hide"> <span class="team-colse
icon5s s5guanbi1"></span>
                                        <div class="tit">
                                            <h5>河南梆子<span>戏曲</span></h5>
                                        </div>
                                        <div class="dask-remark">
                                            <div class="t-left fl"> <img src="img/feiyifabu/
henanbangzi.jpg" /> </div>
                                            <div class="t-right fr">
```

```
                                    <h6>简介</h6>
                                    <p>河南梆子：豫剧，是中国五大戏曲剧种之一、中国第一大地
方剧种，是主要流行于河南省、河北省、山东省并流传中国各地的传统戏剧，是国家级非物质文化遗产之一。豫剧与京
剧、越剧同为中国戏曲三鼎甲，传承已有上百年的历史，早在清代乾隆年间就已成为河南很有影响的戏曲剧种。豫剧在
生成和发展时期，汲取了昆腔、吹腔、皮簧及其他梆子声腔剧种的艺术因素，同时广泛吸收河南民间流行的音乐、曲艺
说唱和俗曲小令，形成了朴直淳厚、丰富细腻、富有乡土气息的剧种特色。豫剧被西方人称赞是"东方咏叹调""中国歌
剧"等。</p>
                                    </div>
                                </div>
                            </div>
                        </li>
                        <li> <span class="bor-img click-more-team"><img src="img/
feiyifabu/jianyaojianzhan.jpg"/></span>
                            <div class="remark">
                                <h5>建窑建盏</h5>
                                <span class="position">制造</span>
                                <p class="desc">建盏，福建省南平市建阳区特产，中国国家地理标
志产品...</p>
                                <a class="click-more-team">了解详情</a> </div>
                            <div class="dask-team hide"> <span class="team-colse
icon5s s5guanbi1"></span>
                                <div class="tit">
                                    <h5>建窑建盏<span>制造</span></h5>
                                </div>
                                <div class="dask-remark">
                                    <div class="t-left fl"> <img src="img/feiyifabu/
jianyaojianzhan.jpg" /> </div>
                                    <div class="t-right fr">
                                        <h6>简介</h6>
                                        <p>建盏，福建省南平市建阳区特产，中国国家地理标志产品。
建盏多是口大底小，有的形如漏斗；多数为圈足且圈足较浅，足根往往有修刀（俗称倒角），足底面稍外斜；少数为实足
（主要为小圆碗类）。造型古朴浑厚，手感普遍较沉。建盏分为敞口、撇口、敛口和束口四大类，每类分大、中、小型；
小圆碗归入小型敛口碗类。敞口碗：口沿外撇，尖圆唇，腹壁斜直或微弧，腹较浅，腹下内收，浅圈足，形如漏斗状，
俗称"斗笠碗"。</p>
                                    </div>
                                </div>
                            </div>
                        </li>
                    </ul>
                </div>
            </div>
        </div>
    </div>
    <div class="dask-team-ceng hide"></div>
```

```
            <script type="text/javascript">
                $(".teamb-slide-38").slide({
                    mainCell: ".bd ul",
                    autoPage: true,
                    effect: "left",
                    autoPlay: true,
                    vis: 3,
                    trigger: "click",
                    interTime: 7000,
                    pnLoop: false
                });
            </script>
            <div class="plate-article article-d after tb80 back-white" style='background:#fff;'>
                <div class="container">
                    <div class="comm-title">
                        <div class="title">
                            <h3>新闻资讯</h3>
                            <p>最新的非遗报道<a class="arta-more fr" href="xinwenzixun.html">
更多新闻资讯</a></p>
                        </div>
                    </div>
                    <div class="article-lists">
                        <ul class="wul105">
                            <li>
                                <a target="_self" href="xinwen-detail.html">
                                    <div class="news-detail">
                                        <div class="news-data"> <span class="y">2023</span>
                                            <span class="md">07.06</span> </div>
                                        <i class="borh"></i>
                                        <h5> "十四五" 我国中医药科技创新平台不断加强建设</h5>
                                        <div class="remark">
                                            <p>中医药科技创新平台是中医...</p>
                                            <span class="news-more">详情>></span> </div>
                                    </div>
                                </a>
                            </li>
                            <li>
                                <a target="_self" href="xinwen-detail.html">
                                    <div class="news-detail">
                                        <div class="news-data"> <span class="y">2023</span>
                                            <span class="md">09.11</span> </div>
                                        <i class="borh"></i>
                                        <h5>西昌加大非遗普查认定</h5>
                                        <div class="remark">
```

```
                                    <p>非物质文化遗产是地域文化传承中最具生命力的"活化石"。西
昌，自古...</p>
                                    <span class="news-more">详情>></span> </div>
                                </div>
                            </a>
                        </li>
                        <li>
                            <a target="_self" href="xinwen-detail.html">
                                <div class="news-detail">
                                    <div class="news-data"> <span class="y">2023</span>
                                        <span class="md">09.19</span> </div>
                                    <i class="borh"></i>
                                    <h5>纪录片《万象中国》讲好非物质文化遗产的故事</h5>
                                    <div class="remark">
                                        <p>中英文短纪录片《万象中国》海外传播...</p>
                                        <span class="news-more">详情>></span> </div>
                                </div>
                            </a>
                        </li>
                        <li>
                            <a target="_self" href="xinwen-detail.html">
                                <div class="news-detail">
                                    <div class="news-data"> <span class="y">2023</span>
                                        <span class="md">11. 07</span> </div>
                                    <i class="borh"></i>
                                    <h5>传承岭南文化，永续城市记忆</h5>
                                    <div class="remark">
                                        <p>8 月 1 日，以"传承岭南文化，永续城市记忆"为主题...</p>
                                        <span class="news-more">详情>></span> </div>
                                </div>
                            </a>
                        </li>
                    </ul>
                </div>
            </div>
        </div>
</div>
```

（6）在\<body>\</body>标签对中继续添加\<div>\</div>标签对，用于放置底部信息。代码
如下：

```
<div class="footer footer-a back-black" style='background:#F67280;'>
        <div class="container">
            <div class="footer-text center">
                <div class="footer-nav">
                    <a target="_self" href="index.html">首页</a>
```

```
            <a target="_self" href="feiyifabu.html">非遗发布</a>
            <a target="_self" href="xinwenzixun.html">新闻资讯</a>
            <a target="_self" href="renwufengcai.html">人物风采</a>
            <a target="_self" href="qiaoduotiangong.html">巧夺天工</a>
            <a target="_self" href="guanyuwomen.html">关于我们</a>
            <a target="_self" href="hezuohuoban.html">合作伙伴</a>
        </div>
        <div class="copyright"> <span>Copyright © 2023 中国非遗</span> <span>电
话:13500000000</span> </div>
            <div class="links">
                <span>友情链接：</span>
                <div class="text-a"> <a target="_blank"
href="https://m***.163.com/">网易免费邮箱</a> </div>
            </div>
        </div>
    </div>
</div>
```

（7）在\<body>\</body>标签对中继续添加\<div>\</div>标签对，用于放置在线客服浮动窗口组件。代码如下：

```
<div class="kefu_q1" style="right:5px;bottom:20px;">
    <ul>
        <li class="q1_top" id="get_top"></li>
        <li class="q1_qq"><a class="animate block" target="_blank" href=''>在线
QQ</a></li>
        <li class="q1_tel"> <a class="animate block">13500000000</a> </li>
        <li class="q1_zx"> <a class="animate block" href="..html">在线咨询</a> </li>
        <li class="q1_code">
            <span><img src="img/erweima.png" alt="扫描二维码，关注我们" width="133"
height="133" />
                <p>扫描二维码，关注我们</p>
            </span>
        </li>
    </ul>
</div>
```

注意：页面的其他 CSS 样式及 JavaScript 代码部分可以参照后面"代码分析"部分的内容和本书配套的源代码文件。

2. 制作"非遗发布"页面 feiyifabu.html

"非遗发布"页面的设计采用响应式布局，主要包括头部区域、主要内容区域、页脚区域、在线客服浮动窗口组件，整体结构清晰，色彩搭配和谐，便于用户浏览和交互。

1）头部区域

页面的头部区域是一个包含网站 Logo、主导航菜单和"我要咨询"按钮的头部组件。主导航菜单中的每个项目通过 data-cid 属性关联数据，并设置了 on 类表示当前选中状态，单击后可以跳转到相应页面。每个导航项通过 data-cid 属性关联数据，并根据当前页面设置激活状态。当前所在页面（"非遗发布"页面）对应的链接呈高亮显示。

2）主要内容区域

（1）页面的主要内容区域为非遗项目列表，该区域的样式采用白色背景，使用容器布局，将非遗发布"子标题显示在顶部的左侧。

（2）下方是非遗项目列表，用来展示多个非遗项目的卡片，每个卡片包括项目图片、标题、简介和"了解详情"链接，单击"了解详情"链接可以显示更多详细内容，这部分内容默认隐藏，通过 JavaScript 来控制其显示与隐藏。

3）非遗项目详细内容

每个非遗项目的详细内容被封装在一个 dask-team.hide 类的元素中，包含项目标题、图片和详细介绍，可以通过单击"了解详情"链接展开查看。

4）页脚区域

"非遗发布"页面 feiyifabu.html 的页脚区域与"首页"页面 index.html 的页脚区域相同。

5）在线客服浮动窗口组件

"非遗发布"页面 feiyifabu.html 的在线客服浮动窗口组件与"首页"页面 index.html 的在线客服浮动窗口组件相同。

制作思路

1）基础设置与结构布局

（1）页面使用 HTML5 标准进行声明，将语言属性设置为中文。

（2）在<head></head>标签对中设置页面字符集、视口适配和浏览器兼容性设置，确保网页在不同浏览器中正常显示。

（3）设置页面的标题为"非遗发布"，并引入网站 Logo 作为快捷方式图标。

（4）引入多个 CSS 文件，用于定义页面的整体样式、字体图标、颜色方案、全局样式、特定页面样式、列表样式、动画效果及图片灯箱效果。

（5）利用引入的 JavaScript 库（如 jQuery、SuperSlide、Wow 和 FancyBox 等）来增强页面的交互和动态功能。

（6）定义一些初始化变量，并引入 common.js 脚本，这些脚本可能包含页面通用功能的实现。

2）头部区域设计

页面的头部区域主要包括网站 Logo、主导航菜单和"我要咨询"按钮。单击网站 Logo 可以回到首页，单击右侧的"我要咨询"按钮可以跳转至外部咨询页面。主导航菜单包括多个一级分类链接，如"首页""非遗发布""新闻资讯""人物风采""巧夺天工""关于我们""合作伙伴"等。通过 CSS 类来控制它们的位置和样式。

3）主要内容区域

（1）页面的主要内容区域分上下两部分：上方的左侧显示当前页面的主题"非遗发布"；下方是一个非遗项目的列表展示区域。

（2）每个非遗项目用 li 元素包裹，包括项目图片、标题、简介和"了解详情"链接，单击"了解详情"链接可以显示更多详细内容，这部分内容默认隐藏，通过 JavaScript 来控制其显示与隐藏。

（3）非遗项目的详细介绍内容被封装在一个列表内，用户单击非遗项目列表中的图片或"了解详情"链接，可以查看非遗项目的详细信息，这里通过 JavaScript 来控制其显示与隐藏。

4）页脚区域

将页脚区域设计为粉色背景，其中包含快速导航链接、版权信息及联系方式等。

5）在线客服浮动窗口组件

在页面的右下角设置一个在线客服浮动窗口组件，包含回顶部按钮、在线 QQ、电话号码、在线咨询链接和二维码关注入口。该模块应用浮动定位和列表布局。

（1）浮动定位：设置此区域相对于页面右下角的位置，距离右侧 5 像素，距离底部 20 像素，始终可见于可视窗口。

（2）列表布局：使用无序列表构建 5 个功能按钮或图标，包括回顶部按钮、在线 QQ、电话号码、在线咨询链接和二维码关注入口。

详细制作步骤

（1）在 VS Code 中打开项目文件夹 feiyi，在"资源管理器"窗格中的项目文件夹 feiyi 的名称上右击，在弹出的快捷菜单中选择"新建文件"命令，在出现的文本框中输入文件的名称"feiyifabu.html"，然后按 Tab 键或 Enter 键，完成 HTML 文件的创建。默认创建后的文件为空白文件，需要自行输入标签。为了方便起见，可以在 HTML 文件中输入"！"，然后按 Tab 键或 Enter 键，编辑器中会自动生成 HTML 文件的基本框架。

（2）单击项目文件夹 feiyi 下的 feiyifabu.html 文件，进入代码编辑窗口。在<title></title>标签对中设置网页的标题为"非遗发布"，并引入外部样式表文件和相关库文件。代码如下：

```html
<head>
    <meta charset="UTF-8">
    <meta name='viewport' content='width=device-width, initial-scale=1.0, maximum-scale=1.0' />
    <meta http-equiv="X-UA-Compatible" content="IE=edge">
    <title>非遗发布</title>
    <link rel="shortcut icon" href="img/logo.png" />
    <link rel="stylesheet" type="text/css" href="css/iconfont.css">
    <link rel="stylesheet" type="text/css" href="css/color.css">
    <link rel="stylesheet" type="text/css" href="css/global.css">
    <link rel="stylesheet" type="text/css" href="css/page.css">
    <link rel="stylesheet" type="text/css" href="css/uzlist.css">
    <link rel="stylesheet" type="text/css" href="css/animate.min.css">
    <link rel="stylesheet" type="text/css" href="css/fancybox.css" />
    <script type="text/javascript" src="js/jquery.min.js"></script>
    <script type="text/javascript" src="js/superslide.2.1.1.min.js"></script>
    <script type="text/javascript" src="js/wow.min.js"></script>
    <script type="text/javascript" src="js/fancybox.js"></script>
    <script type="text/javascript">
        var CATID = "36",
            BCID = "36",
```

```
                NAVCHILDER = "",
                ONCONTEXT = 0,
                ONCOPY = 0,
                ONSELECT = 0;
        </script>
        <script type="text/javascript" src="js/common.js"></script>
    </head>
```

（3）在\<body\>\</body\>标签对中添加\<div\>\</div\>标签对，在\<div\>\</div\>标签对中放置头部导航信息，设置好相关属性和样式。代码如下：

```
    <div class="header" style="background:#fff;">
        <div class="container">
            <div class="logo fl">
                <div class="logo-img"><a href="index.html"><img src="img/logo.png"
/></a></div>
            </div>
            <div class="contact-tel fr"> <a target="_blank"
href="https://www.ihch***.cn/#page6"> <i class="icon5s s5zixun2"></i>我要咨询 </a> </div>
            <div class="nav nav-a fr">
                <ul>
                    <li data-cid="0" class="on"> <a style="color:#000000" target="_self"
href="index.html">首页</a> </li>
                    <li data-cid="36"> <a style="color:#000000" target="_self" href="
feiyifabu.html">非遗发布</a> </li>
                    <li data-cid="29"> <a style="color:#000000" target="_self" href="
xinwenzixun.html">新闻资讯</a> </li>
                    <li data-cid="24"> <a style="color:#000000" target="_self" href="
renwufengcai.html">人物风采</a> </li>
                    <li data-cid="25"> <a style="color:#000000" target="_self" href="
qiaoduotiangong.html">巧夺天工</a> </li>
                    <li data-cid="19"> <a style="color:#000000" target="_self" href="
guanyuwomen.html">关于我们</a>
                    </li>
                    <li data-cid="30"> <a style="color:#000000" target="_self" href="
hezuohuoban.html">合作伙伴</a> </li>
                </ul>
            </div>
        </div>
    </div>
```

（4）在\<body\>\</body\>标签对中添加\<div\>\</div\>标签对，在\<div\>\</div\>标签对中放置"非遗发布"部分的主要内容，设置好相关属性和样式。代码如下：

```
    <div class="back-white">
        <div class="container box-content">
            <div class="con-left">
                <div class="subcat">
```

```
                <div class="sub-tit">
                    <h3><em>非遗发布</em></h3>
                </div>
            </div>
        </div>
        <div class="teams-lists inside">
            <div class="bd">
                <ul class="after">
                    <li> <img class="click-more-team" src="img/feiyifabu/fangsha.jpg" />
                        <div class="remark">
                            <h5>纺纱<em class="fr">纺织</em></h5>
                            <p class="desc">纺纱原就属于一项非常古老的活动,自史前时代起,人
类便懂得将一些较短的纤维...</p>
                            <a class="click-more-team">了解详情</a> </div>
                        <div class="dask-team hide"> <span class="team-colse icon5s
s5guanbi1"></span>
                            <div class="tit">
                                <h5>纺纱<span>纺织</span></h5>
                            </div>
                            <div class="dask-remark">
                                <div class="t-left fl"> <img src="img/feiyifabu/fangsha.
jpg" /> </div>
                                <div class="t-right fr">
                                    <h6>简介</h6>
                                    <p>纺纱原就属于一项非常古老的活动,自史前时代起,人类便懂得
将一些较短的纤维纺成长纱,然后将其织成布。所谓的纺纱,就是取动物或植物纤维运用加捻的方式使其抱合成为一连
续性无限延伸的纱线,以便适用于织造的一种行为。 </p>
                                </div>
                            </div>
                        </div>
                    </li>
                    <li> <img class="click-more-team" src="img/feiyifabu/gongfucha.jpg" />
                        <div class="remark">
                            <h5>少林功夫茶<em class="fr">饮食</em></h5>
                            <p class="desc">少林功夫茶:中国功夫茶是一种独特的饮品,以其丰富
的文化内涵和独特的制作工艺而闻名于世...</p>
                            <a class="click-more-team">了解详情</a> </div>
                        <div class="dask-team hide"> <span class="team-colse icon5s
s5guanbi1"></span>
                            <div class="tit">
                                <h5>少林功夫茶<span>饮食</span></h5>
                            </div>
                            <div class="dask-remark">
                                <div class="t-left fl"> <img src="img/feiyifabu/
```

```
gongfucha.jpg" /> </div>
                            <div class="t-right fr">
                                <h6>简介</h6>
                                <p>少林功夫茶：中国功夫茶是一种独特的饮品，以其丰富的文化内涵
和独特的制作工艺而闻名于世。在中国茶文化中，有四大流派被誉为传承千年的瑰宝。这些流派分别是武当、峨眉、少林和华
山。少林功夫茶起源于河南省少林寺，是武术文化与茶文化相结合的产物。这种茶注重锻炼身体、提高人们的体质，并强调心
意合一、精神集中。制作过程中讲究用力去感受每个动作，以达到强身健体、增加力量和灵活性之目标。</p>
                            </div>
                        </div>
                    </div>
                </li>

                <li> <img class="click-more-team" src="img/feiyifabu/
henanbangzi.jpg" />
                    <div class="remark">
                        <h5>河南梆子<em class="fr">戏曲</em></h5>
                        <p class="desc">河南梆子：豫剧，是中国五大戏曲剧种之一、流传中国
各地的传统戏剧...</p>
                        <a class="click-more-team">了解详情</a> </div>
                    <div class="dask-team hide"> <span class="team-colse icon5s
s5guanbi1"></span>
                        <div class="tit">
                            <h5>河南梆子<span>戏曲</span></h5>
                        </div>
                        <div class="dask-remark">
                            <div class="t-left fl"> <img src="img/feiyifabu/
henanbangzi.jpg" /> </div>
                            <div class="t-right fr">
                                <h6>个人简介</h6>
                                <p>河南梆子：豫剧，是中国五大戏曲剧种之一、中国第一大地方剧
种，是主要流行于河南省、河北省、山东省并流传中国各地的传统戏剧，是国家级非物质文化遗产之一。豫剧与京剧、
越剧同为中国戏曲三鼎甲，传承已有上百年的历史，早在清代乾隆年间就已成为河南很有影响的戏曲剧种。豫剧在生成
和发展时期，汲取了昆腔、吹腔、皮簧及其他梆子声腔剧种的艺术因素，同时广泛吸收河南民间流行的音乐、曲艺说唱
和俗曲小令，形成了朴直淳厚、丰富细腻、富有乡土气息的剧种特色。豫剧被西方人称赞是"东方咏叹调""中国歌剧"
等。</p>
                            </div>
                        </div>
                    </div>
                </li>
                <li> <img class="click-more-team" src="img/feiyifabu/
jianyaojianzhan.jpg" />
                    <div class="remark">
                        <h5>建窑建盏<em class="fr">制造</em></h5>
                        <p class="desc">建盏，福建省南平市建阳区特产，中国国家地理标志产
```

```
品...</p>
                                    <a class="click-more-team">了解详情</a> </div>
                                <div class="dask-team hide"> <span class="team-colse icon5s
s5guanbi1"></span>

                                    <div class="tit">
                                        <h5>建窑建盏<span>制造</span></h5>
                                    </div>
                                    <div class="dask-remark">
                                        <div class="t-left fl"> <img src="img/feiyifabu/
jianyaojianzhan.jpg" /> </div>
                                        <div class="t-right fr">
                                            <h6>简介</h6>
                                            <p>建盏，福建省南平市建阳区特产，中国国家地理标志产品。 建
盏多是口大底小，有的形如漏斗；多数为圈足且圈足较浅，足根往往有修刀（俗称倒角），足底面稍外斜；少数为实足
（主要为小圆碗类）。造型古朴浑厚，手感普遍较沉。建盏分为敞口、撇口、敛口和束口四大类，每类分大、中、小型；
小圆碗归入小型敛口碗类。敞口碗：口沿外撇，尖圆唇，腹壁斜直或微弧，腹较浅，腹下内收，浅圈足，形如漏斗状，
俗称"斗笠碗"。</p>
                                        </div>
                                    </div>
                                </div>
                            </li>
                            <li> <img class="click-more-team" src="img/feiyifabu/jianzhi.jpg" />
                                <div class="remark">
                                    <h5>剪纸<em class="fr">手艺</em></h5>
                                    <p class="desc">中国剪纸是一种用剪刀或刻刀在纸上剪刻花纹，用于装
点生活或配合其他民俗活动的民间艺术...</p>
                                    <a class="click-more-team">了解详情</a> </div>
                                <div class="dask-team hide"> <span class="team-colse icon5s
s5guanbi1"></span>

                                    <div class="tit">
                                        <h5>剪纸<span>手艺</span></h5>
                                    </div>
                                    <div class="dask-remark">
                                        <div class="t-left fl"> <img src="img/feiyifabu/
jianzhi.jpg" /> </div>
                                        <div class="t-right fr">
                                            <h6>简介</h6>
                                            <p>中国剪纸是一种用剪刀或刻刀在纸上剪刻花纹，用于装点生活或
配合其他民俗活动的民间艺术。在中国，剪纸具有广泛的群众基础，交融于各族人民的社会生活，是各种民俗活动的重
要组成部分。其传承赓续的视觉形象和造型格式蕴涵了丰富的文化历史信息，表达了广大民众的社会认知、道德观念、
实践经验、生活理想和审美情趣，具有认知、教化、表意、抒情、娱乐、交往等多重社会价值。</p>
                                        </div>
                                    </div>
                                </div>
                            </div>
```

```
                    </li>
                    <li> <img class="click-more-team" src="img/feiyifabu/wushi.jpg" />
                        <div class="remark">
                            <h5>舞狮<em class="fr">艺术</em></h5>
                            <p class="desc">舞狮，古时称"太平乐"，是中华人民共和国正式开展
的体育项目，也是中国优秀的民间艺术...</p>
                            <a class="click-more-team">了解详情</a> </div>
                        <div class="dask-team hide"> <span class="team-colse icon5s
s5guanbi1"></span>
                            <div class="tit">
                                <h5>舞狮<span>艺术</span></h5>
                            </div>
                            <div class="dask-remark">
                                <div class="t-left fl"> <img src="img/feiyifabu/
wushi.jpg" /> </div>
                                <div class="t-right fr">
                                    <h6>简介</h6>
                                    <p>舞狮（Lion Dance），古时称"太平乐"，是中华人民共和国正
式开展的体育项目，也是中国优秀的民间艺术。舞狮有南北之分，南狮又称"醒狮"，而北狮则分为"文狮"和"武
狮"。唐朝时，舞狮运动主要以狮舞的形式作为宫廷娱乐节目供皇帝欣赏，地位极高。五代十国之后，随着中原移民的南
迁，舞狮文化传入岭南地区。舞狮活动也广泛流传于海外华人社区，有华人之处，必有舞狮，这成为扬民族之威、立中
国之魂的重要仪式，以及海外同胞认祖归宗的文化桥梁，其文化价值和影响十分深远。</p>
                                </div>
                            </div>
                        </div>
                    </li>
                </ul>
            </div>
        </div>
    </div>
</div>
```

（5）在<body></body>标签对中继续添加两个<div></div>标签对，分别放置页面底部信息及在线客服浮动窗口组件。代码如下：

```
<div class="footer footer-a back-black" style='background:#F67280;'>
    <div class="container">
        <div class="footer-text center">
            <div class="footer-nav">
                <a target="_self" href="index.html">首页</a>
                <a target="_self" href="feiyifabu.html">非遗发布</a>
                <a target="_self" href="xinwenzixun.html">新闻资讯</a>
                <a target="_self" href="renwufengcai.html">人物风采</a>
                <a target="_self" href="qiaoduotiangong.html">巧夺天工</a>
                <a target="_self" href="guanyuwomen.html">关于我们</a>
                <a target="_self" href="hezuohuoban.html">合作伙伴</a>
```

```
                    </div>
                    <div class="copyright"> <span>Copyright © 2023 中国非遗</span> <span>电
话:13500000000</span> </div>
                </div>
            </div>
    </div>
    <div class="kefu_q1" style="right:5px;bottom:20px;">
        <ul>
            <li class="q1_top" id="get_top"></li>
            <li class="q1_qq"><a class="animate block" target="_blank" href='http://
**a.qq.com/msgrd?v=3&uin=88888888&site=qq&menu=yes'>在线 QQ</a></li>
            <li class="q1_tel"> <a class="animate block">13500000000</a> </li>
            <li class="q1_zx"> <a class="animate block" href="..html">在线咨询</a> </li>
            <li class="q1_code">
                <span><img src="img/erweima.png" alt="扫描二维码,关注我们" width="133"
height="133" />
                    <p>扫描二维码,关注我们</p>
                </span>
            </li>
        </ul>
    </div>
```

注意：页面的其他 CSS 样式及 JavaScript 代码部分可以参照后面"代码分析"部分的内容和本书配套的源代码文件。

3. 制作"新闻资讯"页面 xinwenzixun.html

"新闻资讯"页面是一个展示新闻资讯的静态 HTML 页面，其布局主要包括头部区域、主要内容区域、页脚区域、在线客服浮动窗口组件。

1）头部区域

（1）页面的顶部包含一个白色背景的头部区域，内部采用响应式容器进行内容包裹。

（2）头部区域的左侧是网站的 Logo，单击该 Logo 后可以跳转到首页。

（3）头部区域的中间区域是主导航菜单，主导航菜单包括多个一级分类链接，如"首页""非遗发布""新闻资讯""人物风采""巧夺天工""关于我们""合作伙伴"等。每个导航项通过 data-cid 属性关联数据，并根据当前页面设置激活状态。当前所在页面（"新闻资讯"页面）对应的链接呈高亮显示。

（4）头部区域的右侧是"我要咨询"按钮，单击该按钮可以跳转至外部咨询页面，并使用图标来突出"我要咨询"功能。

2）主要内容区域

（1）设计一个白色背景的大容器，其中包裹着新闻列表区块。

（2）上方的左侧区域显示当前页面的标题"新闻资讯"。

（3）下方区域以列表形式展示新闻摘要，每条新闻包括缩略图、标题、发布时间和简短介绍。下方配备分页导航控件，用于切换不同页面的新闻列表。

3）具体内容填充

（1）新闻列表中的每个新闻项都是一个 li 元素，包含链接至新闻详情页的<a>标签，以及新闻图片、标题、日期和摘要。

（2）将图片的宽度统一设置为 180 像素，以便整齐排列。

4）页脚区域

"新闻资讯"页面 xinwenzixun.html 的页脚区域与"首页"页面 index.html 的页脚区域相同。

5）在线客服浮动窗口组件

"新闻资讯"页面 xinwenzixun.html 的在线客服浮动窗口组件与"首页"页面 index.html 的在线客服浮动窗口组件相同。

制作思路

（1）构建基本的 HTML 框架，定义文档类型、语言属性等基本信息。

（2）在<head></head>标签对中引用所需的 CSS 文件和 JavaScript 文件，用于控制页面样式、交互效果和功能实现。

（3）创建头部区域，包括网站 Logo、主导航菜单和"我要咨询"按钮，并通过 CSS 类来控制它们的位置和样式。

（4）设计主要内容区域，按照新闻列表的形式组织数据，每条新闻均使用 HTML 标准标签进行结构化展示。

（5）配置页脚区域，添加必要的导航链接和版权信息。

（6）加入在线客服浮动窗口组件，确保其在页面滚动时始终保持可见。

（7）利用引入的 JavaScript 库（如 jQuery、SuperSlide、Wow 和 FancyBox 等）来增强页面的交互功能，如轮播、动画效果和弹窗等。

（8）测试页面在各种设备上的响应式布局和功能，确保页面整体美观、易用，并符合 SEO 优化原则，同时检查所有链接的有效性和脚本执行的正确性。

制作步骤

"新闻资讯"页面 xinwenzixun.html 的制作步骤可参考"非遗发布"页面 feiyifabu.html 的制作步骤，详细代码见本书配套的源文件 xinwenzixun.html。

4. 制作"人物风采"页面 renwufengcai.html

"人物风采"页面是一个展示人物风采的页面，页面结构清晰，采用响应式布局设计，主要包括头部区域、主要内容区域、页脚区域、在线客服浮动窗口组件。

1）头部区域

（1）页面的顶部包含一个固定的头部区域，背景颜色为白色，使用容器进行内容布局。

（2）头部区域的左侧是网站的 Logo，单击该 Logo 可以跳转到首页。

（3）头部区域的中间区域是主导航菜单，主导航菜单包括多个一级分类链接，如"首页""非遗发布""新闻资讯""人物风采""巧夺天工""关于我们""合作伙伴"等。每个导航项通过 data-cid 属性关联数据，并根据当前页面设置激活状态。当前所在页面（"人物风采"页面）对应的链接呈高亮显示。

（4）头部区域的右侧是"我要咨询"按钮，单击该按钮可以跳转至外部咨询页面，并使用图标来突出"我要咨询"功能。

2）主要内容区域

（1）页面的主要内容被封装在一个背景颜色为白色的容器内，该容器进一步包含一个带有 box-content 类的区块，用于呈现具体内容。

（2）上方的左侧区域显示当前页面的标题"人物风采"。

（3）下方区域展示一组人物风采列表，列表项采用水平排列，每个列表项都包含一个人物介绍卡片，卡片由人物照片和人物简介两部分组成，单击卡片可以查看详细内容。下方配备分页导航控件，用于切换不同页面的人物风采列表。

3）页脚区域

"人物风采"页面 renwufengcai.html 的页脚区域与"首页"页面 index.html 的页脚区域相同。

4）在线客服浮动窗口组件

"人物风采"页面 renwufengcai.html 的在线客服浮动窗口组件与"首页"页面 index.html 的在线客服浮动窗口组件相同。

制作思路

（1）通过 HTML5 文档类型声明和语义化标签构建页面框架，同时设置页面字符集、视口适配和浏览器兼容性设置。

（2）在<head></head>标签对中引入多个 CSS 文件，分别定义全局样式、页面特有样式、动画效果和弹窗插件等，保证页面的视觉效果和交互体验。

（3）利用引入的 JavaScript 库（如 jQuery、SuperSlide、Wow 和 FancyBox 等）来增强页面的交互功能，如轮播、动画效果和弹窗等。

（4）根据页面需求，在<body></body>标签对中编写各部分的内容，遵循从上至下、从左至右的阅读顺序，保持逻辑层次清晰。

（5）通过引入的 CSS 文件和布局方式，确保页面在不同设备和屏幕尺寸下能自动调整布局，达到良好的移动友好性。

（6）利用已加载的 JavaScript 库，实现导航菜单的选中状态切换、图片滑动效果（可能需要 SuperSlide 库）、页面元素动画（Wow）及图片灯箱效果（FancyBox）等。

制作步骤

"人物风采"页面 renwufengcai.html 的制作步骤可参考"非遗发布"页面 feiyifabu.html 的制作步骤，详细代码见本书配套的源文件 renwufengcai.html。

5. 制作"巧夺天工"页面 qiaoduotiangong.html

"巧夺天工"页面同样是一个基于 HTML5 的响应式网页，主要展示中国传统工艺美术作品及其背后的故事，主要包括头部区域、主要内容区域、页脚区域、在线客服浮动窗口组件。

1）头部区域

（1）页面的顶部包含一个固定的头部区域，背景颜色为白色，使用容器进行内容布局。

（2）头部区域的左侧区域是网站的 Logo，单击该 Logo 可以跳转到首页。

（3）头部区域的中间区域是主导航菜单，主导航菜单包括多个一级分类链接，如"首页""非遗发布""新闻资讯""人物风采""巧夺天工""关于我们""合作伙伴"等。每个导航项通过 data-cid 属性关联数据，并根据当前页面设置激活状态。当前所在页面（"巧夺天工"页面）对应的链接呈高亮显示。

（4）头部区域的右侧区域是"我要咨询"按钮，单击该按钮可以跳转至外部咨询页面，并使用图标来突出"我要咨询"功能。

2）主要内容区域

（1）以白色作为主要内容区域的背景颜色，其内部采用盒子容器来安排内容布局。

（2）上方的左侧区域显示当前页面的标题"巧夺天工"。

（3）下方区域展示一组工艺作品列表，使用网格布局，每个列表项都包含缩略图、标题和简介，单击卡片可以查看详细内容。下方配备分页导航控件，用于切换不同页面的工艺作品列表。

3）页脚区域

"巧夺天工"页面 qiaoduotiangong.html 的页脚区域与"首页"页面 index.html 的页脚区域相同。

4）在线客服浮动窗口组件

"巧夺天工"页面 qiaoduotiangong.html 的在线客服浮动窗口组件与"首页"页面 index.html 的在线客服浮动窗口组件相同。

制作思路

（1）采用语义化的 HTML 标签组织页面结构，合理划分头部区域、主要内容区域、页脚区域和在线客服浮动窗口组件。

（2）在<head></head>标签对中引入多个 CSS 文件，分别定义全局样式、色彩、页面样式、列表样式、动画效果和弹框插件等，实现灵活、美观的布局。

（3）通过视口设置来保证页面在不同设备上的自适应显示。

（4）利用引入的 JavaScript 库（如 jQuery、SuperSlide、Wow 和 FancyBox 等）来增强页面的交互功能，如轮播、动画效果和弹窗等。

（5）根据变量 CATID 和 BCID 的值的变化，配合 common.js 文件中的代码实现特定内容的加载和展现，这里显示的是"巧夺天工"类别下的项目列表。

制作步骤

"巧夺天工"页面 qiaoduotiangong.html 的制作步骤可参考"非遗发布"页面 feiyifabu.html 的制作步骤，详细代码见本书配套的源文件 qiaoduotiangong.html。

6. 制作"关于我们"页面 guanyuwomen.html

"关于我们"页面是一个关于中国非遗项目的介绍页面，采用响应式布局，主要包括头部区域、主要内容区域、页脚区域、在线客服浮动窗口组件。

1）头部区域

（1）页面的顶部包含一个固定的头部区域，背景颜色为白色，使用容器进行内容布局。

（2）头部区域的左侧区域是网站的 Logo，单击该 Logo 可以跳转到首页。

（3）头部区域的中间区域是主导航菜单，主导航菜单包括多个一级分类链接，如"首页""非遗发布""新闻资讯""人物风采""巧夺天工""关于我们""合作伙伴"等。每个导航项都通过 data-cid 属性关联数据，并根据当前页面设置激活状态。当前所在页面（"关于我们"页面）对应的链接呈高亮显示。

（4）头部区域的右侧区域是"我要咨询"按钮，单击该按钮可以跳转至外部咨询页面，并使用图标来突出"我要咨询"功能。

2）主要内容区域

（1）主要内容区域在一个带有淡色背景的区域内，内部使用容器布局呈现关于中国非遗项目的详细介绍。

（2）上方区域用于定义一个标题，包含机构名称和副标题（此处为空）。

（3）中间区域用于展示详细的文本介绍，内容涵盖非物质文化遗产的基本概念、国际与国内的相关政策、中国非遗项目的数量和地位等信息，并配有一张占位图片（宽度为 80%），以突出品牌形象或展示相关内容。

3）页脚区域

"关于我们"页面 guanyuwomen.html 的页脚区域与"首页"页面 index.html 的页脚区域相同。

4）在线客服浮动窗口组件

"关于我们"页面 guanyuwomen.html 的在线客服浮动窗口组件与"首页"页面 index.html 的在线客服浮动窗口组件相同。

制作思路

（1）遵循从上到下的逻辑顺序，首先展示网站 Logo、主导航菜单和"我要咨询"按钮，然后呈现主要内容，最后显示页脚区域和在线客服浮动窗口组件，使整个页面层次分明，易于阅读和操作。

（2）通过引入多个 CSS 文件来对页面元素进行精细的样式设置，确保视觉的一致性与美感，同时兼顾不同屏幕尺寸下的响应式布局。

（3）利用引入的 JavaScript 库（如 jQuery、SuperSlide、Wow 和 FancyBox 等）来实现网页的交互效果、轮播图、动画效果及图片灯箱效果等动态功能，尽管在"关于我们"页面并未直接体现，但这些脚本可能在全站通用或在其他页面发挥作用。

（4）页面的主要内容区域详细介绍非物质文化遗产的概念、中国非遗事业的发展历程和成就，并配以适当的图片增强视觉吸引力和传播力。

（5）在实际制作时，可以增加<meta>标签来提升搜索引擎优化，如添加描述和关键词，以便搜索引擎理解并索引页面内容。

制作步骤

"关于我们"页面 guanyuwomen.html 的制作步骤可参考"非遗发布"页面 feiyifabu.html 的制作步骤，详细代码见本书配套的源文件 guanyuwomen.html。

代码分析

1．各个网页的头部区域的实现代码

代码如下：

```
<div class="header">
    <div class="container">
        <div class="logo fl">
```

```
                    <div class="logo-img"><a href="index.html"><img src="img/logo.png" />
</a></div>
                </div>
                <div class="contact-tel fr"> <a target="_blank"
href="https://www.ihch***.cn/#page6">
                    <i class="icon5s s5zixun2"></i>我要咨询 </a>
                </div>
                <div class="nav nav-a fr">
                    <ul>
                        <li data-cid="0" class="on"> <a style="color:#000000" target="_self"
href="index.html">首页</a> </li>
                        <li data-cid="36"> <a style="color:#000000" target="_self" href="
feiyifabu.html">非遗发布</a> </li>
                        <li data-cid="29"> <a style="color:#000000" target="_self" href="
xinwenzixun.html">新闻资讯</a> </li>
                        <li data-cid="24"> <a style="color:#000000" target="_self" href="
renwufengcai.html">人物风采</a> </li>
                        <li data-cid="25"> <a style="color:#000000" target="_self" href="
qiaoduotiangong.html">巧夺天工</a> </li>
                        <li data-cid="19"> <a style="color:#000000" target="_self" href="
guanyuwomen.html">关于我们</a></li>
                        <li data-cid="30"> <a style="color:#000000" target="_self" href="
hezuohuoban.html">合作伙伴</a> </li>
                    </ul>
                </div>
            </div>
    </div>
```

代码说明如下：

- <div class="header">：定义整个头部容器，包含页面头部区域中的所有内容。
- <div class="container">：这是一个通常用于设置内部内容宽度、居中显示或响应式布局的容器，确保内容在不同屏幕尺寸下表现良好。
- logo fl 和 contact-tel fr 类：logo fl 表示 Logo 区域，并且 fl 表示"float:left"，这意味着这个元素会左浮动；contact-tel fr 表示联系电话或咨询按钮区域，并且 fr 表示"float:right"，这意味着该元素会右浮动，其中包含一个链接至指定网址的"我要咨询"按钮。
- logo-img 类元素的内部嵌套了一个锚点链接<a>，链接到"首页"页面 index.html，并且引入了一张图片，用以展示网站的 Logo。
- 主导航菜单通过 nav 和 nav-a 类在 CSS 文件中设置其样式，通过 fr 类来实现右对齐，其中包含一个无序列表及一系列列表项。主导航菜单中的每个 li 元素都有一个 data-cid 属性，用来存储与列表项相关的标识符，可以被 JavaScript 利用来执行一些操作（如切换菜单状态或跟踪单击事件）。每个导航链接都指向不同的页面，并设置了字体颜色为黑色（style="color:#000000"），表明选中时文本的颜色默认为黑色。

综上所述，上述代码构建了一个常见的网站头部布局，包括左侧的网站 Logo、中间的一系列导航链接、右侧的"我要咨询"按钮。

2. 实现导航链接鼠标指针悬停效果的 JavaScript 部分代码

代码如下：

```
//==========导航
    var that, datacid;
    $(".nav ul li").hover(function() {
        that = $(this),
            dcid = $(this).attr("data-cid");
        that.addClass("on").siblings("li").removeClass("on");
    }, function() {
        $(".nav ul li").each(function(i, v) {
            datacid = $(this).attr("data-cid");
            if (datacid == CATID && datacid != undefined || BCID == datacid) {
                $(this).addClass("on");
                return false;
            }
        });
        if (dcid != BCID) {
            $(this).removeClass("on");
        }
    });
```

代码说明如下：

- 上述代码首先定义了两个变量：that 和 datacid。变量 that 用于存储当前被操作（hover）的元素；变量 datacid 用于存储该元素的具体属性值。
- 上述代码中使用$(".nav ul li").hover()方法为主导航菜单中的所有列表项（li 元素）添加鼠标指针移入事件处理函数和鼠标指针移出事件处理函数。
- 当鼠标指针移入某个列表项时：（1）将当前触发事件的元素赋值给变量 that；（2）获取当前元素的 data-cid 属性的值并存入变量 dcid；（3）为当前元素添加 on 类，同时移除其所有兄弟元素上的 on 类，这样就实现了当前选中项高亮显示的效果。
- 当鼠标指针移出某个列表项时：（1）使用$(".nav ul li").each()方法对主导航菜单中的每个列表项进行遍历。在遍历过程中获取每个元素的 data-cid 属性的值，并与全局变量 CATID 和 BCID 的值进行比较。如果当前元素的 data-cid 属性的值等于变量 CATID 的值且 data-cid 属性的值不为空，或者 data-cid 属性的值等于变量 BCID 的值，则为这个元素添加 on 类。使用"return false;"语句结束遍历，因为找到一个符合条件的元素后无须继续检查其他元素。（2）在遍历结束后，如果之前鼠标指针移入列表项时记录的变量 dcid 的值不等于变量 BCID 的值，则将当前元素（this）的 on 类移除，即取消高亮显示。

综上所述，上述代码的主要目的是实现当鼠标指针悬停在主导航菜单中的列表项上时高亮显示列表项，同时在鼠标指针移出列表项时，根据页面状态（通过全局变量 CATID 和 BCID 判断）决定是否继续保持该列表项处于高亮显示状态。

3. 首页全屏轮播图功能的实现代码

代码如下：

```
<div class="swiper-container slide-usezans slide-usezans-b" style="background:
#ffffff">
```

```
            <div class="swiper-wrapper">
                <div class="swiper-slide swiper-lazy" data-background="img/66e62ec.jpg"
style="width:100%;min-width:1180px;height:870px;">
                    <div class="wrapper-intro" style="height:870px;">
                        <div class="text-slide"> </div>
                        <img class="go-bottom" width="50" src="img/bottom-x.png" />
                    </div>
                    <div class="swiper-lazy-preloader swiper-lazy-preloader-white"></div>
                </div>
                <div class="swiper-slide swiper-lazy" data-background="img/30d9114.jpg"
style="width:100%;min-width:1180px;height:870px;">
                    <div class="wrapper-intro" style="height:870px;">
                        <div class="text-slide"> </div>
                        <img class="go-bottom" width="50" src="img/bottom-x.png" />
                    </div>
                    <div class="swiper-lazy-preloader swiper-lazy-preloader-white"></div>
                </div>
            </div>
    </div>
```

上述代码实现了一个具有全屏轮播图功能的 HTML 结构，代码中使用了 Swiper 库，该库是一个被广泛使用的功能强大的 JavaScript 库，用于创建响应式的轮播图和滑动效果。以下是各个部分的具体分析。

- <div class="swiper-container slide-usezans slide-usezans-b" style="background: #ffffff">：这是一个 Swiper 容器，设置了背景颜色为白色。
- swiper-wrapper 类：在 Swiper 库中，所有需要轮播的元素都放在该类下的容器内。
- swiper-slide swiper-lazy：swiper-slide 是 Swiper 库要求的类名，它代表轮播中的一个独立页面，这里还添加了 swiper-lazy 类，表示图片将采用懒加载的方式加载。data-background 属性用于设置当前滑动展示的背景图片。
- wrapper-intro 和 text-slide 类：这两个类分别定义轮播内容区域的样式和文字内容区域，但此处没有具体内容。
- <img class="go-bottom" width="50" src="img/bottom-x.png" />：这是一张图片，作为指示元素，始终显示在页面的底部。
- swiper-lazy-preloader swiper-lazy-preloader-white：这是 Swiper 库提供的图片懒加载预加载器，当图片尚未加载完成时，会显示此加载动画。

综上所述，上述代码创建了一个包含两张幻灯片的全屏轮播组件，每张幻灯片都有一个背景图片，并且支持图片懒加载功能，在图片加载过程中会有加载提示效果。

4. 在线客服浮动窗口组件的实现代码

代码如下：

```
<div class="kefu_q1" style="right:5px;bottom:20px;">
    <ul>
        <li class="q1_top" id="get_top"></li>
        <li class="q1_qq"><a class="animate block" target="_blank" href=''>在线
```

```
QQ</a></li>
            <li class="q1_tel"> <a class="animate block">13500000000</a> </li>
            <li class="q1_zx"> <a class="animate block" href="..html">在线咨询</a> </li>
            <li class="q1_code">
               <span><img src="img/erweima.png" alt="扫描二维码，关注我们" width="133"
height="133" />

                    <p>扫描二维码，关注我们</p>
               </span>
            </li>
        </ul>
    </div>
```

上述代码设置了在线客服浮动窗口组件显示在页面的右下角（基于“right:5px;bottom: 20px;”的 CSS 样式定位），该组件包含一系列联系方式和关注方式。以下是各个部分的具体分析。

- <div class="kefu_q1">：定义一个类名为“kefu_q1”的容器，用于承载整个客服联系模块。
- ul 元素和其中的各个 li 元素构成了一个无序列表，每个列表项代表一种联系方式或服务入口。
- 第一个 li 元素的类名为 q1_top，id 为 get_top，它的作用是回到顶部内容区域。
- 第二个 li 元素包含一个链接至网页 QQ 的锚点标签（<a>标签），用户单击该元素后会在新窗口打开在线 QQ 的相关网页。
- 第三个 li 元素展示一个电话号码（13500000000），但这里的电话号码并未设置为可拨打电话的链接格式。
- 第四个 li 元素包含一个链接至在线咨询页面的锚点标签，用户可以单击该元素进入在线咨询页面进行在线沟通。
- 第五个 li 元素显示一个二维码图片（通过<img>标签引用了 erweima.png 文件）及对应的提示文字“扫描二维码，关注我们”。用户扫描二维码后可以跳转到关注微信公众号或其他社交媒体账号的界面。

5．在线客服浮动窗口组件的样式的实现代码

代码如下：

```css
.kefu_q1 ul li:first-child,
.kefu_q1 ul li a.animate {
    background: url(../img/q1.png) no-repeat;
}
.kefu_q1 {
    position: fixed;
    z-index: 1001;
}
.kefu_q1 ul li {
    position: relative;
    width: 45px;
    height: 45px;
    background: #1b1b1d;
    margin-bottom: 1px;
```

```
    }
    .kefu_q1 ul li a.animate {
        position: absolute;
        left: 0;
        width: auto;
        height: 45px;
        line-height: 45px;
        color: transparent;
    }
    .kefu_q1 ul li a.animate,
    .kefu_q1 ul li.q1_code span {
        -webkit-transition: all 0.2s ease-in;
        -moz-transition: all 0.2s ease-in;
        -ms-transition: all 0.2s ease-in;
        transition: all 0.2s ease-in;
    }
    .kefu_q1 ul li.q1_code:hover span {
        display: block;
    }
    …
```

上述代码定义了一个类名为.kefu_q1 的固定定位在线客服浮动窗口组件的样式，它包含一个 ul 元素，其中每个 li 元素表示不同的客服联系渠道（如在线 QQ、电话号码和在线咨询链接等）。

- .kefu_q1：设置该在线客服浮动窗口组件的整体样式，使其相对于视口固定定位，并赋予较高的 z-index 属性值，以确保其在页面上的显示层级。

- .kefu_q1 ul li：为列表中的每个客服选项定义基础样式，包括相对定位、尺寸、背景颜色、外边距等。所有客服图标的默认大小为 45px×45px。

- .kefu_q1 ul li:first-child：针对第一个子元素进行特殊样式设置，如增加高度到 50px，设置字体家族、背景图片的位置及鼠标指针悬停时的背景偏移量，使其作为整个在线客服浮动窗口组件的触发按钮。

- .kefu_q1 ul li a.animate：定义一个绝对定位的链接标签样式，用于隐藏文字内容并应用动画效果。在上述代码中设置了宽度、高度、行高及颜色透明度，并通过-webkit-transition、-moz-transition、-ms-transition 和 transition 属性添加过渡效果，使得当状态改变时，所有属性的变化平滑进行，速度为 0.2 秒。

- .kefu_q1 ul li.q1_code span 和.kefu_q1 ul li.q1_code:hover span：设置二维码弹出层的样式，并且在鼠标指针悬停时显示此块级元素。

综上所述，上述代码主要设计了一个悬浮在网页中的在线客服浮动窗口组件，该组件中包含了多个可单击的客服渠道图标，每个图标都有对应的悬停效果（如背景颜色变化、背景图片偏移）及相应的链接跳转或交互动作。同时，该组件还包含了一个可以展开显示的二维码弹出层，其只有当用户将鼠标指针悬停在指定元素上时才会显示。

实战 2　制作买多多 ma 购物平台

买多多 ma 购物平台作为现代电子商务的产物，旨在利用互联网技术为消费者提供便捷的购物体验，满足人民日益增长的物质需求。该平台应坚持"以人民为中心"的发展思想，不断提高服务质量，确保商品的质量安全，保护消费者权益，体现"公正、法治"的原则。该平台应秉持"诚信、友善"的理念，建立健全信用体系，打击假冒伪劣商品，维护良好的市场秩序，同时倡导健康的消费观念，引导消费者进行理性消费，促进社会和谐稳定。买多多 ma 购物平台的发展应紧跟国家创新驱动发展战略，不断引入新技术、新业态、新模式，推动产业升级，为经济发展注入新动力，体现"富强、创新"的时代要求。

网页效果图

买多多 ma 购物平台中各个网页的效果如图 9-7～图 9-10 所示。

图 9-7　"首页"页面的效果图

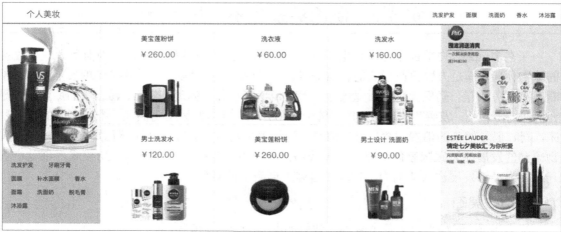

图 9-7　"首页"页面的效果图（续）

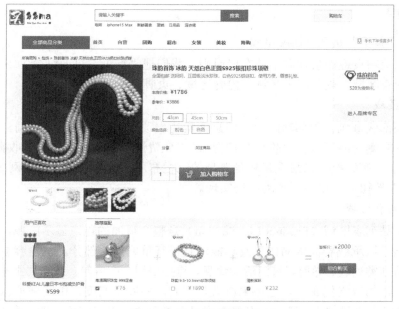

图 9-8 购买页面的效果图

图 9-9 "注册"页面的效果图

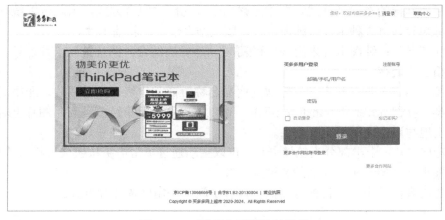

图 9-10 "登录"页面的效果图

制作过程

1. 制作"首页"页面 index.html

根据结构上网页遵循自顶向下的布局原则，我们把"首页"页面细分为 5 个区域：头部区域、商品列表区域、热门商品区域、内容区域、页脚区域。

1）头部区域

页面的头部区域包含顶部功能栏、信息搜索栏。顶部功能栏是左右布局，左侧功能区显示送货地点，右侧功能区包含"你好！请登录""免费注册""我的订单""收藏夹""客户服务""网站导航"等链接。信息搜索栏是典型的三栏布局，从左到右依次为网站 Logo、搜索框、"购物车"按钮，可以使用浮动布局实现。

2）商品列表区域

页面的商品列表区域（Product List Section）是整个页面的重点显示区域，用户首先聚焦在该区域，该区域承载着大量的信息及功能，是极其重要的一部分。从内容上来说，该区域主要包含商品分类列表、导航、热门活动信息、重要资讯、广告等。从布局上来说，该区域的布局类似于典型的双飞翼布局，通俗来讲就是左右两栏固定宽度、中间部分自适应的三栏布局。该区域也包含自己的头部部分。左侧是商品分类列表，采用红色主题，重点突出；中间采用轮播图的方式轮流播放热门活动信息，轮播图可以有效地解决页面空间不足的问题，展示更多有效的信息给用户；右侧展示快讯信息和买多多钱包广告等。

3）热门商品区域

页面的热门商品区域（Popular Products Blocks）是展示热门商品卡片滑动列表的区域，结构相对简单。该区域的重点在于实现商品卡片内容和列表展示。

（1）商品卡片：商品卡片是 224 像素×248 像素的矩形区域，从上到下依次为商品图片及链接、商品名称、商品价格。图文结合的方式是展示商品非常合适的形式。

（2）滚动列表：滚动列表通常在页面内容不足以容纳内容列表时使用，列表的两侧有左右箭头按钮，单击箭头按钮，会滚动展示更多的卡片内容。

4）内容区域

页面的内容区域是主要的内容展示区域，包括"进口·生鲜"区域、"个人美妆"区域、"母婴玩具"区域、广告内容区域等。其中，"进口·生鲜"区域、"个人美妆"区域、"母婴玩具"区域采用同样的布局及样式，即都是采用卡片的图文组合方式，因此可以统一分析。从页面分析可知一共有 3 种卡片：纯图卡片、图文结合卡片、轮播卡片。

（1）纯图卡片：纯图卡片采用<a>标签和<img>标签结合，图片铺满卡片区域，单击卡片会跳转到相应的链接。

（2）图文结合卡片：从上到下依次为商品名称、商品价格、商品图片，居中展示。结合 CSS 的伪类选择器 hover 和 transform:scale，可以实现将鼠标指针放到商品图片上时图片放大的效果，实现与用户之间的交互效果。

（3）轮播卡片：上半部分为轮播卡片，可以主动通过单击箭头按钮来切换卡片显示内容；下半部分采用列表展示相关商品的名称及链接。

在广告内容区域中，广告部分穿插在内容中间，采用横幅图片方式。

5）页脚区域

页面的页脚区域主要包含用户承诺、信息导航、版权声明 3 部分。

（1）用户承诺：用户承诺是获取用户信任的重要途径，从上到下依次为图标、主标题、副标题。图标的颜色为#ff4e00，颜色鲜艳，与网站主题色保持一致。结合 CSS 的伪类选择器 hover、transform:rotate 和 transform:scale，可以实现将鼠标指针放到图标上时图标旋转放大的效果，以动画方式增加用户黏性。

（2）信息导航：信息导航采用纵向列表的方式展示，从左到右依次为"新手上路"、"配送与支付"、"会员中心"、"服务保证"和"联系我们"部分，使用定义列表实现。<dl>和<dt>是 HTML 中的标签，用于创建定义列表（Definition List）的结构。最右侧展示联系方式，包括二维码、微博、电话号码等内容，采用 float 布局实现。

（3）版权声明：展示网站的备案信息、权利义务声明，以及相关网站的链接。

制作思路

（1）构建基本的 HTML 框架，定义文档类型、语言属性等基本信息。

（2）在<head></head>标签对中引入所需的 CSS 文件和 JavaScript 文件，用于控制页面样式、交互效果和功能实现。

（3）创建头部区域，依次创建功能区域、信息搜索区域，并通过 CSS 类来控制它们的位置和样式，实现两栏及三栏布局。

（4）创建商品列表区域，使用 CSS 实现双飞翼布局，拆分布局及组件，分别实现左侧商品分类导航、中间轮播图、右侧重要资讯的布局和内容的展示。

（5）创建热门商品区域，实现热门商品卡片模块开发，依次填充卡片内容，组合卡片进行布局，实现横向滚动列表功能。

（6）创建内容区域。以"进口·生鲜"区域为起点，实现纯图卡片、图文结合卡片、轮播卡片等基础模块。从左到右依次填充对应卡片及内容，实现进口商品布局展示。"个人美妆"区域和"母婴玩具"区域可复用"进口·生鲜"区域的布局，只需更换对应内容即可。

（7）配置页脚区域，添加必要的导航链接和版权信息。使用 CSS 相关功能实现动画效果。

（8）测试页面在各种设备上的响应式布局和功能，确保页面整体美观、易用，并符合 SEO 优化原则，同时检查所有链接的有效性和脚本执行的正确性。

制作步骤

（1）打开开发工具 VS Code，在本地磁盘中新建项目文件夹，并命名为 maiduoduo。在 VS Code 中打开项目文件夹 maiduoduo，在"资源管理器"窗格中的项目文件夹 maiduoduo 的名称上右击，在弹出的快捷菜单中选择"新建文件"命令，在出现的文本框中输入文件的名称"index.html"，然后按 Tab 键或 Enter 键，完成 HTML 文件的创建。默认创建后的文件为空白文件，需要自行输入标签。为了方便起见，可以在 HTML 文件中输入"!"，然后按 Tab 键或 Enter 键，编辑器中会自动生成 HTML 文件的基本框架。

（2）单击项目文件夹 maiduoduo 下的 index.html 文件，进入代码编辑窗口。在<title></title>标签对中设置网页的标题为"买多多 ma"，并引入外部样式表文件。代码如下：

```
<head lang="en">
    <meta charset="UTF-8">
    <title></title>
```

```
<link type="text/css" rel="stylesheet" href="css/style.css"/>
<title>买多多 ma</title>
</head>
```

（3）在"资源管理器"窗格中的项目文件夹 maiduoduo 的名称上右击，在弹出的快捷菜单中选择"新建文件夹"命令，在出现的文本框中输入文件夹的名称"css"，然后按 Tab 键或 Enter 键，完成文件夹的创建。在 css 文件夹的名称上右击，在弹出的快捷菜单中选择"新建文件"命令，在出现的文本框中输入文件的名称"style.css"，然后按 Tab 键或 Enter 键，完成 CSS 文件的创建。在 style.css 文件中输入以下代码：

```css
*{
margin: 0;
padding: 0;
}
body {
font-size: 12px;
line-height: 25px;
color: #555555;
margin: 0 auto;
}
a {
color: #555555;
text-decoration: none;
}
a:hover {
color: #ff4e00;
}
img {
border: 0;
}
ul, li, dl, dt, dd {
list-style: none;
}
.fl {
float: left;
}
.fr {
float: right;
}
.clear:after{
content: '';
display: block;
clear: both;
}
.center{
width: 1200px;
```

```
margin: 0 auto;
}
```

（4）实现头部区域的布局。在<body></body>标签对中添加一个<header></header>标签对，并在<header></header>标签对中添加多个<div></div>标签对，分别用于放置用户位置信息、登录与注册链接、个人账户相关操作、客服选项、社交网络链接，以及网站的主要标识和搜索框，同时设置好各个 div 元素的 class 属性。代码如下：

```
<body>
  <header>
    <div class="soubg">
      <div class="sou fl">
        <div class="s_city_b">
            <span>送货至：河南</span>
        </div>
      </div>
      <div class="fr top_right">
        <div class="fl">
            你好！请<a href="loginpage.html">登录</a>
            <a href="registerpage.html" style="color:#ff4e00;">免费注册</a>   |
 <a href="#">我的订单</a>   |
        </div>
        <ul class="ss">
          <li class="ss_list">
            <a href="#">收藏夹</a>
          </li>
          <li class="ss_list">
            <a href="#">客户服务</a>
            <div class="ss_list_bg">
              <div class="ss_list_c">
                <ul>
                    <li><a href="#">包裹跟踪</a></li>
                    <li><a href="#">创建问题</a></li>
                    <li><a href="#">在线退换货</a></li>
                    <li><a href="#">在线投诉</a></li>
                    <li><a href="#">配送范围</a></li>
                </ul>
              </div>
            </div>
          </li>
          <li class="ss_list">
            <a href="#">网站导航</a>
          </li>
        </ul>
        <span class="fl">    |  关注我们：</span>

        <span class="fr">    |  
```

```
            <a href="#">手机版 
                <img src="images/s_tel.png" align="absmiddle"/>
            </a>
        </span>
    </div>
</div>
<div class="top">
    <div class="logo">
        <a href="#">
            <img src="images/logo.png"/>
        </a>
    </div>
    <div class="search">
        <form>
            <input type="search" value="" placeholder="请输入关键字" class="s_ipt"/>
            <input type="submit" value="搜索" class="s_btn"/>
        </form>
        <div class="fl">
            <a href="#">咖啡</a>
            <a href="#">iphone15 Max</a>
            <a href="#">新鲜美食</a>
            <a href="#">蛋糕</a>
            <a href="#">日用品</a>
            <a href="#">连衣裙</a>
        </div>
    </div>
    <div class="i_car">
        <div class="car_t">购物车</div>
    </div>
</div>
</header>
</body>
```

（5）在 style.css 文件中设置头部区域的相关样式。

详细代码见本书配套的源文件 style.css。

（6）实现商品列表区域的布局，设置好相关属性，并添加动态效果。

详细代码见本书配套的源文件 index.html。

（7）在 style.css 文件中设置商品列表区域的相关样式。

详细代码见本书配套的源文件 style.css。

（8）实现热门商品区域的布局，设置好相关属性。

详细代码见本书配套的源文件 index.html。

（9）在 style.css 文件中设置热门商品区域的相关样式。

详细代码见本书配套的源文件 style.css。

（10）实现内容区域的布局，其中，"进口·生鲜"区域、"个人美妆"区域、"母婴玩具"区域采用同样的布局。

详细代码见本书配套的源文件 index.html。

（11）在 style.css 文件中设置内容区域的相关样式，其中，"进口•生鲜"区域、"个人美妆"区域、"母婴玩具"区域采用同样的样式。

详细代码见本书配套的源文件 style.css。

（12）在<body></body>标签对中添加<div></div>标签对，用于放置页脚区域的内容。

详细代码见本书配套的源文件 index.html。

（13）在 style.css 文件中设置页脚区域的相关样式。

详细代码见本书配套的源文件 style.css。

2．制作"注册"页面 registerpage.html

"注册"页面采用经典的三层式布局结构：头部区域、主体区域和底部区域。这种布局方式有利于内容的组织和用户的浏览体验。

1）头部区域

头部区域包含网站 Logo、欢迎语、"请登录"链接及"帮助中心"按钮，其中，"帮助中心"按钮使用下拉菜单设计。

2）主体区域

主体区域是整个页面的重点显示区域，主体部分为注册表单，包括"手机号"文本框、验证码文本框及"获取验证码"按钮、"密码"文本框、"确认密码"文本框，并在下方添加了同意服务协议提示及"同意协议并注册"按钮。

3）底部区域

底部区域主要放置版权信息、ICP 备案号和营业执照链接等法律声明内容。

制作思路

1）创建头部区域

添加<header></header>标签对，设置 id 属性的值为 headNav，以方便 CSS 定位。在该区域中构建导航布局，包括网站 Logo、欢迎语、"请登录"链接、"帮助中心"按钮及其下拉菜单。

2）设计主体区域

添加<section></section>标签对，设置 id 属性的值为 secTab。在该区域中放置注册表单，包括"手机号"文本框、验证码文本框及"获取验证码"按钮、"密码"文本框、"确认密码"文本框，并在下方添加同意服务协议提示及"同意协议并注册"按钮。

3）编写底部区域

添加<footer></footer>标签对，设置 id 属性的值为 footNav。在该区域中放置版权信息、ICP 备案号和营业执照链接等内容。

4）完善各区域的具体内容

在对应的区域中补充具体的 HTML 元素，如图片、文本、链接、表单元素等。

5）编写 CSS 样式

创建 register.css 文件，用于设置"注册"页面的详细样式，根据需求编写相应的 CSS 代码来控制各个元素的布局、颜色、字体大小、间距等样式属性。

6）实现交互效果

对于"帮助中心"按钮的下拉菜单功能，可以使用 CSS 的伪类选择器（如:hover）配合 JavaScript 或 jQuery 来实现显示/隐藏的功能。对于"同意协议并注册"按钮，可以使用 JavaScript 验证表单内容后进行后续操作，如使用 AJAX 提交数据至服务器。

制作步骤

详细代码见本书配套的源文件 registerpage.html。

3．制作"登录"页面 loginpage.html

"登录"页面和"注册"页面在结构与功能上是相似的，因此这里不再详细介绍。详细代码见本书配套的源文件 loginpage.html。

4．制作购买页面 detail.html

由于篇幅限制，因此制作购买页面的具体步骤不再详细介绍。详细代码见本书配套的源文件 detail.html。

代码分析

1．商品列表区域中左侧商品分类列表的样式的实现代码

代码如下：

```
.nav {
width: 220px;
background-color: #ff3c3c;
position: absolute;
left: 0;
top: 0;
}
.nav_t {
width: 220px;
height: 43px;
line-height: 43px;
overflow: hidden;
color: #FFF;
font-size: 16px;
text-indent: 35px;
}
.leftNav {
width: 220px;
background-color: #b01d1d;
position: absolute;
left: 0;
top: 44px;
}
.none {
display: none;
}
```

```css
.leftNav ul li {
height: 40px;
line-height: 40px;
background: url(../images/n_arrow.gif) no-repeat 204px center;
color: #FFF;
font-size: 14px;
margin-left: 1px;
cursor: pointer;
position: relative;
/*鼠标指针移入过渡动画*/
transition: all 1s;
}
/*鼠标指针移入商品列表，右移*/
.leftNav ul li:hover{
transform: translate(20px,0);
}
.leftNav ul li .n_img {
width: 20px;
height: 21px;
text-align: center;
float: left;
margin:0 10px ;
}
.leftNav ul li .n_img span {
height: 100%;
vertical-align: middle;
display: inline-block;
}
.leftNav ul li .n_img img {
vertical-align: middle;
}

.leftNav ul li ul {
width: 220px;
min-height: 70px;
overflow: hidden;
position: absolute;
left: 196px;
top: 0;
border: 1px solid #d4d2d2;
border-left: 0;
z-index: 900;
display: none;
}

.leftNav ul li ul li {
```

```css
width: 195px;
height: auto;
line-height: 25px;
overflow: hidden;
font-size: 12px;
font-weight: normal;
background: none;
margin: 10px auto;
padding: 0 0 5px;
border-bottom: 1px dashed #d1d0d1;
}

.leftNav ul li ul li a {
color: #989797;
margin: 0 10px;
}

.leftNav ul li ul li a:hover {
color: #e02d02;
}

.leftNav ul li ul li .n_t {
width: 50px;
height: 20px;
line-height: 20px;
overflow: hidden;
text-align: center;
font-weight: bold;
float: left;
}

.leftNav ul li ul li .n_c {
width: 142px;
overflow: hidden;
float: left;
}

.leftNav ul li ul li .n_c a {
width: 60px;
height: 20px;
line-height: 20px;
overflow: hidden;
float: left;
display: inline-block;
margin: 0 0 0 10px;
}
```

```css
.leftNav ul li .fj {
width: 210px;
height: 40px;
line-height: 40px;
display: block;
overflow: hidden;
position: absolute;
left: 0;
top: 0;
z-index: 901;
}


.leftNav ul li .fj.nuw {
width: 211px;
text-decoration: none;
height: 40px;
line-height: 40px;
background-color: #FFF;
color: #ff4e00;
z-index: 800;
}
.leftNav .zj {
width: 989px;
height: 411px;
overflow: hidden;
background-color: #FFF;
position: absolute;
left: 210px;
top: 0;
/*临时隐藏*/
display: none;
}
.leftNav .zj .zj_l {
width: 685px;
height: 385px;
overflow: hidden;
float: left;
display: inline;
margin-left: 20px;
margin-top: 15px;
}
.leftNav .zj .zj_l_c {
width: 280px;
height: 108px;
line-height: 25px;
```

```
color: #dbdbdb;
float: left;
display: inline;
margin-right: 50px;
margin-bottom: 25px;
}
.leftNav .zj .zj_l_c h2 {
height: 25px;
line-height: 25px;
color: #3e3e3e;
font-size: 14px;
font-weight: bold;
margin-bottom: 5px;
margin-left: 10px;
}
.leftNav .zj .zj_l_c a {
line-height: 22px;
font-size: 12px;
padding: 0 10px;
margin: 0;
}
.leftNav .zj .zj_r {
width: 236px;
height: 402px;
float: right;
margin-right: 10px;
margin-top: 5px;
}
.leftNav .zj .zj_r img {
width: 236px;
height: 200px;
display: block;
margin-bottom: 1px;
}
…
```

上述代码定义了一个网页左侧的导航菜单（.nav、.leftNav）及其相关下拉子菜单和内容区域的样式。以下是各个部分的具体分析：

- .nav：定义一个宽度为 220px、背景颜色为#ff3c3c 的绝对定位元素，它位于页面的左上角（left:0，top:0）。这可能是主导航栏的一部分。
- .nav_t：这个类选择器设置了与.nav 相同的宽度，并且定义了高度、行高、颜色、字体大小等属性，用于显示导航栏顶部的文字标题，同时具有隐藏溢出内容（overflow: hidden）和缩进文本（text-indent: 35px）的效果。
- .leftNav：类似于.nav，也是定义一个宽度为 220px 的绝对定位元素，但它的背景颜色为#b01d1d，并且相对于.nav 向下偏移 44px（top: 44px），表示一个处于展开或收起状态的侧边栏导航菜单。

- .none：这是一个通用样式，设置 display 属性的值为 none，用于隐藏任何应用该样式的元素。
- .leftNav ul li：定义导航菜单中列表项的样式，包括高度、行高、背景图片（箭头图标）、颜色、字体大小等。特别地，当鼠标指针悬停在列表项上时，该列表项会向右平移 20px（transition 和:hover 伪类下的 transform 属性），实现过渡动画效果。
- .leftNav ul li .n_img、.n_img span 和.n_img img：定义列表项内的图像容器及其内部结构样式，通常用于展示小图标或其他辅助性图片。
- .leftNav ul li ul 及其后代样式（li a、li .n_t、li .n_c）：设置下拉菜单的整体样式，如宽度、最小高度、位置、边框、层叠顺序等。下拉菜单默认是隐藏的（display:none），当鼠标指针悬停在父级列表项上时才会显示出来。
- .fj 和.fj.nuw：这些样式描述了可能存在于列表项内或作为某些特殊状态的覆盖层，具有特定的尺寸、位置、背景颜色等属性。
- .leftNav .zj 及其后代样式（.zj_l、.zj_l_c、.zj_r、.zj_r img）：设置一个嵌套在左侧导航栏内的较大内容区域，包含左右两个区块，左侧有文字信息及标题，右侧为一张大图，整体也是一个绝对定位的隐藏元素，可以在某个交互动作后显示出来。

上述代码主要用来构建一个复杂的左侧商品分类列表，其中包含了主菜单项、下拉子菜单及可扩展的内容展示区域，所有这些元素都通过精确的位置布局、过渡动画和交互响应来提升用户体验。

2．商品列表区域中轮播图组件的样式的实现代码

代码如下：

```
/*轮播图组件的样式*/
.banner {
width: 700px;
height: 401px;
float: left;
margin-left: 226px;
}
.banner .top_slide_wrap {
width: 700px;
height: 401px;
overflow: hidden;
position: relative;
z-index: 1;
}
.num{
position: absolute;
bottom: 20px;
right: 300px;
z-index: 2;
}
.num li{
```

```
float: left;
width: 20px;
height: 20px;
line-height: 20px;
border-radius: 50%;
background: #ccc0b3;
text-align: center;
margin: 0 4px;
font-weight: bold;
}
.num li a{
color: #000;
}
.num li:hover{
background: #ff3c3c;
}
.num li:hover a{
color: #fff;
}
.banner .slide_box li {
height: 401px;
position: relative;
}
…
```

上述代码主要实现了一个轮播图组件的样式定义，该组件包括图片容器、指示点导航和左右切换按钮。以下是各个部分的具体分析：

- .banner：设置轮播图组件的宽度为 700px，高度为 401px，并使用浮动使其左对齐，同时设置左边距（margin-left:226px），以在页面布局中确定其位置。

- .banner .top_slide_wrap：这个类选择器定义了轮播图的实际内容区域，大小与.banner 类选择器中设置的容器大小相同，并且设置了 overflow 属性的值为 hidden，以隐藏超出的部分。它具有相对定位（position:relative），允许子元素进行绝对定位，并设置了 z-index 属性的值，以确保层叠的顺序。

- .num：这个类选择器用于定位一些元素，如指示轮播图当前页数的指示点（小圆点）或数字。设置指示点导航的位置为绝对定位，位于轮播图底部距离右边缘 300px 处。它的 z-index 属性值要大于.top_slide_wrap 类选择器中该属性的值，这说明该指示点会显示在图像上。

- .num li：设置每个指示点的样式，它们是浮动排列的，每个指示点的宽度和高度均为 20px，具有圆形边框（border-radius:50%），背景颜色为#ccc0b3。文字居中显示，当鼠标指针悬停在指示点上时背景颜色变为#ff3c3c，字体颜色变为白色。